铝合金冷轧与箔轧控制技术

孙 杰 刘光明 彭 文 著

北 京
冶 金 工 业 出 版 社
2020

内 容 简 介

本书针对铝合金冷轧和箔轧工序，系统论述了轧制过程关键控制技术，介绍了铝合金轧制发展趋势与轧制过程基本原理，阐述了高精度张力控制与液压伺服控制方法，给出了完整的厚度控制与板形控制方案，并介绍了铝加工智能制造发展趋势。

本书可供从事铝合金轧制工作的工程技术人员、科研人员阅读，也可供高等院校材料成型、自动化等相关专业的师生参考。

图书在版编目(CIP)数据

铝合金冷轧与箔轧控制技术／孙杰，刘光明，彭文著. —北京：冶金工业出版社，2020.12
ISBN 978-7-5024-8686-0

Ⅰ.①铝… Ⅱ.①孙… ②刘… ③彭… Ⅲ.①铝合金—冷轧 Ⅳ.①TG335

中国版本图书馆 CIP 数据核字(2021)第 019002 号

出 版 人 苏长永
地 址 北京市东城区嵩祝院北巷 39 号 邮编 100009 电话 (010)64027926
网 址 www.cnmip.com.cn 电子信箱 yjcbs@cnmip.com.cn
责任编辑 卢 敏 美术编辑 吕欣童 版式设计 禹 蕊
责任校对 卿文春 责任印制 李玉山
ISBN 978-7-5024-8686-0
冶金工业出版社出版发行；各地新华书店经销；三河市双峰印刷装订有限公司印刷
2020 年 12 月第 1 版，2020 年 12 月第 1 次印刷
169mm×239mm；12.5 印张；243 千字；189 页
92.00 元

冶金工业出版社 投稿电话 (010)64027932 投稿信箱 tougao@cnmip.com.cn
冶金工业出版社营销中心 电话 (010)64044283 传真 (010)64027893
冶金工业出版社天猫旗舰店 yjgycbs.tmall.com
(本书如有印装质量问题，本社营销中心负责退换)

前　言

铝合金具有质量轻、密闭性和包覆性好的优点，是经济建设和日常生活中不可或缺的产品。随着电子工业、轻工业及国防工业等领域的发展，对高质量铝带和铝箔的需求量日益增多。

铝合金轧制生产的水平在某种程度上代表着一个国家铝加工工业的先进程度和发展水平。冷轧和箔轧是铝合金板带箔材生产的核心工序，也是铝合金产品性能、表面质量、尺寸精度控制的关键工序。冷轧和箔轧工序的质量控制将直接影响到产品的使用效果。通过研究相关工艺、装备及自动化技术来提高工序的质量控制能力，对提高铝合金产品质量具有重要意义。近年来，我国铝合金轧制技术与装备不断进步，企业规模越来越大，生产成本降低，产品质量和档次提升，但仍然存在产品竞争力不足、质量不稳定、技术创新能力不足等问题。为了满足我国国民经济发展对高质量铝合金产品的需求，作者以长期在生产一线的科研成果和实践经验为基础，参阅了国内外大量的文献和技术资料，撰写了本书，在内容上力求理论联系实际，突出本领域技术的实用性和先进性，以期对我国铝合金加工技术水平的提升有所帮助。

本书详细阐述了铝合金冷轧和箔轧过程的数学模型、张力控制、液压伺服控制、厚度控制、板形控制与智能化等方面的内容。其中，第1、3~6章由孙杰撰写，第2、9章由彭文撰写，第7、8章由刘光明撰写，撰写过程中得到了张殿华教授、邸洪双教授的指导，以及轧制技术及连轧自动化国家重点实验室领导老师们的关心和帮助。本书撰写过程中参阅了国内外专家、学者的文献资料，以及一些企业的生产实例、图表和数据等，本书的出版得到了国家重点研发计划项目（2017YFB0304100，2018YFB1308700）、国家自然科学基金项目（51774084，51704067，51634002）、辽宁省“兴辽英才计划”项目（XLYC1907065，XLYC1802079）的支持，在此一并表示衷心的感谢。

由于作者水平有限，书中不妥之处，敬请广大读者批评指正。

作 者

2020 年 8 月

目　　录

1 概　　论

1.1 铝及铝合金轧制

1.1.1 铝及铝合金的分类

纯铝比较软，富有延展性，易于塑性成形。在纯铝中可以添加各种合金元素，制造出满足各种性能、功能和用途的铝合金。根据加入合金元素的种类、含量及合金的性能，铝合金可分为变形铝合金和铸造铝合金。

在变形铝合金中，合金元素含量比较低。按成分和性能特点，可将变形铝合金分为不可热处理强化铝合金和可热处理强化铝合金两大类。其中，可热处理强化铝合金中的溶质原子的固溶度随温度的变化而变化，因此通过热处理能显著提高力学性能。

变形铝合金的分类方法很多，目前，世界上绝大部分国家按以下三种方法进行分类：

（1）按合金状态图及热处理特点分为不可热处理强化铝合金和可热处理强化铝合金两大类。不可热处理强化铝合金有纯铝，Al-Mn、Al-Mg、Al-Si 系合金等。可热处理强化铝合金有 Al-Mg-Si、Al-Cu、Al-Zn-Mg 系合金等。

（2）按合金性能和用途可分为工业纯铝、切削铝合金、耐热铝合金、低强度铝合金、中强度铝合金、高强度铝合金（硬铝）、超高强度铝合金（超硬铝）、防锈铝合金、锻造铝合金及特殊铝合金等。

（3）按合金中所含主要元素成分可分为：工业纯铝（1×××系）、Al-Cu 合金（2×××系）、Al-Mn 合金（3×××系）、Al-Si 合金（4×××系）、Al-Mg 合金（5×××系）、Al-Mg-Si 合金（6×××系）、Al-Zn-Mg-Cu 合金（7×××系）、1×××系~7×××系以外合金（8×××系）及备用合金组（9×××系）。

这三种分类方法各有特点，有时相互交叉、相互补充。在工业生产中，大多数国家按第三种方法，即按合金中所含主要元素成分的 4 位数码法分类。这种分类方法能较本质地反映合金的基本性能，也便于编码、记忆和计算机管理。我国目前也采用 4 位数码法分类。

铸造铝合金具有与变形铝合金相同的合金体系和强化机理（除应变硬化外），同样可分为热处理强化型和非热处理强化型两大类。铸造铝合金与变形铝合金的主要差别在于，铸造铝合金中合金元素硅的最大含量超过多数变形铝合金中的硅含量。铸造铝合金除含有强化元素之外，还必须含有足够量的共晶型元素（通常是硅），以使合金有相当的流动性，易于填充铸造时铸件的收缩缝。目前，世界各国已开发出了大量供铸造的铝合金，但目前基本的合金只有以下6类：Al-Cu铸造铝合金、Al-Cu-Si铸造铝合金、Al-Si铸造铝合金、Al-Mg铸造铝合金、Al-Zn-Mg铸造铝合金、Al-Sn铸造铝合金。

1.1.2 轧制方法分类与工作原理

铝及铝合金轧制方法从坯料的供应方式上可以分为铸锭轧制法、连续铸轧法和连铸连轧法。

连续铸轧是直接将金属熔体“轧制”成半成品带坯或成品带材的工艺，这种工艺的显著特点是其结晶器为两个带水冷系统的旋转铸轧辊，熔体在其辊缝间完成凝固和热轧两个过程，而且是在很短的时间内（2~3s）完成的。

连铸连轧是通过连续铸造机将铝及铝合金熔体铸造成一定厚度或一定截面形状的连铸坯，随后经单机架、双机架或多机架热轧机直接轧制成供冷轧使用的板带坯或其他成品。虽然铸造与轧制是两个独立的工序，但由于是集中在同一条生产线上连续地进行，因而实现了连铸连轧生产过程。

连续铸轧与连铸连轧是两种不同的轧制方法，但两种方法均是将熔炼、铸造、轧制集中于一条生产线，从而实现连续性生产，缩短了常规的熔炼—铸造—铣面—加热—热轧的间断式生产流程。连续铸轧与连铸连轧的优势在于省去了铸锭轧制方法的热轧工序，更利于节约能源，但由于板坯连铸厚度的限制，产品的规格受到一定限制。可调控最终制品组织、性能的工艺环节少，从物理冶金的角度来看，在控制产品组织状态方面存在一定的缺陷，产品品种受到限制，目前连续铸轧与连铸连轧主要用于生产1×××系和3×××系产品。

铸锭轧制是传统的铝及铝合金板带材轧制方法，根据轧制温度的不同，可分为热轧和冷轧。热轧是指在金属再结晶温度以上进行的轧制，它充分利用金属高温下良好的塑性，加工率大、生产率和成品率高。当采用铸锭轧制方案生产铝及铝合金板带材时，一般用热轧开坯后再交下道工序进行处理。冷轧是指在金属再结晶温度以下进行的轧制，冷轧产生加工硬化，金属的强度和变形抗力增加，伴随着塑性降低。根据轧制成品厚度的不同，冷轧又可分为薄板轧制和箔材轧制，其中箔材轧制通常简称为箔轧，其轧制成品厚度一般小于0.2mm，而通常所说的冷轧一般是指薄板轧制。

1.1.3 冷轧及箔轧的特点

由于冷轧是在金属再结晶温度以下轧制，在轧制过程中不会出现动态再结晶，产品温度只可能上升到回复温度，因此冷轧将产生加工硬化。铝及铝合金经过冷轧后，材料的强度和变形抗力增加，同时塑性降低。

冷轧的应用非常广泛，凡热轧后要求继续轧制，而且性能、组织、表面质量及尺寸精度要求较高的产品都要进行冷轧。冷轧主要用于生产热处理不可强化的铝及铝合金，如1×××系、3×××系、5×××系和8×××系产品，2×××系、6×××系和7×××系等硬铝合金也可进行冷轧。

铝箔轧制过程中，由于轧件较薄，所以在空转时，上下工作辊之间已没有空隙，且工作辊上还要加一定的压力，以便上下工作辊相互压靠，轧件被咬入后，轧制时轧辊、轴承等发生弹性变形，得到所需要的厚度。

铝箔是在无辊缝轧制条件下产生塑性变形的。由于轧机只是在一定程度上产生弹性变形，轧机的弹性是有限的，因此，轧件的变形程度也就受到了限制。这种变形程度的大小与轧机的形式及规格有关，即与轧机的刚度、轧辊直径、轧辊与轧件之间的摩擦系数、金属的强度、轧制时箔材的平均张力等有关。根据有关专家的计算结果，单张轧制时最薄可轧到0.01mm，不可能轧出0.006mm的箔材，只有进行双合轧制时才能轧出0.006mm以下的箔材。

1.2 冷轧产品分类及用途

1.2.1 冷轧产品的分类

冷轧用铝及其合金全部为变形铝合金，包含在1×××系~8×××系等合金中，其典型铝及铝合金的主要特性见表1.1。

表1.1 冷轧用典型铝及铝合金的主要特性

分　类	合金系	特　　性	特色合金
1×××系	工业纯铝	导电性、耐腐蚀性、焊接性能好，强度低	1050、1060、1100、1235
2×××系	Al-Cu合金	强度高，耐热性能和加工性能良好	2A12、2024
3×××系	Al-Mn合金	耐腐蚀性能、焊接性能好，塑性好	3003、3104
5×××系	Al-Mg合金	耐蚀性能、焊接性能好，抗疲劳强度高，不可热处理强化，只能冷加工提高强度	5052、5182
6×××系	Al-Mg-Si合金	耐蚀性好，焊接性能好	6061、6063
7×××系	Al-Zn合金	超高强度合金，耐腐蚀性能好，韧性好，易加工	7005、7075
8×××系	1×××系~7×××系以外合金	塑性、深冲性能良好	8011

1.2.2 冷轧产品的主要用途

铝及铝合金冷轧产品除具有铝材的密度低、抗腐蚀能力强、易于加工等特点外，还具有尺寸精度高、表面质量好、光泽度高、板形质量好、组织与性能均匀、易于加工到很薄的厚度等多种优势，因此，在包装、印刷、装饰、家电、医药等行业得到广泛的运用。由于不同合金系列的使用性能的较大差异，因此其用途各不相同。

(1) 1×××系铝材。1×××系表示工业用纯铝，以1100、1235为代表，两者都是99.00%以上纯铝系材料。本系材料的优点是加工性、耐蚀性、焊接性都良好，但是强度稍低，适合作为构造用材料，主要用于家庭用品、日用品、电气器具等方面。纯铝材料主要含有的不纯物是Fe、Si，因其不纯物含量比较少，所以它的耐蚀性良好，经过阳极氧化处理后可以改善其表面的光泽，因此用于化学、食品工业用的储槽、铭板和反射板。另外，1050、1060具有良好的电传导性、热传导性，可用于输送配电用材料和散热材料。

(2) 2×××系合金。2×××系铝合金是以铜为主要合金元素的铝合金，它包括了Al-Cu-Mg合金、Al-Cu-Mg-Fe-Ni合金和Al-Cu-Mn合金等，这些合金均属热处理可强化铝合金。合金的特点是强度高，通常称为硬铝合金，其耐热性能和加工性能良好，但耐蚀性不如大多数其他铝合金，在一定条件下会产生晶间腐蚀，因此，板材往往需要包覆一层纯铝，或一层对芯板有电化学保护的6×××系铝合金，以提高其耐腐蚀性能。其中，Al-Cu-Mg-Fe-Ni合金具有极为复杂的化学组成和相组成，它在高温下有高的强度，并具有良好的工艺性能，主要用于在150~250℃以下工作的耐热零件；Al-Cu-Mn合金的室温强度虽然低于Al-Cu-Mg合金2A12和2024，但在225~250℃或更高温度下强度却比二者高，并且合金的工艺性能良好，易于焊接，主要应用于耐热可焊的结构件及锻件。该系合金广泛应用于航空和航天领域。

(3) 3×××系合金。3003是本系具有代表性的合金，因添加了锰，比纯铝的加工性、耐蚀性差，但强度稍微高一点，其广泛用于容器、器物、建材方面。与3003相当而锰添加到1%的3004、3104的合金，是强度更高的合金，适用于彩色铝、铝罐体、屋顶板、门板等用途。

(4) 5×××系合金。本系合金镁添加量较少时多用于装饰材料和器物用材，添加量较多时应用于构造材料方面，因此合金的种类很多。含中等浓度镁的合金如5052、5182是具有中等强度的代表性材料，5052主要用于车辆的内装顶板、建材、器物材等方面；5182主要用于易拉罐盖拉环等方面。

(5) 6×××系合金。6×××系铝合金是以镁和硅为主要合金元素并以Mg_2Si相为强化相的铝合金，属于热处理可强化铝合金。合金具有中等强度、耐蚀性高、无应力腐蚀破裂倾向、焊接性能良好、焊接区腐蚀性能不变、成形性和工艺性能良好等优点。当合金中含铜时，合金的强度可接近2×××系铝合金，工艺性能优于2×××系铝合金，但耐蚀性变差，合金有良好的可挤压性。6×××系合金中用得最广的是6061和6063合金，它们具有最佳的综合性能，主要产品为挤压型材，是最佳挤压合金，该合金广泛用作建筑型材，也可作冷轧型材及管棒材之用。

（6）7×××系合金。7×××系铝合金是以锌为主要合金元素的铝合金，属于热处理可强化铝合金。合金中加镁即为Al-Zn-Mg合金，该合金具有良好的热变形性能，淬火范围很宽，在适当的热处理条件下能够得到较高的强度，焊接性能良好、一般耐蚀性较好、有一定的应力腐蚀倾向，是高强度可焊的铝合金。Al-Zn-Mg-Cu合金是在Al-Zn-Mg合金基础上通过添加铜发展起来的，其强度高于2×××系铝合金，一般称为超高强度铝合金，合金的屈服强度接近于抗拉强度，屈强比高，比强度也很高，但塑性和高温强度较低，宜做常温、120℃以下使用的承力结构件，合金易于加工，有较好的耐腐蚀性能和较高的韧性。该系合金广泛应用于航空和航天领域，是这个领域中最重要的结构材料之一。

（7）8×××系合金。8×××系合金是1×××系~7×××系以外的合金，代表合金为8011，其深冲性能良好，主要用于生产酒瓶盖及化妆品瓶盖。

1.2.3 冷轧产品的生产工艺流程

冷轧产品的毛料一般来源于热轧毛料或铸轧毛料。冷轧过程中，通过不同的热处理制度与冷轧工艺的搭配对其性能进行调控。由于产品质量要求的提高，冷轧后的产品一般需经过精整工序对表面质量、外观质量、尺寸规格进行处理之后才能交付使用。

对于毛料来源为热轧的冷轧产品，其工艺流程一般为：

熔铸→铣面→均热→加热→热轧→冷轧→退火→矫直→分切→包装

对毛料来源为铸轧的冷轧产品，其工艺流程一般为：

铸轧→均热→冷轧→退火→矫直→分切→包装

1.3 铝箔产品分类及用途

1.3.1 铝箔产品的分类

铝箔按照厚度差异可分为厚箔、单零箔和双零箔。（1）厚箔（无零箔，heavy gauge foil）：厚度为0.10~0.20mm的铝箔。（2）单零箔（medium gauge foil）：厚度不小于0.01mm且小于0.10mm的铝箔。（3）双零箔（light gauge foil）：厚度小于0.01mm的铝箔。

铝箔按照表面状态可分为双面光铝箔和单面光铝箔，铝箔轧制分单张轧制和双合轧制。(1) 双面光铝箔：单张轧制时铝箔上下表面均与轧辊接触，双面都具有明亮的金属光泽，这种铝箔称为双面光铝箔，因轧辊表面粗糙度不同又分为镜面双面光铝箔和普通双面光铝箔，双面光铝箔的厚度一般不小于0.01mm。(2) 单面光铝箔：双合轧制时每张箔只有一面和轧辊接触，分卷后与轧辊接触的一面光亮，铝箔之间接触的一面发乌，单面光铝箔的厚度一般不超过0.03mm，随着设备能力的提高，目前单面光铝箔已经可以做到0.005mm。

铝箔按照加工状态可分为素箔、压花箔、复合箔、涂层箔、上色铝箔和印刷铝箔。(1) 素箔：轧制后不经任何其他加工的铝箔，也称为光箔。(2) 压花箔：表面上压有各种花纹的铝箔。(3) 复合箔：把铝箔和纸、塑料薄膜、纸板贴合在一起形成的复合铝箔。(4) 涂层箔：表面上涂有各类树脂或漆的铝箔。(5) 上色铝箔：表面上涂有单一颜色的铝箔。(6) 印刷铝箔：通过印刷在表面上形成各种花纹、图案、文字或画面的铝箔，可以是一种颜色，最多的可达12种颜色。

铝箔按热处理状态可分为硬质箔、半硬箔和软质箔。(1) 硬质箔（H18状态)：轧制后未经软化处理的铝箔，不经脱脂处理时，表面上有残油。因此硬质箔在印刷、复合、涂层之前必须进行脱脂处理，如果用于成形加工则可直接使用。(2) 半硬箔（H14、H24状态)：铝箔硬度在硬质箔和软质箔之间的铝箔，通常用于成形加工。(3) 软质箔（O状态)：轧制后经过充分退火而变软的铝箔，材质柔软，表面没有残油。目前大多数应用领域（如包装、复合、电工材料等）都是用软质箔。

1.3.2 铝箔产品的主要用途

由于铝箔具有质轻、密闭和包覆性好等一系列优点，主要用于包装、机电和建筑等领域。如果以厚度来分，双零铝箔主要用于烟草、食品包装，单零铝箔主要用于装饰、软包装和医药，厚箔主要用于空调和电子等。铝箔的主要用途见表1.2。其中，使用量较大的主要有烟用铝箔、电容器用铝箔、装饰用铝箔、药用铝箔、电缆用铝箔、空调用铝箔和软包装用铝箔等。

表1.2 铝箔的主要用途

类别	典型厚度/mm	加工方式	用途
烟草	0.006~0.007	复合纸、上色、印刷	香烟内外包装
食品	0.006~0.009	复合纸、塑料薄膜、印刷	糖果、奶制品、饮料及各种小食品
医药	0.006~0.20	复合、涂层、印刷	药片泡罩包装、瓶盖等
化妆品	0.006~0.009	复合、印刷	管状、袋装包装

续表 1.2

类别	典型厚度/mm	加 工 方 式	用 途
瓶罐	0.011 ~0.20	印刷、冲制	瓶盖、瓶外封、商标等
器皿	0.011 ~0.10	成形加工	食品器皿、烟灰盒及各种容器
电容器	0.006 ~0.11	侵蚀、衬油浸纸	电解电容器、电力电容器
散热片	0.09 ~0.20	冲制翅片	各种空调、散热器
电缆	0.15 ~0.20	铝塑复合	电缆包覆
装饰板	0.03 ~0.20	涂漆、复合材料	建筑装饰板
铝塑管	0.20	复合聚乙烯塑料	各种管道

（1）烟用铝箔。我国是世界上最大的香烟生产国和消费国，所有香烟基本都采用铝箔包装，烟用铝箔占双零铝箔消费量的比例较大。我国包装工业的双零铝箔消费量占双零铝箔消费总量的60%以上，其中烟用铝箔的消费量最大。

素铝箔经涂乙烯树脂、蜡和裱纸等复合后成为烟用铝箔。裱纸烟用铝箔具有较高的柔软性、装饰性和防潮性。烟用铝箔一般用1235合金生产，厚度为6.0~7.0μm。对烟用铝箔的质量要求主要是厚度均匀、针孔尺寸小、针孔数量少、板形好。目前，烟用铝箔已向合金化发展，如8011、8006合金等。

（2）电解电容器用铝箔。电解电容器用铝箔是铝箔的一种深加工产品，它是一种在极性条件下工作的腐蚀材料，一般分为厚度为0.015~0.06mm的阴极箔、厚度为0.065~0.1mm的高压阳极箔和厚度为0.06~0.1mm的低压阳极箔三种。

电解电容器用铝箔使用的是工业高纯铝，纯度要求均在99.93%以上，其中高压电解电容器用阳极铝箔的纯度要求高达99.99%。工业高纯铝中的主要杂质为Fe、Si、Cu，另外还有Mg、Zn、Mn、Ti等微量元素。从国内外的发展趋势来看，电解电容器用铝箔不但对Fe、Si、Cu含量要求控制得很低，而且对其他微量杂质元素含量也做了严格的规定。

（3）装饰用铝箔。装饰铝箔是通过铝-塑复合形式应用的装饰材料，利用了铝箔着色性能好、光热反射率高的特性，主要用于建筑、家具的装饰和一部分礼品盒包装。装饰用铝箔具有隔热、防潮、隔声、防火和易于清洗等优点，加工方便，施工安装速度快，并且铝箔作为性能卓越的电子屏蔽材料和建筑装饰材料，克服了玻璃幕墙的光污染和安全性问题，越来越受到建筑装饰行业的青睐，近几年需求量急剧增加，已形成装饰铝箔的应用热潮。

（4）药用铝箔。药用铝箔经过印刷、涂敷后主要用于药品包装，包括水剂、针剂、片剂和颗粒状的包装，以及易开瓶盖和药品包装的PTP铝箔，尤其是PTP铝箔具有防潮、安全卫生、携带方便以及保存期长等优点，已成为国际上广泛使用的药品包装方式。

（5）电缆用铝箔。由于铝箔具有较高的密闭性和屏蔽性，因此单面或双面涂敷一层塑膜后构成的铝塑复合箔是理想的线缆保护层。电缆用铝箔一般用1145合金、1100合金或8011合金生产，厚度为0.10mm、0.15mm或0.20mm。对电缆用铝箔的质量要求主要是表面带油量少、表面无孔洞、具有较好的力学性能。目前，国内先进冷轧机或铝箔粗轧机都能生产电缆用铝箔。

（6）空调用铝箔。由于铝箔具有较高的热导率，而且密度小、重量轻，所以广泛应用于空调器中的散热翅片。对空调用铝箔的质量要求主要是厚度均匀，具有较好的力学性能和深冲性能。生产空调用铝箔的合金品种较多，主要有1100合金、8011合金和1200合金，状态主要有H22、H24和H26，厚度为0.10～0.15mm。空调用铝箔因其生产工艺和使用性能的不同可以分为素箔和亲水箔，亲水箔表面的无机防腐涂层和有机亲水涂层，使其不但具有优良的亲水性和抗腐蚀能力，而且可防霉菌、无异味，可提高使用寿命，而且涂层也使气流阻力降低，可提高热交换率10%～15%，目前亲水箔占空调箔总量的80%。

随着技术的发展，空调用铝箔有进一步减薄的趋势，产品厚度将减薄到0.10mm以下。在极薄的状态下，材料的组织和性能均匀、冶金缺陷少、各向异性小、强度高、延展性好，是保证铝箔良好的成形性和厚度均匀、高平直度的关键。

（7）软包装用铝箔。软包装是近年来发展起来的一种新型包装，即利用软复合包装材料制成袋式容器。软包装的出现极大地提高了食品饮料业的机械化、自动化水平，加快了人们饮食生活现代化、社会化进程。软包装具有防潮、保鲜的特殊功效，而且可印刷各种图案和文字，是现代包装的一种非常理想的包装制品。目前软包装已是全球食品包装的主流，平均增速达5%以上，成为全球未来最能影响包装业十大技术之一。随着人们生活水平的提高，软包装用铝箔还有很大的发展空间。

（8）其他铝箔。啤酒封包装是近年来随着啤酒卫生标准的要求提高而产生的一种新型包装材料，随着啤酒由大瓶装向小瓶装的转化及高档啤酒产量的增加，预计国内啤酒封的需求量逐年增加。

铝合金的低密度、可塑性强等特性使之可以实现汽车的轻量化，使得复合钎焊铝箔技术在汽车交换器中得到广泛应用，汽车散热器以复合钎焊铝箔代替铜箔，约可减重40%。

另外，铝箔器皿、铝合金百叶窗、铝箔复合蒸煮袋和复合软管用铝箔也有着自身的优点和很好的发展前景。

1.3.3 铝箔产品的生产工艺流程

目前，我国生产铝箔的方法主要有以下两种：一种是热轧坯料法，另一种是连续铸轧坯料法，这两种方法最大的不同体现在铝箔毛料的生产上。用这两种方法生产出来的铝箔毛料经粗轧、中轧和精轧等工艺流程，可以获得不同厚度的铝箔，其工艺流程如图1.1所示。

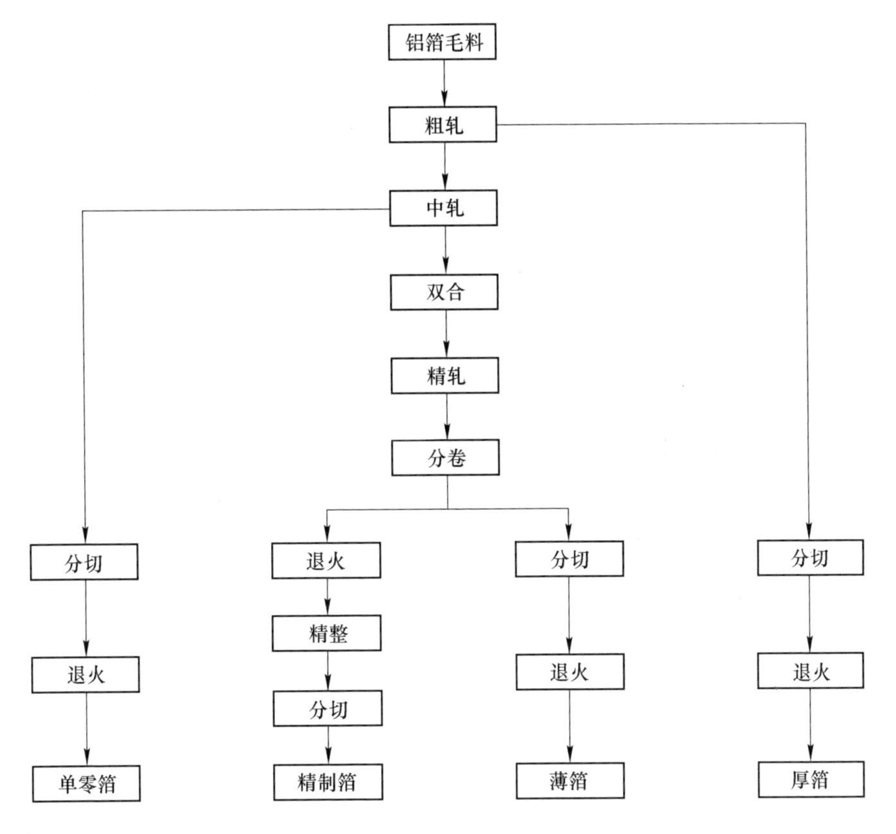

图1.1 铝箔生产工艺流程

铝箔的生产工艺流程，是根据所生产的合金品种、成品规格、产品质量要求、产量、设备的规格型号、生产能力、操作技术水平、管理水平等确定的。在制定合理的生产工艺流程时，应考虑以下原则：充分利用金属的塑性，合理分配道次加工率，减少轧制道次，缩短生产周期，提高劳动生产率；获得符合技术条件要求的优质产品，提高成品率，降低成本；在安全运转的条件下，充分发挥设备能力，并尽量使各机组的负荷均衡。

1.4 铝箔轧制的现状及发展趋势

1.4.1 铝箔工业的发展历程

中国铝箔工业的发展可分为四个阶段：1932～1960年为起步阶段，1961～1979年为自力更生建设小铝箔厂阶段，1980～1999年为高速发展向铝箔大国迈进阶段，2000～2020 年为建设高技术超宽幅铝箔工程与以结构调整为主向世界铝箔强国迈进阶段。

1.4.1.1 起步阶段

中国铝箔起步虽早，但开始发展较慢。1932 年瑞士铝业公司（Alussise）、加拿大铝业公司（Alcan）与英国铝业公司（British Aluminum）在上海杨浦区合资创建华铝钢精厂，主要生产 0.008mm 的烟箔，还生产少量铝板、带。由于铝箔轧制是一种专门的特殊加工技术，20 世纪 30 年代全世界只有美国、英国、瑞士、德国、中国、日本等的少数几家工厂能生产，所以价格昂贵、利润丰厚。

华铝钢精厂是新中国成立以前中国唯一的一家铝箔轧制厂，在开工的初期其规模居远东第一。该厂的铝箔多为小平张烟箔，厚 0.008mm，衬纸后质量 21g/m^2。除产烟箔外，还生产裱纸糖果箔（0.009mm）、裱牛皮纸的茶叶箔（0.014mm）、电容器素箔（0.006～0.0075mm），以及染色、压花、上蜡等种种深加工箔。在 1943～1945 年太平洋战争期间，华铝钢精厂由日本接管，转产飞机修理铝合金板。抗日战争胜利后，交还瑞士商人恢复铝箔生产。

新中国成立后，华铝钢精厂在政府对私营工商业“利用、限制、改造”方针指导下维持素箔产量为 560t/a 左右。1960 年该厂由中国政府赎买接管，铝箔产量节节上升，1964 年以后产量达到 2kt/a 以上。

1.4.1.2 自力更生建设小铝箔厂阶段

1958 年西北机器厂为成都 715 厂制造了 27 台 ϕ154mm×300mm 二辊铝箔轧机，开创了中国自制铝箔轧机的先河。东北轻合金有限责任公司同年为建一个铝箔车间委托哈尔滨工业大学机械系一个班的大部分学生以毕业实习的名义到华铝钢精厂，测绘全部设备，绘出制造图。由上海冶金矿山机器厂制造了 14 台 ϕ240mm×600mm 二辊铝箔轧机。这个华铝钢精厂翻版的铝箔车间于 1963 年投产，设计生产能力 1.5kt/a。粗轧机电动压下，精轧机手动压下，最大轧制速度 100m/min，虽然设备与工艺水平有所提高，但仍是 20 世纪 30 年代水平。

1959 年我国从德意志民主共和国引进一套生产能力为 0.95kt/a 的成套铝箔生产线，其主要装备为：1 台 ϕ250/750mm×850mm 的可逆式冷轧机，7 台 ϕ220/560mm×800mm 的可逆式粗轧机，4 台 ϕ320mm×800mm 的中精轧机及其他配套设备等。此套设备在西北铝加工厂于 1966 年投产，具有 20 世纪 40 年代水平。

在 20 世纪六七十年代全国各地仿照上海铝材厂与西北铝加工厂铝箔车间的装备与生产工艺建设了一批小型铝箔厂，其中主要有北京延庆铝箔厂、常熟市铝箔厂、辽宁电子铝箔厂、四川江油西南金属制品厂和西安铝制品厂等，1979 年中国铝箔的总生产能力约为 12kt/a。

1.4.1.3 高速发展向铝箔大国迈进阶段

同国民经济的其他行业一样，改革开放之后是中国铝箔工业迎来黄金发展时期，建成了美铝渤海铝业有限公业（集团）有限责任公司铝箔分厂、华西铝业有限责任公司、美铝（上海）铝业有限公司、东北轻合金有限责任公司薄板分厂等一批现代化的铝箔厂。这个时期是中国铝箔工业实现现代化、与国际市场开始接轨的时期。截止到1998年底，中国有大小铝箔企业79家（含轧制厂的铝箔车间），总设计生产能力达195kt/a。

1979年东北轻合金有限责任公司从德国阿申巴赫公司（Achenbach）引进1台四辊不可逆式 $\phi230/560mm \times 1200mm$ 万能铝箔轧机，开中国现代化四辊铝箔轧机之先河。

1.4.1.4 向铝箔强国迈进阶段

21世纪第一个10年既是中国铝箔工业史无前例的大发展阶段又是成为铝箔强国的初期。在此阶段有33台2000mm级超宽幅箔轧机投产（其中引进28台）；有1800mm级箔轧机13台（其中引进或中外合作制造的5台）、1400～1700mm级的箔轧机及可轧单零箔的冷轧机26台。它们的总生产能力达1600kt/a，为过去68年形成的总生产能力的6.4倍。在此期间仅2000mm级箔轧机的双零箔的设计生产能力就达230kt/a。

1.4.2 轧制设备装机水平

中国铝板带冷轧始于1919年，1995年块片式冷轧在中国消失。现在冷轧时轧的都是带材。目前，中型（辊面宽度不小于1300mm）冷轧机与大型（辊面宽度大于1800mm）冷轧机都是非可逆式的，同时带卷的质量不小于5t。只有小型轧机（辊面宽度不小于1200mm）且带卷质量小于5t时才进行可逆式轧制。

截至2019年，中国约有大小单机架铝带冷轧机1000多台，冷连轧线14条，连轧线的生产能力达381.0kt/a，单机架冷轧机的生产能力为12160kt/a。中国自1956～2017年从苏联、日本、美国、英国、奥地利、意大利、德国等7国共引进四辊、六辊铝带冷轧机32台，其中最多也是最先进的是西马克公司的，共19台，仅先进的CVC plus冷轧机就有13台，是世界上拥有先进冷轧机最多的国家。

近年来是中国铝箔工业发展的黄金时期，我国已成为世界铝箔初级强国。2017年生产能力约为5500kt，约占全球总生产能力的76%；产量3650kt，约占全球产量的56.7%。拥有先进的2000mm箔轧机35台，其中进口的26台，占总数的74.3%，占世界总台数（50台）的70%。可生产经济建设所需的各种箔材，可用铸轧带坯生产宽1100mm的厚0.0045～0.005mm的电力电容器箔，国外生产超薄箔用的都是铸锭热轧带坯。双辊式铸轧带坯占比达78%，而在国外生产的铝箔中，铸锭热轧-冷轧带坯占93%以上。

1.4.3 铝箔生产的发展趋势

随着科技的不断进步和装备制造水平的不断提高，铝箔轧机的轧制速度越来越快，轧制宽度越来越大，最小可轧厚度越来越薄，自动厚度控制和自动板形控制手段也更为先进，铝箔的成品率逐步提高。未来铝箔生产的发展趋势主要体现在以下几个方面：

（1）铝箔轧制速度会更快。第一代铝箔轧机的轧制速度只有20m/min，目前最高设计速度已经达到2500m/min。由于受铝箔表面光亮度的限制，双合轧制速度一般不超过600m/min，把稳定生产的中轧速度提高到2000m/min、精轧速度提高到1000m/min是下一阶段的发展目标。轧机速度每提高一个阶梯，都需要轧制工艺、设备精度和自动化控制系统等方面做出很大的努力。

（2）带卷重量和宽度向着更重更宽的方向发展。工作辊辊面宽度已经由最初的不足600mm提高到1400～2250mm，目前国内铝箔轧机的工作辊辊面最大宽度为2250mm，可轧铝箔宽度1920mm，而世界上最宽的铝箔轧机可轧铝箔宽度为2150mm。

（3）轧制厚度更薄。铝箔最小可轧厚度是衡量铝箔生产技术水平的重要指标之一。铝箔越薄可使用面积就越大，为满足这一要求，铝箔的厚度越来越薄，目前大量生产和使用的双合轧制铝箔厚度为6.0～6.5μm，我国已经有部分厂家可批量生产厚度为4.5μm的铝箔，而世界上最薄的轧制生产铝箔已达到4μm。

（4）自动化程度更高，产品精度越来越高。最初的铝箔轧制大都是凭经验和直觉，现代轧机已普遍使用自动厚度控制（AGC）和自动板形控制（AFC）系统。《铝及铝合金箔》（GB 3198—2003）中规定7μm铝箔的厚度公差为不大于±8%，而目前许多铝箔厂都是按±4%的公差控制与验收，最先进的厚度控制系统可将厚度公差控制在±2%以内，并能够根据客户的要求实现产量最大化控制。

1.5 铝合金轧制控制系统

1.5.1 过程自动化系统

过程自动化系统主要实现下述功能：

（1）原始数据管理。生产管理自动化系统下发或操作员录入合金信息、卷号、原料尺寸和产品目标尺寸等原始（PDI）数据，完成原始数据的录入、显示、修改和删除功能。

（2）轧制道次规程计算。根据合金信息和轧制过程数学模型，通过各种工艺参数计算确定各种设备的运行初始值，给出合理的轧制道次规程，并具有轧制规程的添加、显示、修改和删除功能。

（3）轧制数据记录。记录轧制过程中的实际数据，轧制完成后生成轧制报表，并提供历史轧制记录查询。

（4）系统监控及维护。监控并记录系统工作状态数据和通信状态数据，为控制系统的故障诊断和维护提供参考信息。

1.5.2 基础自动化系统

工艺控制系统的主要功能包括：（1）液压压上系统逻辑控制，液压辊缝闭环控制和轧制力闭环控制，位置倾斜控制；（2）弯辊系统逻辑控制，正负弯辊闭环控制；（3）辊缝调零、刚度测试及其相关逻辑控制；（4）厚度控制，包括轧制力监控 AGC、张力监控 AGC 和轧制速度 AGC 等；（5）板形控制，包括自动弯辊控制、自动倾斜控制和轧辊冷却控制等；（6）与其他系统的数据通信。

主令控制系统的主要功能包括：（1）轧机主电机、开卷电机和卷取电机的速度给定；（2）开卷机和卷取机的设定张力给定；（3）传动系统的摩擦转矩补偿和动态加减速补偿；（4）与工艺控制系统一起完成张力监控 AGC 和轧制速度 AGC；（5）与其他系统和传动装置的数据通信。

辅助控制系统的主要功能包括：（1）轧线所有单体设备的动作及连锁控制；（2）换辊顺序控制、卸卷顺序控制等连续控制功能；（3）工艺控制系统和主令控制系统的启动和停止逻辑控制；（4）高压、中压等公辅系统以及工艺油、热喷淋系统控制；（5）与其他系统的数据通信。

1.5.3 人机界面系统

人机界面提供了图形显示、信息处理、数据归档和报表的基本功能模块，还提供了用户文档、过程控制软件包和开放工具等可选软件包，供生成复杂的可视化任务的组件和函数，还可生成画面、脚本、报警、趋势和报告。

人机界面的主要功能包括：（1）为基础自动化系统和过程自动化系统提供原始数据录入和工艺参数设定的人机接口；（2）显示并记录轧制过程中重要参数实际测量值，如轧制速度、辊缝、轧制力、张力等，并对数据进行归档生成趋势记录；（3）监控整个系统运行状态，显示并记录来自基础自动化系统的故障报警信号。

1.6 厚度控制技术概述

沿纵向的厚度精度是铝带与铝箔产品最重要的技术指标，也是最主要的控制目标之一。从生产企业角度来讲，减小产品厚度公差，有利于提高产品成材率；

从产品用户角度来讲，高尺寸精度的原料是实现机械化自动化大生产的前提条件，并且提高原料的尺寸精度有利于提高加工质量和生产率。

自动厚度控制（automatic gauge control，AGC）是通过测厚仪或传感器（位置传感器和压头等）对轧机出入口厚度进行连续测量，并根据实测值和给定值比较后的偏差信号，借助于控制回路和装置或计算机的功能程序，改变压下位置、轧制压力、开卷张力或轧制速度等，把轧出厚度控制在允许偏差范围之内的控制方法。作为提高铝箔产品的厚度尺寸精度最重要的手段，自动厚度控制已经成为现代铝箔轧制过程中一个不可或缺的重要组成部分。

1.6.1　厚度控制技术的发展历程

自动厚度控制技术是轧制过程自动化的一个重要组成部分，在用户对产品厚度精度要求越来越高的需求推动下，伴随着轧制理论、机械、电气、仪表、计算机及控制设备等技术的发展，厚度控制手段经历了最初的人工手动压下到单回路模拟控制电动压下，再到计算机人工智能控制液压压下的发展过程。

自轧机出现至20世纪40年代轧制理论处于开始形成时期，单回路的自动控制理论虽然已经形成，但由于轧制过程的复杂性及轧制过程中检测手段的限制，轧制理论和控制理论并未在厚度控制方面得到实际应用，自动厚度控制尚未形成。厚度控制的主要方式是操作人员凭经验依靠手动来移动辊缝，这个阶段一般被称为人工操作阶段。

自20世纪50年代初开始，产品的厚度精度问题被逐渐重视，为了减小轧制过程中产生的纵向轧件厚度偏差，得到厚度均匀的产品，开始了自动厚度控制技术的研究工作。1952年，英国学者Hessenberg等提出了轧件出口厚度取决于轧机弹性曲线与轧件塑性曲线交点的理论，并据此推导出了板带出口厚度表达式，奠定了自动厚度控制的理论基础，具有划时代的意义。随着可用于轧制工业的测力传感器的问世，基于弹跳方程的厚度计式板厚自动控制方式得以实现。这种方式通过测量轧制过程中的轧制压力和空载辊缝，利用弹跳方程间接测量实际轧出厚度。从20世纪50年代厚度技术的研制成功到70年代初期直接数字控制（DDC）技术应用于轧制过程自动厚度控制之前，这段时期自动厚度控制主要通过模拟式电路控制压下电机实现。

20世纪60年代~80年代，直接数字式计算机控制技术和轧机液压压下装置在自动厚度控制上的应用成功将AGC技术推向了全数字液压高精度控制时代。虽然早在1960年计算机控制技术就被应用于板带热连轧领域，但受当时计算机技术、自动控制元器件和检测仪表的制约，自动厚度控制和辊缝位置自动控制等在线实时控制功能都是由接触器、继电器、放大器等组成的模拟控制电路实现。随着半导体技术发展和大规模集成电路的出现，计算机中央处理器向微型化发展，小型机、微型机以及可编程控制器等直接数字控制技术在工业控制系统中得到逐步推广应用。采用计算机直接数字控制 AGC 系统之后，由于控制功能集中由计算机软件程序实现，因此省去了大量电气元件，同时便于系统维护；并且同硬件构成的模拟电路相比计算机程序不受外部工作环境的影响；计算机直接数字厚度控制系统所需的调试时间大为减少，并具有进一步功能扩展和变更的灵活性。

这一时期另一项重大技术变革是液压 AGC 技术的出现。在液压 AGC 技术出现之初，辊缝是靠电动方式进行调节，主要执行机构为压下电机、蜗轮蜗杆减速机和压下螺丝。电动压下机构存在响应速度慢、结构笨重、负载量低、精度有限等不足，并且压下螺丝的结构限制使得其存在压下效率低、压下死区大、大轧制力压靠容易压死、在高频往复动作下磨损严重等问题。为了克服电动压下 AGC 的不足，提高产品的厚度精度，人们开发出了液压控制辊缝技术，1969 年世界上首套采用液压压下的 AGC 系统在英国钢铁公司的 Dalzell 厂实现了工业应用。液压压下技术采用电液伺服阀控制液压油驱动液压缸动作来调节辊缝或轧制力，相比电动 AGC 来说液压 AGC 的响应速度提高了 2 个数量级以上，其频率响应可达 15 ~ 20Hz，并具有精度高、结构简单、压下力大、无死区等优点。

自 20 世纪 80 年代末开始，厚度控制技术进入高效、高精度、大型化、高速化、连续化方向发展阶段。这一阶段厚度控制的全部过程融于计算机网络控制的过程自动化级和基础自动化级。多变量控制、鲁棒控制、最优控制、自适应控制、解耦控制等控制理论最新成果和模糊控制、神经网络等新兴人工智能技术被应用于板带厚度控制领域以获得最佳控制性能。高精度、无人操作的自动厚度控制系统是这一阶段自动厚度控制的最主要特点。

1.6.2 厚度控制相关仪表和执行器

自动化检测仪表用来在线检测轧制工艺参数和产品质量，执行器用来完成控制系统的控制输出，稳定、准确和快速响应的检测仪表和执行器是实现轧制过程自动控制的前提条件。现代轧制过程中使用的检测仪表和执行器很多，其中与厚度控制有关的仪表主要有测厚仪、位置传感器、轧制力测量仪、张力计、测速编码器、测速仪、电液伺服阀和传动系统等。检测仪表和执行器的性能和配备方式决定了 AGC 系统的形式与控制效果，从理论上它们的配备越完善越好，但考虑整体投入和现场工作环境，需要根据轧机机组的实际生产特点及产品精度要求选择合适的配置。以下对厚度控制相关的各种检测仪表和执行器进行简单介绍：

（1）测厚仪。厚度连续测量是实现自动厚度控制、保证产品厚度精度的前提条件。现代测厚仪为了适应轧制速度和厚度精度提高的需要，大都采用非接触式射线性测厚仪。测厚仪配备的数量和位置由厚度控制策略决定。

（2）位置传感器。自液压 AGC 技术问世以来，基本所有轧机均采用了长行程液压缸。轧机辊缝的检测一般通过内置于轧机两侧液压缸内部的位置传感器来间接计算，也有的在工作辊间安装辊缝仪直接测量辊缝，其实质也是通过位置传感器计算辊缝。常用的位置传感器主要有数字感应型位置传感器（例如 SONY 磁尺）、磁致伸缩式位置传感器（例如 Temposonics）等，均具备测量精度高、性能稳定可靠等优点。

（3）轧制力测量仪。轧制力测量包括压头（load cell）和油压传感器（oil pressure transducer）两类测量仪表。其中压头直接检测轧制力，测量精度高、价格昂贵。油压传感器价格相对较低，结合液压缸尺寸间接计算轧制力，当液压缸内摩擦力较大时轧制力计算值误差较大。

（4）张力计。在轧机入口和出口设置张力计，主要目的是为了获得更高的张力控制精度，保证轧制过程的稳定进行和良好的卷形，并完成张力监控 AGC。由于间接张力控制策略基本能够满足张力控制要求，在投入不大的铝箔生产线一般较少配置张力计。

（5）测速编码器。在机组所有主传动和测速辊上安装测速编码器，以完成传动系统的速度反馈和出入口的轧件长度跟踪，辅助完成轧制速度 AGC 和前馈 AGC 等。

（6）测速仪。20 世纪 90 年代激光测速仪的推出，使得轧机出入口速度可以精确测量，根据金属秒流量恒定原则可以精确计算出变形区出口厚度，从而避免前馈 AGC 系统的开环不准确和监控 AGC 系统的纯滞后特性。激光测速仪的出现大大提高了厚度控制精度。轧制过程中由于轧制润滑液和烟雾影响，激光测速仪的工作状态将受到影响，为此可使用压缩空气吹扫等手段保证测速仪稳定工作。考虑到激光测速仪价格昂贵，在满足厚度控制要求的情况下很多铝箔生产线都不配置该仪器。

（7）电液伺服阀。进入液压 AGC 时代以后，轧机普遍采用电液伺服阀控制液压油驱动液压缸动作来调节辊缝或轧制力。电液伺服阀控制精度高、响应速度快，是获得高精度辊缝和轧制力控制的必备条件，但它也具有非线性特性，需要在控制的时候做好非线性补偿。

（8）传动系统。在铝箔轧制过程中，良好的速度控制和张力控制不仅是稳定轧制的前提条件，也是厚度控制的重要手段。传动系统的静动态性能直接影响最终产品的厚度精度。目前，铝箔轧机主传动电机大多数仍然为直流电机。

1.6.3 厚度控制策略和补偿控制

根据轧制过程中的控制信息流动和作用情况不同，铝箔轧制过程中常用的厚度控制策略和厚度补偿控制功能可以归纳成如下几种方式：

（1）压力 AGC。在轧制过程中任意时刻的轧制力和辊缝都是可测的，压力 AGC 以弹跳方程为基础计算轧机出口实际厚度，通过改变液压缸位置消除出口厚度偏差。最初形式的压力 AGC 控制系统由英国钢铁协会研制成功，后来相关学者提出厚度计 AGC（GM-AGC）和动态设定型 AGC 等压力 AGC 控制算法，并在压力 AGC 系统引入了变刚度控制。

（2）监控 AGC。监控 AGC（MON-AGC）根据轧机出口测厚仪测出的厚度偏差调节辊缝、开卷张力或轧制速度，以达到消除厚度偏差的目的。其中以液压缸为执行机构，通过调节辊缝消除厚差的称为辊缝监控 AGC；通过调整开卷张力消除厚差的称为张力监控 AGC；通过调整轧制速度消除厚差的称为轧制速度 AGC。随着控制理论的发展、Smith 预估器等消除大滞后环节的控制算法的使用，使用以测厚仪作为检测仪表的监控 AGC 已经成为厚度控制系统一个必不可少的组成部分。

（3）前馈 AGC。无论压力 AGC 还是监控 AGC，都避免不了控制上的传递滞后或过渡过程滞后，因而限制了控制精度的进一步提高。特别是来料厚度波动较大时，更会影响实际轧出厚度的精度。根据入口测厚仪测得的厚度偏差，通过调节辊缝或开卷张力消除厚差的控制方式，称为前馈 AGC（FF-AGC）。前馈 AGC 根据执行机构的不同，也可分为辊缝前馈 AGC 和张力前馈 AGC。

（4）秒流量 AGC。秒流量 AGC（MF-AGC）的理论基础是稳态轧制时轧机出入口的金属秒流量应保持恒定，即轧机入口体积秒流量应等于出口体积秒流量。秒流量 AGC 在获得出入口速度和入口厚度后通过秒流量恒定原则估算机架出口厚度，将该厚度与目标厚度进行比较得到出口厚度偏差，通过调整辊缝或开卷张力来消除厚度偏差。

（5）轧辊偏心补偿。由于轧辊和轧辊轴承形状不规则造成的轧辊偏心会导致轧件厚度周期变化，当前常用的轧辊偏心补偿的方法主要有三种。1）预防轧辊偏心：从改善工作辊和支撑辊的磨辊和装配精度上着手，从根本上消除轧辊偏心，比如采用激光打磨技术修磨轧辊；2）被动补偿法：只滤掉控制信号中的偏心干扰信号，有效防止压力 AGC 系统误调节，比较典型的如死区法；3）主动补偿法：从轧制力、轧件出口厚度中分离出轧辊偏心分量，随后得出补偿信号，送到辊缝控制调节器中以补偿轧辊偏心，这类方法如神经网络方法、傅里叶变换分析法和小波分析法等。

（6）轧件宽度补偿。轧制过程中，轧件咬入时工作辊与轧件接触的部分要产生变形，这个变形是由单位宽度上的轧制力大小决定的。当轧件宽度改变时，从工作辊传给支撑辊的压力沿宽度方向的分布发生变化，从而接触变形量产生变化，另外轧辊的弯曲变形也要发生变化。因此，在轧件宽度变化时，轧机的刚度系数也随之变化。

（7）轧制效率补偿。根据轧制理论，当轧制速度变化时，轧辊与轧件之间的摩擦系数也会发生变化。因此在相同轧制力作用下，如果轧机的轧制速度不同则产生的轧制效果也不同，轧制速度越高轧出的产品就越薄。为了保证轧出厚度不变，需要根据轧制速度的变化进行轧制效率的补偿控制。

1.7　板形控制技术概述

由于薄带材和箔材冷轧过程中，产品宽厚比很大，尤其对于箔材轧制，宽厚比可达 300000 以上，故使得板形问题尤为突出，极大地限制了产品质量的提高，直接影响到产品的市场竞争力。

为了在提高生产效率的同时，保证获得良好的板形质量，对于当前普遍采用的高速轧制，就必须实现板形自动控制，这也是研究板形问题的最终目标。为了实现这个目标，必须解决下述三个方面的问题：首先，要有调整板形的手段，即对应的执行机构；其次，要有可靠的板形检测装置，能够取得准确的在线检测信号；最后，在检测装置和执行机构之间，应当装备板形控制系统。控制系统根据工艺条件和在线检测信号进行比较和运算，确定执行机构的合理调整量，发出指令对执行机构进行调整，实现对板形的控制。

1.7.1　板形控制技术

关于板形控制问题的研究和应用始于 20 世纪 60 年代，M. D. Stone 的弹性基础梁理论和液压弯辊的实用研究，使板形问题取得了较大的突破，为板形控制奠定了基础，以后各国相继进行这方面的研究，工作开展得相当活跃，并取得了较大的进展。

自 20 世纪 70 年代以来，板形控制领域取得了前所未有的发展，各种新型板形控制技术相继问世，20 世纪 80 年代起开始进入实用阶段，开发出了各种各样的新型轧机。在这些新型轧机上，除了液压弯辊这一主要的板形调控手段外，执行机构越来越完善，例如 HC（high crown）轧机、CVC（continuous variable crown）轧机、PC（pair cross）轧机、VC（variable crown roll system）轧机、DSR（dynamic shape roll）技术及 NIPCO 技术等，大大提高了板形控制的能力。

1.7.2　板形检测装置

在板形控制系统中，板形检测是实现板形自动控制的重要前提之一。对板形检测装置的主要要求是：（1）高精度，即它能够如实地反映轧件的板形状况，为操作者或控制系统提供可靠的在线信息；（2）良好的适应性，即它可以用于测量不同材质、不同规格的产品，在轧制线的恶劣环境中可以长时间工作而不发生故障或降低精度；（3）安装方便、结构简单、易于维护；（4）对轧件不造成任何损伤。

目前，板形检测仪器主要有接触式和非接触式两大类，非接触式又分为电磁法、变位法、振动法、光学法、声波法和放射线法等。普遍采用的接触测张式板形仪主要有 ABB 板形仪、PLANICIM 板形仪、VIDIMON 板形仪和 BFI 板形仪；而非接触式板形仪主要有 IRSID 激光板形仪、Rometer、CSI 激光板形仪和 SI-FLAT 板形仪。

虽然检测板形缺陷的方法很多，但绝大多数薄带材和箔材均是采用多段接触辊式板形检测仪，通过测量张力分布来检测板形缺陷。测量辊通常由若干辊环装配而成，将测量辊沿轴向分为若干个测量区，每个辊环可测量出作用于其上的径向压力，进而获得沿轧件宽度方向的张应力分布状况，知道沿宽度方向各带条间的伸长率之差，从而评价轧件的平直度。

1.7.3 板形控制系统

根据板形控制实施的形式，板形控制系统可包含板形预设定控制和板形实时控制，而板形实时控制又可分为板形前馈控制和板形反馈控制；根据板形控制系统的特点，又可将其分为开环控制和闭环控制，其中板形预设定控制和板形前馈控制为开环控制，板形反馈控制为闭环控制。

在没有板形检测装置或板形检测装置尚未投用的情况下，只能采用开环控制系统，执行机构的调整量主要依据轧制规程计算结果或轧制过程中轧制力的参考值给定，对于设定偏差和某些扰动造成的板形缺陷，可以由操作工根据目测手动给予修正；如果板形检测装置投用，则可以进行闭环控制，这时要依据在线的板形检测结果，确定实际的板形参数，并将它与可获得最佳板形的板形参数相比较，利用两者的差值给出执行机构的调整量。

从轧件头部进入辊缝直到建立稳定轧制的一段时间内，在板形反馈控制功能尚未投入的情况下，需要预设定值来保证这一段轧件的板形质量；板形前馈控制主要用于以消除轧制力变化对板形造成的不良影响；板形反馈控制用于消除目标板形与实测板形间的偏差。

板形控制系统是一个复杂的多变量、强耦合工业控制系统。无论对影响板形的内因（金属本身），还是外因（轧制条件），均无法建立它们跟板形参数之间精确的数学模型，可见将现代控制方法和智能控制方法相结合的手段，将成为改善板形的发展趋势。

2 轧制过程基本原理

简单轧制过程是指在轧制过程中轧件除受轧辊作用外，不受其他任何外力作用，轧件在轧辊入口和出口处速度均匀，轧件机械性质均匀。理想的简单轧制过程在实际中是很难找到的，为讨论问题方便，常常把复杂的轧制过程简化成简单轧制过程。

铝合金轧制过程是靠旋转的轧辊与轧件之间形成的摩擦力将轧件拖进辊缝之间，并使之受到压缩产生塑性变形的过程。轧制过程除使轧件获得一定的形状和尺寸之外，还能使组织和性能得到一定程度的改善。

2.1 轧制变形区

轧制变形区指在轧制过程中直接与轧辊接触发生塑性变形的那个区域，通常又称为几何变形区，其平面图如图 2.1 所示。

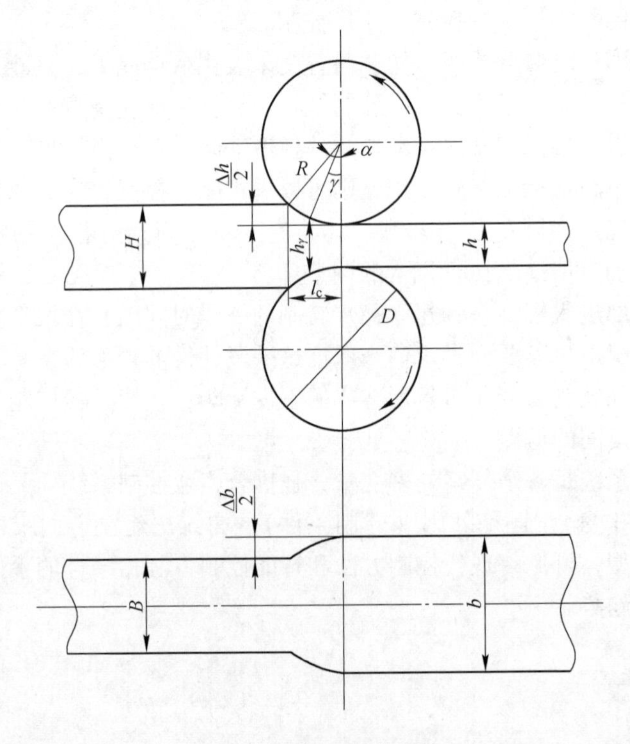

图 2.1　变形区几何形状

2.2 变形工艺参数

轧件在变形区入口的厚度和宽度分别用 H 和 B 表示，在变形区出口的厚度和宽度分别用 h 和 b 表示；轧辊半径和直径分别用 R 和 D 表示。变形区工艺参数主要包括压下量、咬入角、接触弧长以及中性角等。

2.2.1 压下量

在轧制过程中轧件的厚度和宽度都会发生变化，其中轧件厚度变化量称为绝对压下量，用 Δh 表示：

$$\Delta h = H - h \tag{2.1}$$

绝对压下量与轧件原始厚度的比值称为相对压下量或者变形程度，用 ε 表示：

$$\varepsilon = \frac{\Delta h}{H} \times 100\% \tag{2.2}$$

若无宽展，则有：

$$\varepsilon = \frac{H - h}{H} = 1 - \frac{h}{H} = 1 - \frac{1}{\lambda} \tag{2.3}$$

式中，λ 称为伸长率。

2.2.2 咬入角

轧件与轧辊相接触的圆弧对应的圆心角称为咬入角，用 α 表示。

压下量与轧辊直径及咬入角之间存在如下的关系：

$$\Delta h = D(1 - \cos\alpha) \tag{2.4}$$

化简得到：

$$\cos\alpha = 1 - \frac{\Delta h}{D} \tag{2.5}$$

进一步得到：

$$\sin\frac{\alpha}{2} = \frac{1}{2}\sqrt{\frac{\Delta h}{R}} \tag{2.6}$$

当 α 很小时（$\alpha < 10° \sim 15°$），可以取 $\sin\frac{\alpha}{2} \approx \frac{\alpha}{2}$，此时可得：

$$\alpha = \sqrt{\frac{\Delta h}{R}} \tag{2.7}$$

在已知 Δh、D（或 R）和 α 三个参数中的任意两个，可以很快计算出第三个参数。

2.2.3 接触弧长

轧件与轧辊相接触的圆弧称为接触弧，接触弧的水平投影长度用 l_c 表示。根据几何关系，可以方便地求出接触弧的长度。接触弧长度因轧制条件的不同而异，一般有以下两种情况：

（1）两轧辊直径相等。从图 2.1 中的几何关系可知：

$$l^2 = R^2 - \left(R - \frac{\Delta h}{2}\right)^2 \tag{2.8}$$

进一步得到：

$$l = \sqrt{R\Delta h - \frac{\Delta h^2}{4}} \tag{2.9}$$

由于$\frac{\Delta h^2}{4} = R\Delta h$，因此可以忽略不计，故接触弧长度公式变为：

$$l = \sqrt{R\Delta h} \tag{2.10}$$

（2）两轧辊直径不相等时。此时可按式（2.11）确定：

$$l = \sqrt{\frac{2R_1 R_2}{R_1 + R_2}\Delta h} \tag{2.11}$$

式（2.11）是假设两个轧辊的接触弧长度相等而导出的，即：

$$l = \sqrt{2R_1\Delta h_1} = \sqrt{2R_2\Delta h_2} \tag{2.12}$$

式中 R_1，R_2——分别为上下两轧辊的半径；

Δh_1，Δh_2——分别为上下轧辊对金属的压下量，$\Delta h = \Delta h_1 + \Delta h_2$。

2.2.4 中性面与中性角

2.2.4.1 中性角的概念

轧制时变形区接触弧上轧件水平速度和轧辊水平速度相同的点，称为中性点。中性点所在的轧件垂直断面称为中性面。中性点与轧辊中心连线构成的圆心角称为中性角。轧件在变形区中轧制时的速度分布如图 2.2 所示。

轧件速度仅在中性面位置处轧件与轧辊速度相同，在前滑区轧件速度小于轧辊线速度的水平分速度，在后滑区轧件速度大于轧辊线速度的水平分速度，由图 2.2 知：

$$v_{\rm H} < v_\gamma = v_{\rm r}\cos\gamma < v_{\rm h} \tag{2.13}$$

式中 $v_{\rm H}$——轧件入口速度；

v_γ——轧件中性面速度；

$v_{\rm h}$——轧件出口速度；

$v_{\rm r}$——轧辊线速度；

γ——中性角。

轧件塑性变形的变形速度是指单位时间的应变量（或正变形程度），单位为 1/s。接触弧上一点 x 对应的圆心角为 θ_x，其变形速度为：

$$u_x = \frac{\mathrm{d}e}{\mathrm{d}t} = \frac{\mathrm{d}h_x/h_x}{\mathrm{d}t} = \frac{\mathrm{d}h_x}{\mathrm{d}t}\frac{1}{h_x} \tag{2.14}$$

式中，$\frac{\mathrm{d}h_x}{\mathrm{d}t}$即为线先压缩速度，mm/s。

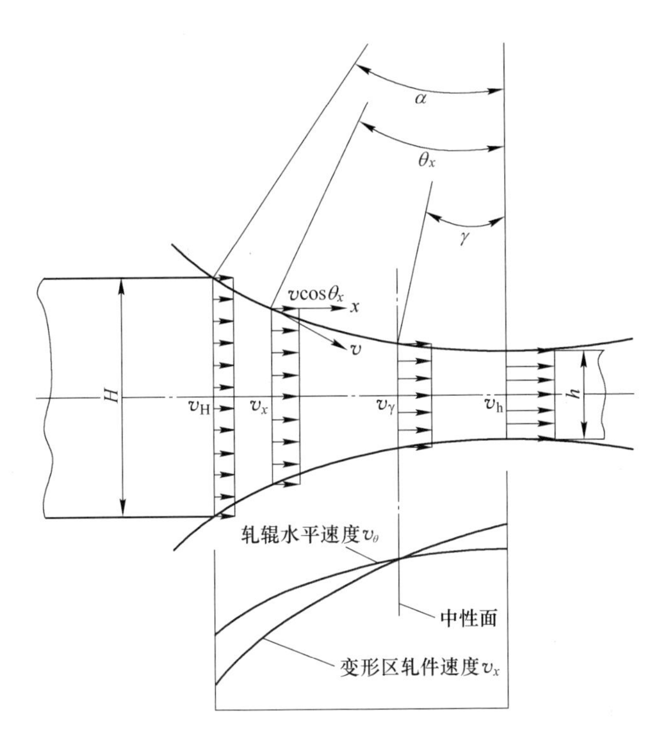

图 2.2 轧件在变形区中轧制时的速度

考虑上下两个轧辊的作用，有：

$$u_x = \frac{2v_y}{h_x} \tag{2.15}$$

式中 v_y——轧件垂直方向的压下速度。

不考虑轧辊和轧件之间的打滑现象，即二者之间没有相对滑动，有：

$$v_y = v_0\sin\theta_x \tag{2.16}$$

式中 v_0——轧辊线速度。

进一步得到

$$u_x = \frac{2v_0\sin\theta_x}{h + D(1 - \cos\theta_x)} \tag{2.17}$$

当 θ_x 较小时，可以认为 $\sin\theta_x = \theta_x$，$1 - \cos\theta_x = 2\left(\sin\frac{\theta_x}{2}\right)^2 \approx \frac{\theta_x^2}{2}$，进一步有：

$$u_x = \frac{2v_0\theta_x}{h + R\theta_x^2} \tag{2.18}$$

由式（2.18）可知，轧件在出口处，$\theta_x = 0$，此时变形速度最小，$u_x = 0$；轧件在入口处，$\theta_x = \alpha$，变形速度为 $u_x = \frac{2v_0\alpha}{h_0} = \frac{v_0}{l_c}2\varepsilon$。

为计算变形阻力，一般采用变形区中的变形速度的平均值，称为轧制平均变形速度 u_m。

$$u_m = \frac{1}{\alpha}\int_0^{\alpha}\frac{2v_0\theta_x}{h + R\theta_x^2}d\theta_x = \frac{v_0}{l_c}\ln\frac{H}{h} \tag{2.19}$$

2.2.4.2　中性角的确定

为确定中性角的大小，首先研究轧件在变形区内受力情况，如图2.3所示。

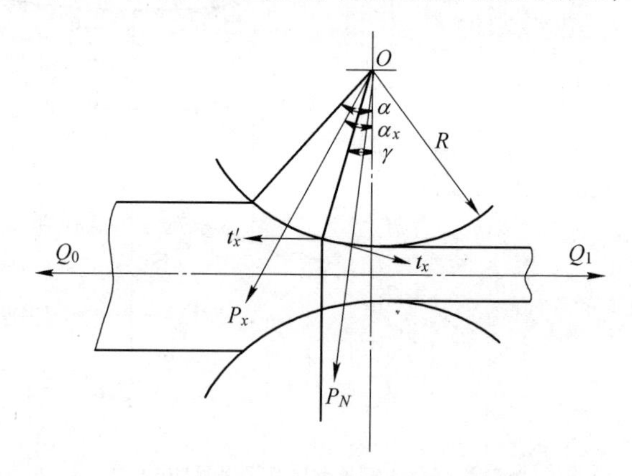

图2.3　单位压力 P_x 与单位摩擦力 t 的作用方向图

P_x—单位压力；t_x—后滑区单位摩擦力；t'_x—前滑区单位摩擦力

P_x 表示轧辊作用在轧件表面上的径向单位压力值，并在轧辊与轧件的接触表面均匀分布，即 P_x = 常数。t 表示作用在轧件接触表面上的单位摩擦力值，而接触表面上各点摩擦系数 μ 均相等，即 μ = 常数，此时摩擦力 $t = \mu P_x$ = 常数。在变形区内接触表面只存在前滑和后滑，没有黏着，同时忽略轧件的宽展。由于在前后滑区内金属力图相对轧辊表面产生滑动，且方向不同，于是摩擦力的方向不同，即都指向中性面。

设轧件上均作用前张力和后张力，根据力平衡条件，轧制时作用力的水平分量之和为零，即 $\sum x = 0$，则得：

$$-\int_0^{\alpha}P_x\sin\alpha_x Rd\alpha_x + \int_{\gamma}^{\alpha}\mu P_x\sin\alpha_x Rd\alpha_x - \int_0^{\gamma}\mu P_x\cos\alpha_x Rd\alpha_x + \frac{Q_1 - Q_0}{2\bar{b}} = 0 \tag{2.20}$$

式中　P_x——单位压力；

$\bar{b}$——轧件的平均宽度，$\bar{b}=\dfrac{B+b}{2}$；

Q_1，Q_0——作用在轧件上的前，后张力；

α——咬入角；

α_x——任意断面的咬入角度（接触弧角度）。

根据假设，P_x = 常数，消去并积分，有：

$$\sin\gamma=\frac{\sin\alpha}{2}-\frac{1-\cos\alpha}{2\mu}+\frac{Q_1-Q_0}{4P_x\mu Rb} \tag{2.21}$$

令 $\sin\dfrac{\alpha}{2}\approx\dfrac{\alpha}{2}$，$\cos\alpha\approx1$，$\sin\gamma\approx\gamma$，$\mu=\tan\beta\approx\beta$，得出方程：

$$\gamma=\frac{\alpha}{2}\left(1-\frac{\alpha}{2\mu}\right)+\frac{1}{4\mu P_x Rb}(Q_1-Q_0) \tag{2.22}$$

式（2.22）为带有前后张力时的中性角公式。当 $Q_1=Q_0$ 或者 $Q_1=Q_0=0$ 时，式（2.22）导出无前后张力或前后张力相等的中性角公式，即：

$$\gamma=\frac{\alpha}{2}\left(1-\frac{\alpha}{2\mu}\right) \tag{2.23}$$

或

$$\gamma=\frac{\alpha}{2}\left(1-\frac{\alpha}{2\beta}\right) \tag{2.24}$$

2.2.5 前滑与后滑

2.2.5.1 前滑的概念

中性面将变形区分为前滑区（由变形区出口到中性面）和后滑区（由变形区入口到中性面）。轧制时，轧件进入轧辊的速度 v_H 小于轧辊在该处圆周速度的水平分量 $v\cos\alpha$，这种现象称为后滑现象；而在轧件出口处速度 v_h 大于轧辊在该处的圆周速度 v_0，这种现象称为前滑现象。通常定义轧件出口速度与轧辊的圆周速度的线速度之差与轧辊圆周速度的线速度的比值称为前滑值，即：

$$S_h=\frac{v_h-v_0}{v_0}\times100\% \tag{2.25}$$

式中 S_h——前滑值；

v_h——轧件出口速度；

v_0——轧辊圆周速度。

同理，后滑值是用轧件入口速度与轧辊在该处圆周速度的水平分速度之差与轧辊圆周速度水平分速度的比值来表示，即：

$$S_H = \frac{v\cos\alpha - v_H}{v\cos\alpha} \times 100\% \tag{2.26}$$

式中　S_H——后滑值。

2.2.5.2　前滑计算及影响因素

计算前滑值时，必须对轧制过程予以简化，所采用的假设与计算中性角的假定一致，并在轧件在变形区内各横断面秒流量体积相等的基础上，认为变形区出口断面金属的秒流量体积等于中性面处金属的秒流量体积，由此得出：

$$V_h h = V_r h_r \quad 或 \quad V_h = V_r \frac{h_r}{h} \tag{2.27}$$

式中　V_h，V_r——轧件出口中性面的水平速度；

h，h_r——轧件出口中性面的高度。

因为 $V_r = V\cos\gamma$，$h_r = h + D(1-\cos\gamma)$，进一步得出：

$$\frac{V_h}{V} = \frac{h_r\cos\gamma}{h} = \frac{h + D(1-\cos\gamma)}{h}\cos\gamma \tag{2.28}$$

由滑移的定义得：

$$S_h = \frac{V_h - V}{V} = \frac{V_h}{V} - 1 \tag{2.29}$$

将前面的 V_h/V 代入式（2.29）得：

$$\begin{aligned} S_h &= \frac{h + D(1-\cos\gamma)}{h}\cos\gamma - 1 \\ &= \frac{D(1-\cos\gamma)\cos\gamma - h(1-\cos\gamma)}{h} \\ &= \frac{(D\cos\gamma - h)(1-\cos\gamma)}{h} \end{aligned} \tag{2.30}$$

此式即为 E. 芬克前滑公式。此式反映了轧辊直径 D、轧件出口处厚度 h 及中性角 γ 等主要工艺参数对前滑值的影响。

轧制薄板时，α 角很小，即 γ 角很小。此时令 $\sin\frac{\gamma}{2} \approx \frac{\gamma}{2}$，$\cos\gamma \approx 1$，进一步简化为式（2.31）：

$$S_h = \frac{\gamma^2}{2}\left(\frac{D}{h} - 1\right) \tag{2.31}$$

此即 S. E. 艾克隆德前滑公式。因 $D/h \gg 1$，故式（2.31）括号中的部分可以忽略不计，即：

$$S_h = \frac{\gamma^2}{2} \times \frac{D}{h} = \frac{\gamma^2}{h}R \tag{2.32}$$

此即 D. Dresden 公式。以上公式都不考虑宽展。当存在宽展时，实际上得到的前滑值将小于上述公式所算得的结果。

2.3　力能参数计算

2.3.1　轧制压力理论

研究单位压力在接触弧上的分布规律，对于从理论上正确确定金属轧制时的力能参数——轧制力、传动轧辊的转矩和功率具有重大意义。因为计算轧辊及工作机架的主要零件的强度和计算传动轧辊所需的转矩及电机功率，一定要了解金属作用在轧辊上的总压力，而金属作用在轧辊上的总压力大小及其合力作用点位置完全取决于单位压力值及其分布特征。

利用卡尔曼微分方程计算单位压力是应用较普遍的一种方法，而且对此方法的研究也比较深入，很多公式都是由它派生出来的。卡尔曼单位压力微分方程是在一定的假设条件下推导的：在变形区内任意取一微分体，如图2.4所示，分析作用在此微分体上的各种作用力，根据力平衡条件，将各种力通过微分平衡方程联系起来，同时运用塑性方程、接触弧方程、摩擦规律及边界条件建立单位压力微分方程，并求解。

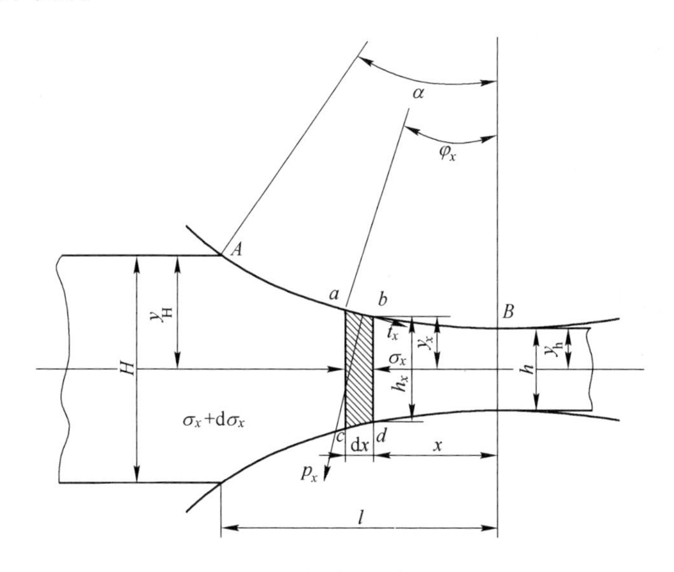

图2.4　变形区任意微分体的受力情况

卡尔曼微分方程假设条件有以下几项：

（1）变形区内沿轧件横断面高度方向上各点的金属流动速度、应力及变形均匀分布；

（2）在接触弧上摩擦系数为常数，即$f=C$；

（3）当$\dfrac{\bar{b}}{h}$很大时，宽展很小，可以忽略不计，即$\Delta b=0$；

(4) 忽略轧辊压扁及轧件弹性变形的影响，但是此点在冷轧时有误差；

(5) 沿接触弧上的整个宽度上的单位压力相同，故以单位宽度为研究对象；

(6) 沿接触弧上，金属的平面变形抗力 $K=1.15\sigma_{\varphi}$ 值不变化；

(7) 轧制过程的主应力 $\sigma_1>\sigma_2>\sigma_3$，其中 $\sigma_2=\dfrac{\sigma_1+\sigma_3}{2}$ 为平面变形条件下的主应力条件，故塑性方程式可写成 $\sigma_1-\sigma_3=1.15\sigma_{\varphi}=K$。

在变形区取微分体积，由力平衡条件得到平衡方程式。在变形区的后滑区先取一微分体积 $abcd$，其边界为两辊的柱面与垂直于轧制方向的两平面 ac 与 bd，两平面相距无限小距离 $\mathrm{d}x$。

为研究此微分体的平衡条件，将作用在此微分体上的全部作用力都投影到轧制方向 x 轴上。

在微分体的右侧，微分体 bd 面上的作用力为 $2\sigma_x y$，其中 σ_x 为 bd 截面上的平均压缩主应力，y 为 bd 截面高度的一半。

这里取轧件宽度为1，且假设截面宽度与高度之比很大，并忽略宽展的影响；在 ac 截面上，假设平均正应力为 $\sigma_x+\mathrm{d}\sigma_x$，而截面高度的一半为 $y+\mathrm{d}y$，则微分体的左侧对微分体 ac 面上的作用力为：

$$2(\sigma_x+\mathrm{d}\sigma_x)(y+\mathrm{d}y) \tag{2.33}$$

首先研究在后滑区中微分体的平衡条件。在后滑区中，接触面上金属的质点朝着轧辊转动相反的方向滑动，显然轧辊作用在此微分体单位宽度上的合力的水平投影为：

$$2\left(p_x\frac{\mathrm{d}x}{\cos\varphi_x}\sin\varphi_x-t_x\frac{\mathrm{d}x}{\cos\varphi_x}\cos\varphi_x\right) \tag{2.34}$$

式中　p_x——轧辊对轧件的单位压力；

t_x——轧件与轧辊间的单位摩擦力；

φ_x——ab 弧切线与水平面之间的夹角。

作用在微分体上各力水平投影的总和为：

$$\sum r=2(\sigma_x+\mathrm{d}\sigma_x)(y+\mathrm{d}y)-2\sigma_x y-2p_x\tan\varphi_x\mathrm{d}x+2t_x\mathrm{d}x=0 \tag{2.35}$$

式中　x，y——接触弧的坐标。

因此 $\tan\varphi_x$ 可表示为：

$$\tan\varphi_x=\frac{\mathrm{d}y}{\mathrm{d}x} \tag{2.36}$$

将 $\tan\varphi_x$ 代入式（2.35）中，两边乘以 $\dfrac{1}{\mathrm{d}x}$ 及 $\dfrac{1}{y}$，并忽略二阶无限小，则得到后滑区中微分体的平衡方程式为：

$$\frac{\mathrm{d}\sigma_x}{\mathrm{d}x}-\frac{p_x-\sigma_x}{y}\frac{\mathrm{d}y}{\mathrm{d}x}+\frac{t_x}{y}=0 \tag{2.37}$$

在前滑区中（即微分体 $abcd$ 接近 B 点时），微分体上与轧辊接触的质点将力求沿辊面顺轧辊转动方向滑动。显然，此时微分体的平衡条件与在后滑区中相似，只是摩擦力方向相反。因此，前滑区中微分体的平衡方程式为：

$$\frac{\mathrm{d}\sigma_x}{\mathrm{d}x} - \frac{p_x - \sigma_x}{y}\frac{\mathrm{d}y}{\mathrm{d}x} - \frac{t_x}{y} = 0 \tag{2.38}$$

为解方程式（2.37）和式（2.38），求出 p_x 与 σ_x 之间的关系，为此引用平衡变形条件下的塑性方程式：

$$\sigma_1 - \sigma_3 = 1.15\sigma_\varphi = K \tag{2.39}$$

假设所考虑微分体上的主应力 σ_1 及 σ_3 为垂直应力和水平应力，则可写出：

$$\sigma_1 = \left(p_x \frac{\mathrm{d}x}{\cos\varphi_x}\cos\varphi_x \pm t_x \frac{\mathrm{d}x}{\cos\varphi_x}\sin\varphi_x\right)\frac{1}{\mathrm{d}x}$$

上式括号内第二项与第一项比较其值甚小，可忽略不计，于是得：

$$\sigma_1 = p \quad 与 \quad \sigma_3 \approx \sigma_x$$

由此，根据式（2.39）得：

$$p_x - \sigma_x = K \tag{2.40}$$

将此值代入式（2.37）和式（2.38）中，则得单位压力的基本微分方程式：

$$\frac{\mathrm{d}(p_x - K)}{\mathrm{d}x} - \frac{K}{y}\frac{\mathrm{d}y}{\mathrm{d}x} \pm \frac{t_x}{y} = 0 \tag{2.41}$$

式（2.41）第三项前的正号表示后滑区，而负号表示前滑区。

若忽略轧件在变形区内加工硬化、变形温度及变形速度的影响，K 值近似为常数，则式（2.41）变为如下形式：

$$\frac{\mathrm{d}p_x}{\mathrm{d}x} - \frac{K}{y}\frac{\mathrm{d}y}{\mathrm{d}x} \pm \frac{t_x}{y} = 0 \tag{2.42}$$

微分方程式（2.42）即是单位压力的卡尔曼方程的一般形式。

假设在接触弧上，轧件与轧辊间近于完全滑动，在此情况下，变形区内的接触摩擦条件基本服从于干摩擦定律（库仑摩擦定律），即：

$$t_x = fp_x \tag{2.43}$$

将此 t_x 值代入式（2.42），卡尔曼微分方程变成如下形式：

$$\frac{\mathrm{d}p_x}{\mathrm{d}x} - \frac{K}{y}\frac{\mathrm{d}y}{\mathrm{d}x} \pm \frac{f}{y}p_x = 0 \tag{2.44}$$

此线性微分方程式的一般解为：

$$p_x = \mathrm{e}^{\pm\int\frac{f}{y}\mathrm{d}x}\left(C + \int \frac{K}{y}\mathrm{e}^{\pm\int\frac{f}{y}\mathrm{d}x}\mathrm{d}y\right) \tag{2.45}$$

式中 C——常数，视边界条件而定。

此即单位压力卡尔曼微分方程的干摩擦解。

把精确的接触坐标代入式（2.45），在进一步积分时变得很复杂，计算不方便，考虑到在热轧时咬入角不大于30°，冷轧时不大于4°～8°，故可以把接触弧看作是某种曲线，从而可简化式（2.45）的解。

采里柯夫把接触弧看作弦，从图2.5进一步得到简单解，此方程式的最后结果对于实际计算比较方便，所得误差较小。

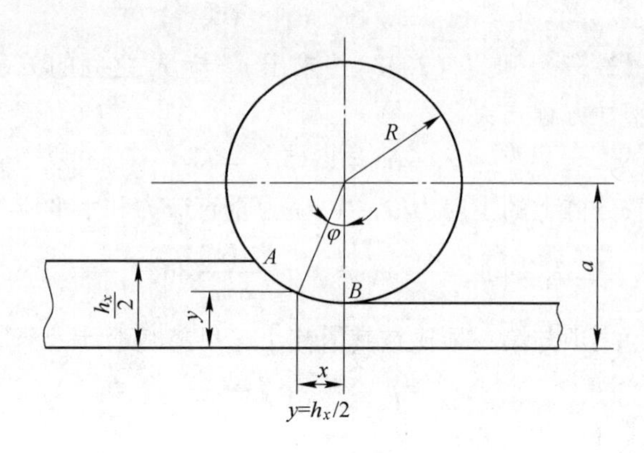

图2.5　x和$\frac{h_x}{2}$的图形

根据采里柯夫的假定，通过A与B两点的直线方程式显然为：

$$y = \frac{\Delta h}{2l}x + \frac{h}{2} \tag{2.46}$$

此式即为轧制时接触弧对应弦的方程式。

微分后：

$$dy = \frac{\Delta h}{2l}dx$$

则：

$$dx = \frac{2l}{\Delta h}dy \tag{2.47}$$

将此dx的值代入式（2.45），得：

$$p_x = e^{\pm\int\frac{\delta}{y}dy}\left(C + \int \frac{K}{y}e^{\mp\int\frac{\delta}{y}dy}dy\right) \tag{2.48}$$

式中

$$\delta = \frac{2lf}{\Delta h}$$

积分后得到：

在后滑区

$$p_x = C_0 y^{-\delta} + \frac{K}{\delta} \tag{2.49}$$

在前滑区

$$p_x = C_1 y^{\delta} + \frac{K}{\delta} \tag{2.50}$$

按边界条件确定积分常数：

在 A 点，当 $y=\frac{H}{2}$，并有后张应力 q_{H} 时，

$$p_x = K - q_{\mathrm{H}} = \xi_0 K$$

式中 $\xi_0 = 1 - \frac{q_{\mathrm{H}}}{K}$。

在 B 点，当 $y=\frac{h}{2}$，并有前张应力 q_{h} 时，

$$p_x = K - q_{\mathrm{h}} = \xi_1 K$$

式中 $\xi_1 = 1 - \frac{q_{\mathrm{h}}}{K}$。

将 p_x 及 y 值代入式（2.49）和式（2.50）得积分常数：

$$C_0 = K\left(\xi_0 - \frac{1}{\delta}\right)\left(\frac{H}{2}\right)^{\delta} \tag{2.51}$$

$$C_1 = K\left(\xi_1 - \frac{1}{\delta}\right)\left(\frac{h}{2}\right)^{-\delta} \tag{2.52}$$

将积分常数 C_0、C_1 与 $y=\frac{h_x}{2}$代入式（2.49）和式（2.50），得单位压力分布公式的最终结果：

在后滑区
$$p_x = \frac{K}{\delta}\left[(\xi_0\delta - 1)\left(\frac{H}{h_x}\right)^{\delta} + 1\right] \tag{2.53}$$

在前滑区
$$p_x = \frac{K}{\delta}\left[(\xi_1\delta + 1)\left(\frac{h_x}{h}\right)^{\delta} - 1\right] \tag{2.54}$$

若处于无张力轧制，并且轧件除受轧辊作用外，不承受其他任何外力的作用，则 $q_{\mathrm{h}}=0$，$q_{\mathrm{H}}=0$，这样式（2.53）与式（2.54）可写成如下形式：

在后滑区
$$p_x = \frac{K}{\delta}\left[(\delta - 1)\left(\frac{H}{h_x}\right)^{\delta} + 1\right] \tag{2.55}$$

在前滑区
$$p_x = \frac{K}{\delta}\left[(\delta + 1)\left(\frac{h_x}{h}\right)^{\delta} - 1\right] \tag{2.56}$$

根据式（2.53）~式（2.56）可得图 2.6 所示接触弧上的单位压力分布。由图 2.6 可看出，在接触弧上单位压力的分布是不均匀的。由轧件入口开始向中性面逐渐增大，并达到最大，然后减小，至出口又减至最小。而切线摩擦力（$t_x = fp_x$）在中性面上改变方向，其分布规律如图 2.6 所示。分析式（2.53）~式（2.56）可以看出，影响单位压力的主要因素有外摩擦系数，轧辊直径、压下量、轧件高度和前、后张力等。图 2.7 ~ 图 2.10 给出了单位压力与诸影响因素间的关系。

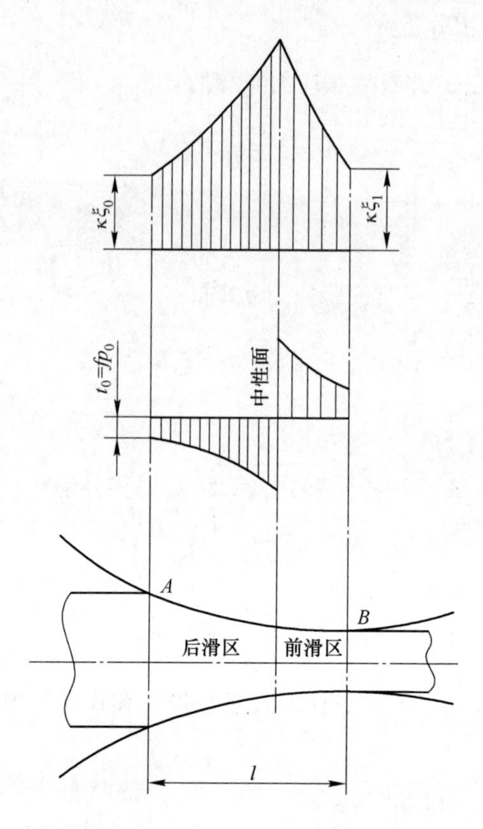

图 2.6　在干摩擦条件下（$t_x=fp_x$）接触弧上单位压力分布图

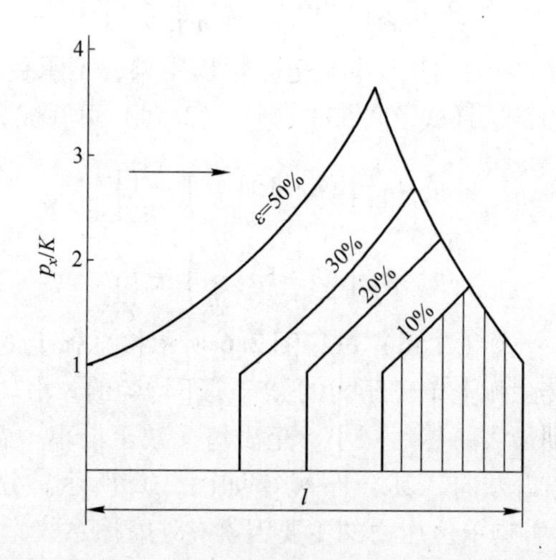

图 2.7　在平面变形条件下，接触弧上单位压力分布图
（其他条件相同，即 $D=200$mm，$f=0.2$，$h_x=1$mm，而压下量不同）

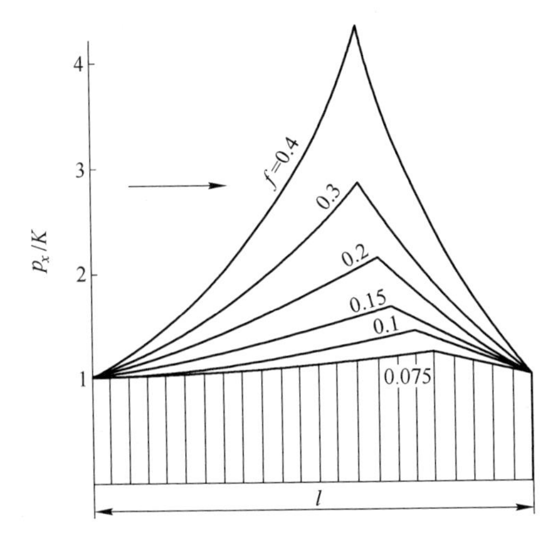

图 2.8　在平面变形条件下，接触弧上单位压力分布图

$\left(\text{其他条件相同，即}\dfrac{\Delta h}{H}=30\%，\alpha=5°40'，\text{而外摩擦系数不同}\right)$

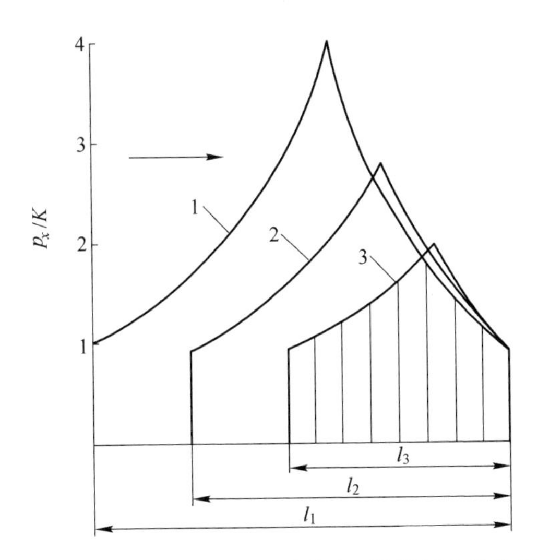

图 2.9　在平面变形条件下，辊径不同时，接触弧上单位压力分布图

$\left(\text{当}\dfrac{\Delta h}{H}=30\%，f=0.3\text{ 时}\right)$

1—$D=700$mm（$D/h=350$）；2—$D=400$mm（$D/h=200$）；3—$D=200$mm（$D/h=100$）

2.3.2　轧制力计算

2.3.2.1　轧制力模型

在整个变形区内，按照变形性质不同可以分为入口弹性压缩区、塑性变形区

和出口弹性恢复区。轧件上受到的总轧制力为 3 个区域的轧制力之和，即：

$$F = F_{\mathrm{Ein}} + F_{\mathrm{P}} + F_{\mathrm{Eout}} \tag{2.57}$$

式中　F——总轧制力，kN；

F_{Ein}——入口弹性压缩区轧制力，kN；

F_{P}——塑性变形区轧制力，kN；

F_{Eout}——出口弹性恢复区轧制力，kN。

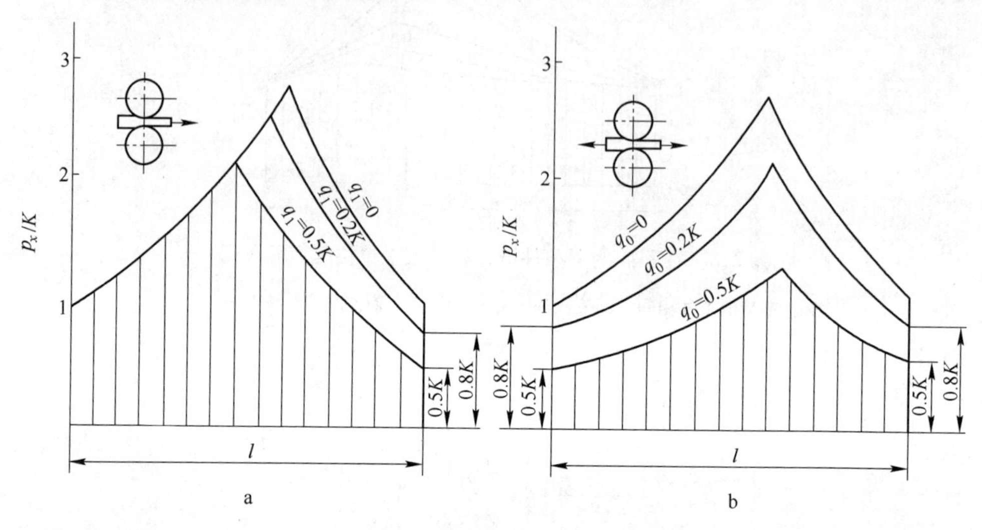

图 2.10　在平面变形条件下，不同张力值对单位压力分布影响曲线$\left(\dfrac{\Delta h}{H}=30\%，f=0.2\text{ 时}\right)$

a—有前张力存在；b—有前后张力存在

在塑性变形区内将各个微单元上的轧制力求和，就可以得到使轧件发生塑性变形的轧制力，计算公式为：

$$F_{\mathrm{P}} = \left(\sum_{j=1}^{m}\sigma_Y(j)\right)W\mathrm{d}x \tag{2.58}$$

根据虎克定律，入口弹性区的轧制力为：

$$F_{\mathrm{Ein}} = \frac{1}{2}\sigma_Y(0)\,l_{\mathrm{Ein}}W \tag{2.59}$$

出口弹性区的轧制力为：

$$F_{\mathrm{Eout}} = \frac{2}{3}\sigma_Y(m+1)\,l_{\mathrm{Eout}}W \tag{2.60}$$

由前文知，在辊缝内的轧件以中性面为界分为前滑区和后滑区，在这两个区内轧件相对于轧辊的运动相反，所以轧辊对轧件的摩擦力方向也是相反的，在前后滑区的摩擦力方向都指向中性面。由于前后滑区受力情况不同，所以将变形区以中性面为界，分为前滑区和后滑区，分别计算微单元的轧制应力。在变形区的前滑区和后滑区分别任意取一微单元进行受力分析，如图 2.11 所示。

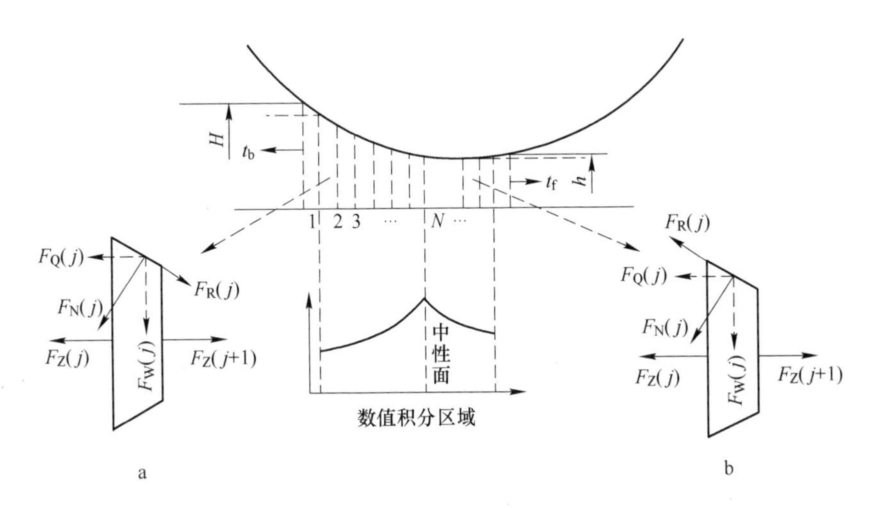

图 2.11 微单元受力分析

a—后滑区；b—前滑区

A 后滑区受力分析

在后滑区变形区内任取一微单元，在微单元接触弧上有轧辊对轧件的正压力（径向压力）$F_N(j)$ 和摩擦力 $F_R(j)$。其中，正压力可以分解为垂直压力 $F_W(j)$ 和水平挤压力 $F_Q(j)$。除了轧辊对微单元的作用外，微单元还受到前后张力的作用。

通过对该微单元进行受力分析，并根据 Mises 屈服条件可得后滑区第 j 个微单元垂直压应力 $\sigma_Y(j)$：

$$\sigma_Y(j) = \frac{2}{\sqrt{3}}kf(j) + \frac{\sum_{i=1}^{j} F_R(j) - \sum_{i=1}^{j} F_Q(j) - t_b H}{h(j)} \tag{2.61}$$

式中 $kf(j)$——第 j 微单元轧件的变形抗力，MPa；

$F_R(j)$——作用在 j 微单元的单位宽度摩擦力，N/mm；

$F_Q(j)$——作用在 j 微单元的单位宽度水平挤压力，N/mm；

t_b——轧件入口处张应力，MPa。

对于后滑区第一个微单元，可以根据入口弹性区边界条件得到单位宽度摩擦力和水平挤压力，计算公式为：

$$\begin{cases} F_R(1) = F_{Rin} + 2\sigma_Y(0)\mu \mathrm{d}x \\ F_Q(1) = F_{Qin} + 2\sigma_Y(0)\left(\alpha - \dfrac{\Delta\alpha}{2}\right)\mathrm{d}x \end{cases} \tag{2.62}$$

式中 $F_R(1)$——第 1 个微单元的单位宽度摩擦力，N/mm；

$F_Q(1)$——第 1 个微单元的单位宽度水平挤压力，N/mm。

在确定后滑区第一个微单元的受力大小后，后续微单元上的 $F_R(j)$ 和 $F_Q(j)$ 可以通过外延法计算依次获得，递推公式为：

$$\begin{cases} F_R(j) = [3\sigma_Y(j-1) - \sigma_Y(j-2)]\mu dx \\ F_Q(j) = [3\sigma_Y(j-1) - \sigma_Y(j-2)]\left(\alpha - j\Delta\alpha + \dfrac{\Delta\alpha}{2}\right)dx \end{cases} \quad j \geqslant 2 \tag{2.63}$$

式中 μ——摩擦系数；

$\sigma_Y(0)$——入口侧弹性变形区的垂直压应力，MPa。

B 前滑区受力分析

前滑区微单元所受的摩擦力与后滑区相反，故第 j 个微单元垂直压应力 $\sigma_Y(j)$ 计算公式为：

$$\sigma_Y(j) = \frac{2}{\sqrt{3}}kf(j) + \frac{\sum_{i=1}^{j} F_R(j) + \sum_{i=1}^{j} F_Q(j) - t_f h}{h(j)} \tag{2.64}$$

在前滑区中，由于边界条件的限制，需要从出口弹性区向中性面计算各个微单元的垂直压应力。首先计算出口第一个微单元的单位宽度摩擦力和水平挤压力，计算公式为：

$$\begin{cases} F_R(m) = F_{Rin} + 2\sigma_Y(m+1)\mu dx \\ F_Q(m) = F_{Qin} + 2\sigma_Y(m+1)\dfrac{\Delta\alpha}{2}dx \end{cases} \tag{2.65}$$

式中 $F_R(m)$——前滑区第 1 个微单元的单位宽度摩擦力，N/mm；

$F_Q(m)$——前滑区第 1 个微单元的单位宽度水平挤压力，N/mm。

同样，在确定前滑区第一个微单元后，前滑区后续微单元上的 $F_R(j)$ 和 $F_Q(j)$ 可以通过外延法计算依次获得，公式为：

$$\begin{cases} F_R(j) = [3\sigma_Y(j+1) - \sigma_Y(j+2)]\mu dx \\ F_Q(j) = [3\sigma_Y(j+1) - \sigma_Y(j+2)]\left(\alpha - j\Delta\alpha + \dfrac{\Delta\alpha}{2}\right)dx \end{cases} \quad j \leqslant m-1 \tag{2.66}$$

根据式（2.62）~式（2.66）可知，在轧制塑性变形区内，垂直压应力的分布无法直接计算，只有在求出轧机入口和出口的边界条件后依次求得。

通过对入口、出口弹性变形区的受力分析，可以得到入口和出口侧弹性变形区的垂直压应力：

$$\sigma_Y(0) = (kf_{in} - t_b) + \frac{F_{Qin} - F_{Rin}}{H} \tag{2.67}$$

$$\sigma_Y(m+1) = (kf_{out} - t_f) + \frac{F_{Qout} - F_{Rout}}{h} \tag{2.68}$$

其中，根据虎克定律，可以得到入口、出口弹性区的水平挤压力：

$$F_{Qin} = (kf_{in} - t_b)\Delta h_{Ein} \tag{2.69}$$

$$F_{\text{Qout}}=\frac{1}{4}(kf_{\text{out}}-t_{\text{f}})\Delta h_{\text{Eout}} \tag{2.70}$$

入口、出口弹性区的单位宽度摩擦力为：

$$F_{\text{Rin}}=\mu(kf_{\text{in}}-t_{\text{b}})l_{\text{Ein}} \tag{2.71}$$

$$F_{\text{Rout}}=\frac{4}{3}\mu(kf_{\text{out}}-t_{\text{f}})l_{\text{Eout}} \tag{2.72}$$

2.3.2.2 轧辊压扁模型

由于轧件与轧辊间的压力作用，轧辊产生局部的弹性压缩变形，此变形可能很大，尤其在冷轧薄板时更为显著。轧辊的弹性压缩变形一般称为轧辊的弹性压扁，轧辊弹性压扁的结果使接触弧长度增加。另外，轧件在辊间产生塑性变形时，也伴随产生弹性压缩变形，此变形在轧件出辊后即开始恢复，这也会增大接触弧长度。因此，在热轧薄板和冷轧板过程中必须考虑轧辊弹性压缩变形对接触弧长度的影响，如图2.12所示。

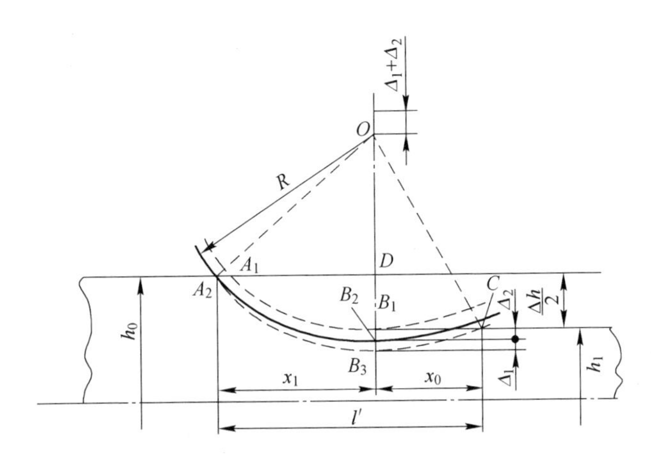

图2.12 轧辊与轧件弹性压缩时的接触弧长度

如果用 Δ_1 和 Δ_2 分别表示轧辊与轧件的弹性压缩量，为使轧件轧制后获得 Δh 的压下量，必须把每个轧辊再压下 $\Delta_1+\Delta_2$ 的压下量。此时轧件与轧辊的接触线为图2.12中的 A_2B_2C 曲线，其接触弧长度为：$l'=x_1+x_0=A_2D+B_1C$

A_2D 和 B_1C 可分别从图2.12的几何关系中得出：

$$\overline{A_2D}=\sqrt{\overline{A_2O}^2-(\overline{OB_3}-\overline{DB_3})}=\sqrt{R^2-(R-DB_3)^2}$$

$$\overline{B_1C}=\sqrt{\overline{CO}^2-(\overline{OB_3}-\overline{B_1B_3})}=\sqrt{R^2-(R-B_1B_3)^2}$$

展开上两式中的括号，由于 $\overline{DB_3}$ 与 $\overline{B_1B_3}$ 的平方值与轧辊半径与它们的乘积相比小得多，故可以忽略不计，化简得到：

$$l' = \sqrt{R\Delta h + x_0^2} + x_0 \tag{2.73}$$

这里

$$x_0 = \sqrt{2R(\Delta_1 + \Delta_2)} \tag{2.74}$$

轧辊和轧件的弹性压缩变形量 Δ_1 和 Δ_2 可以用弹性理论中的两圆体互相压缩时的计算公式求出：

$$\Delta_1 = 2q\frac{1-\gamma_1^2}{\pi E_1},\ \Delta_2 = 2q\frac{1-\gamma_2^2}{\pi E_2}$$

式中　q——压缩圆柱体单位长度上的压力，$q = 2x_0\bar{p}$（$\bar{p}$ 为平均单位压力）；

γ_1，γ_2——分别为轧辊与轧件的泊松系数；

E_1，E_2——分别为轧辊与轧件的弹性模量。

将 Δ_1 和 Δ_2 的值代入式（2.74）得：

$$x_0 = 8R\bar{p}\left(\frac{1-\gamma_1^2}{\pi E_1} + \frac{1-\gamma_2^2}{\pi E_2}\right) \tag{2.75}$$

把 x_0 的值代入式（2.73），即可计算出 l' 值。金属的弹性压缩变形很小的，可忽略不计，即 $\Delta_2 \approx 0$，故可得只考虑轧辊弹性压缩时接触弧长度的计算公式，即西齐柯克公式：

$$x_0 = 8\left(\frac{1-\gamma_1^2}{\pi E_1}\right)R\bar{p} \tag{2.76}$$

$$l' = \sqrt{R\Delta h + \left[8\left(\frac{1-\gamma_1^2}{\pi E_1}\right)R\bar{p}\right]^2} + 8\left(\frac{1-\gamma_1^2}{\pi E_1}\right)R\bar{p} \tag{2.77}$$

在轧制变形区内，轧制力与轧辊的弹性压扁相互耦合，互为求解条件，只能采用迭代方式数值求解轧制力。迭代计算的流程是首先通过给定的轧辊压扁半径初始值计算轧制力，然后用所求得的轧制力重新计算轧辊压扁半径；如此反复计算，直到计算的轧制力满足一定精度时停止迭代。

2.3.2.3　变形抗力模型

变形抗力是轧制模型最基本的工艺参数，是模型系统计算力能参数的基础，它的计算精度直接影响轧制力、轧制力矩、电机功率等模型的计算准确性。对于铝合金冷轧而言，变形抗力 kf 的大小主要取决于金属材料的化学成分和累积变形程度，而变形速率和变形温度对变形抗力的影响较小，因此选用的变形抗力模型如下式所示：

$$kf = \sigma_0(A + B\varepsilon)(1 - C\mathrm{e}^{-D\varepsilon}) \tag{2.78}$$

$$\varepsilon = \frac{2}{\sqrt{3}}\ln\left(\frac{H_0}{h}\right) \tag{2.79}$$

式中　kf——轧件变形抗力，MPa；
ε——轧件的真应变；
H_0——原料厚度，mm；
h——机架出口厚度，mm；
σ_0——变形抗力自适应系数，该参数在寻优过程中得到修正；
A，B，C，D——铝合金牌号相关的变形抗力模型常数，常数的大小取决于轧件的化学成分。

在对变形区进行受力分析时，需要用到入口弹性区、塑性变形区各微单元体及出口弹性区的变形抗力值。在计算时，只需将变形区各单元相应的 ε 代入后，就可得到该单元的变形抗力 kf_{in}、$kf(j)$ 或 kf_{out}。

2.3.2.4　摩擦系数模型

摩擦系数的计算结果将直接影响轧制力和前滑的计算。摩擦系数是反应摩擦程度的参数，轧辊与轧件之间的摩擦系数主要与工艺润滑乳化剂的润滑特性、轧制速度、轧辊表面状态以及轧辊材质等因素有关。综合考虑以上因素并加入摩擦系数修正项，建立摩擦系数模型为：

$$\mu = (\mu_0 + d\mu_v e^{-\frac{v_R}{v_0}})[1 + c_R(R_a - R_{a0})]\left(1 + \frac{c_W}{1 + L/L_0}\right) + \Delta\mu \qquad (2.80)$$

式中　μ——摩擦系数；
μ_0——与润滑特性相关的摩擦系数基准值；
$d\mu_v$——速度相关的摩擦系数变化量；
v_R——工作辊线速度，m/s；
v_0——轧制速度基准值，m/s；
c_R——工作辊粗糙度相关系数；
R_a——工作辊粗糙度，μm；
R_{a0}——轧制速度基准值，μm；
c_W——工作辊磨损相关系数；
L——工作辊轧制的累积长度，m；
L_0——工作辊轧制长度基准值，m；
$\Delta\mu$——摩擦系数自适应值，用于修正难于量化的影响因素。

摩擦系数与轧制速度的关系如图 2.13 所示。

2.3.3　力矩及功率计算

轧制力矩和电机功率是验证轧机主电机能力和传动机构强度的重要参数，同时也是轧制规程设定必需的工艺参数。

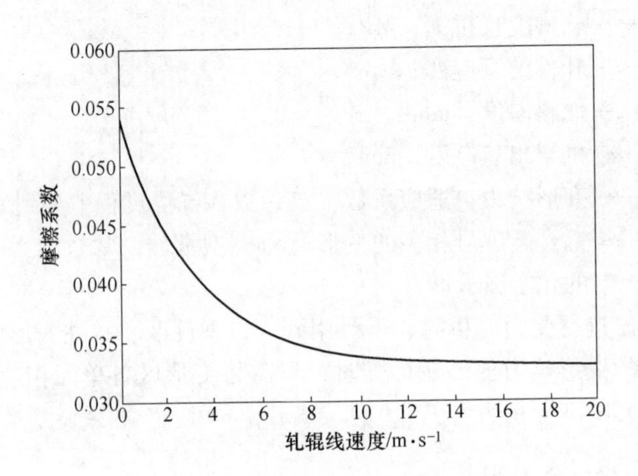

图 2.13　摩擦系数与轧制速度的关系

2.3.3.1　力矩计算

欲确定主电动机的功率，必须首先确定轧辊的力矩。轧制过程中传动轧辊所需力矩最多由下面四部分组成：

$$M = \frac{M_z}{i} + M_m + M_k + M_d \tag{2.81}$$

式中　M_z——轧制力矩，用于使轧件塑性变形所需的力矩；

M_m——克服轧制时发生在轧辊轴承、传动机构等的附加摩擦力矩；

M_k——空转力矩，即克服空转时的摩擦力矩；

M_d——动力矩，此力矩为克服轧辊不匀速运动时产生的惯性力所必需的力矩；

i——轧辊与主电动机间的传动比。

组成传动轧辊的力矩的前三项为静力矩，即：

$$M_j = \frac{M_z}{i} + M_m + M_k \tag{2.82}$$

这三项对任何轧机都是必不可少的。在一般情况下，以轧制力矩为最大，只有在旧式轧机上，由于轴承中的摩擦损失过大，有时附加摩擦力矩有可能大于轧制力矩。

在静力矩中，轧制力矩是有效部分，至于附加摩擦力矩和空转力矩是由于轧机的零件和机构的不完善引起的有害力矩。

这样换算到主电动机轴的轧制力与静力矩之比的百分数，称为轧机的效率，即

$$\eta = \frac{\frac{M_z}{i}}{\frac{M_z}{i}M_m + M_k} \times 100\% \tag{2.83}$$

轧机效率随轧制方式和轧机结构不同（主要是轧辊的轴承构造）在相当大的范围内变化，即 $\eta = 0.5 : 0.95$。

A　轧制力矩计算

该方法是用金属对轧辊的垂直压力 P 乘以力臂 a，见图 2.14。即：

$$M_{z1} = M_{z2} = Pga = \int_0^l x(p_x \pm t_x \tan\varphi)\,dx \tag{2.84}$$

式中　M_{z1}，M_{z2}——分别为上下轧辊的轧制力矩。

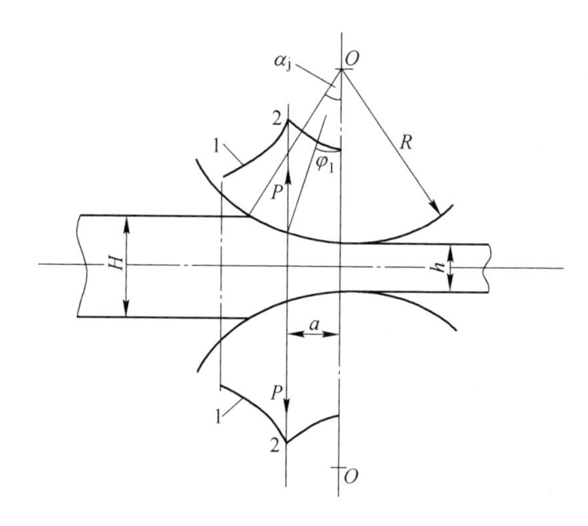

图 2.14　按轧制力计算轧制力矩

1—单位压力曲线；2—单位压力图形重心线

因为摩擦力在垂直方向上的分力相对很小，可以忽略不计，所以：

$$a = \frac{\int_0^l xp_x\,dx}{P} = \frac{\int_0^l xp_x\,dx}{\int_0^l p_x\,dx} \tag{2.85}$$

从式（2.85）可看出，力臂 a 实际上等于单位压力图形的重心到轧辊中心连线的距离。

为了消除几何因素对力臂 a 的影响，通常不直接确定出力臂 a，而是通过确定力臂系数 ψ 的方法来确定，即：

$$\psi = \frac{\varphi_1}{a_j} = \frac{a}{l_j} \quad 或 \quad a = \psi l_j \tag{2.86}$$

式中　φ_1——合压力作用角；

a_j——接触角；

l_j——接触弧长度。

因此，转动两个轧辊所需的轧制力矩为：

$$M_z = 2Pa = 2P\psi l_j \tag{2.87}$$

B　附加摩擦力矩计算

轧制过程中，轧件通过辊间时在轴承内以及轧机传动机构中有摩擦力产生。所谓附加摩擦力矩，是指克服这些摩擦力所需的力矩，而且在此附加摩擦力矩的数值中，并不包括空转时轧机转动所需的力矩。

组成附加摩擦力矩的基本数值有两大项：一项是轧辊轴承中的摩擦力矩，另一项是传动机构中的摩擦力矩。

a　轧辊轴承中的附加摩擦力矩

对上下两个轧辊（共四个轴承）而言，该力矩值为：

$$M_{m1} = \frac{P}{2} f_1 \frac{d_1}{2} \times 4 = Pd_1 f_1 \tag{2.88}$$

式中　P——轧制力；

d_1——轧辊辊颈直径；

f_1——轧辊轴承摩擦系数，它取决于轴承构造和工作条件：

滑动轴承金属衬（热轧时）　$f_1 = 0.07 : 0.10$

滑动轴承金属衬（冷轧时）　$f_1 = 0.05 : 0.07$

滑动轴承塑料衬　$f_1 = 0.01 : 0.03$

液体摩擦轴承　$f_1 = 0.003 : 0.004$

滚动轴承　$f_1 = 0.003$

b　传动机构中的摩擦力矩

该力矩是指减速机座、齿轮机座中的摩擦力矩。此传动系统的附加摩擦力矩根据传动效率按式（2.89）计算：

$$M_{m2} = \left(\frac{1}{\eta_1} - 1\right)\frac{M_z + M_{m1}}{i} \tag{2.89}$$

式中　M_{m2}——换算到主电动机轴上的传动机构的摩擦力矩；

η_1——传动机构的效率，即从主电动机到轧机的传动效率；一级齿轮传动的效率一般取0.96～0.98，皮带传动效率取0.85～0.90。

换算到主电动机轴上的附加摩擦力矩为：

$$M_m = \frac{M_{m1}}{i} + M_{m2}$$

或

$$M_m = \frac{M_{m1}}{i\eta_1} + \left(\frac{1}{\eta} - 1\right)\frac{M_z}{i} \tag{2.90}$$

C 空转力矩计算

空转力矩是指空载转动轧机主机列所需的力矩，通常是根据转动部分轴承中引起的摩擦力来计算。

在轧机主机列中有许多机构，如轧辊、人字齿轮及飞轮等，各有不同的重量、不同的轴颈直径及摩擦系数。因此，必须分别计算。显然，空载转矩应等于所有转动机件空转力矩之和，当换算至主电动机轴时，则转动每一个部件所需力矩之和为：

$$M_k = \sum M_{kn} \tag{2.91}$$

式中 M_{kn}——切换到主电动机轴的转动每一个零件所需的力矩。

如果用零件在轴承中的摩擦圆半径与力来表示 M_{kn}，则：

$$M_{kn} = \frac{G_n f_n d_n}{2i_n} \tag{2.92}$$

式中 G_n——该机件在轴承上的重量；

f_n——在轴承上的摩擦系数；

d_n——轴颈直径；

i_n——电动机与该机件间的传动比。

将式（2.92）代入式（2.91）后，得空转力矩为：

$$M_k = \sum \frac{G_n f_n d_n}{2i_n} \tag{2.93}$$

按式（2.93）计算甚为复杂，通常可按经验公式来确定：

$$M_k = (0.03 : 0.06) M_H \tag{2.94}$$

式中 M_H——电动机的额定转矩。

D 动力矩计算

动力矩只发生在用不均匀转动进行工作的几种轧机中，如可调速的可逆式轧机，当轧制速度变化时，便产生克服惯性力的动力矩，其数值可由式（2.95）确定：

$$M_d = \frac{GD^2}{375} \frac{dn}{dt} \tag{2.95}$$

式中 M_d——动力矩，N · m；

G——转动部分的重量，N；

D——转动部分的惯性直径，m；

$\frac{dn}{dt}$——角加速度。

2.3.3.2　电机功率计算

在主电动机的传动负荷确定后，就可对电机功率进行计算，根据等效力矩和所要求的电动机转速来计算电机功率，即：

$$N = \frac{0.105 M_{\text{jum}} n}{\eta} \tag{2.96}$$

式中　N——电动机的功率，kW；

n——电动机的转速，r/min；

η——由电动机到轧机的传动效率。

2.4　实现轧制过程的条件

2.4.1　咬入条件

依靠回转的轧辊与轧件之间的摩擦力，轧辊将轧件拖入轧辊之间的现象称为咬入。为使轧件进入轧辊之间实现塑性变形，轧辊对轧件必须有与轧制方向相同的水平作用力。因此，应该根据轧辊对轧件的用力去分析咬入条件。

为便于确定轧辊对轧件的作用，首先分析轧件对轧辊的作用力。

首先以 Q 力将轧件移至轧辊前。使轧件与轧辊在 A、B 两点上切实接触（图 2.15a)，在此 Q 力作用下，轧辊在 A、B 两点上承受轧件的径向压力 P 的作用，在 P 力作用下产生与 P 力互相垂直的摩擦力，因为轧件是阻止轧辊转动的，故摩擦力 T_0 的方向与轧辊转动方向相反，并与轧辊表面相切，如图 2.15 所示。

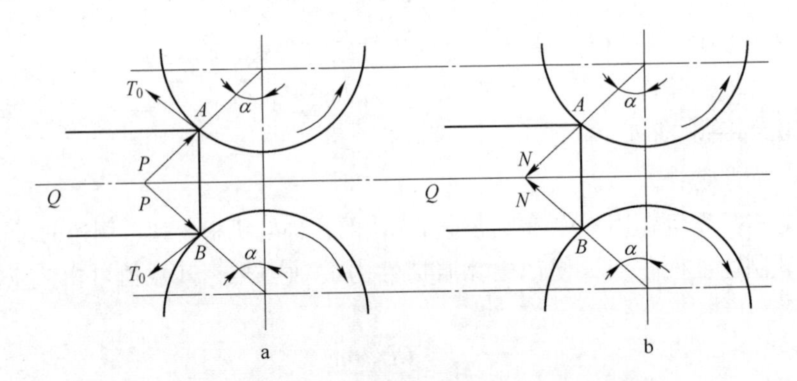

图 2.15　轧件与轧辊开始接触瞬间的作用力图解

轧辊与轧件的作用力：根据牛顿力学基本定律，轧辊对轧件将产生与 P 力大小相等、方向相反的径向反作用力 N，在后者作用下，产生与轧制方向相同的切线摩擦力 T（图 2.16）力图将轧件咬入轧辊的辊缝中进行轧制。

轧件对轧辊的作用力 P 与 T_0 和轧辊对轧件的作用力 N 与 T 必须严格区别开，

若将两者混淆起来将导致错误的结论。

显然，与咬入条件直接有关的是轧辊对轧件的作用力，因上下轧辊对轧件的作用方式相同，故只取一个轧辊对轧件的作用力进行分析，如图2.16所示。

将作用在A点的径向力N与切向力T分解成垂直分力N_y与T_y和水平分力N_x与T_x，考虑两个轧辊的作用，垂直分力N_y与T_y对轧件起压缩作用，使轧件产生塑性变形；而对轧件在水平方向运动不起作用。

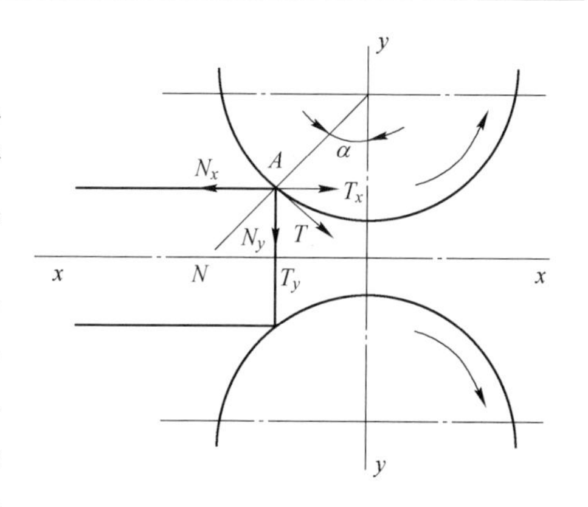

图2.16　上轧辊对轧件作用力分解图

N_x与T_x作用在水平方向上，N_x与轧件运动方向相反，阻止轧件进入轧辊辊缝中；而T_x与轧件运动方向一致，力图将轧件咬入轧辊辊缝中。由此可见，在没有附加外力作用的条件下，为实现自然咬入，必须是咬入力T_x大于咬入阻力N_x才有可能。

咬入力T_x与咬入阻力N_x之间的关系有以下三种可能的情况：

$T_x < N_x$　　不可能实现自然咬入

$T_x = N_x$　　平衡状态

$T_x > N_x$　　可以实现自然咬入

由图2.16可知：

咬入阻力：

$$N_x = N\sin\alpha \tag{2.97}$$

咬入力：

$$T_x = T\cos\alpha = Nf\cos\alpha \tag{2.98}$$

将求得的值代入N_x和T_x可能的三种关系中将得到：

当$N_x < T_x$时，

$$N\sin\alpha < Nf\cos\alpha \tag{2.99}$$

即：

$$\tan\alpha < f \tag{2.100}$$

所以，

$$\alpha \leqslant \beta \tag{2.101}$$

此时可以实现自然咬入，即当摩擦角大于咬入角时才能自然咬入。如图2.17所示，当$\alpha < \beta$时，轧辊对轧件的作用力T与N的合力F的水平分力F_x与轧制方向相同，则轧件可以被自然咬入。在这种条件下，即$\alpha < \beta$实现的咬入，称为自然咬入。显然F_x愈大，即β愈大于α，轧件愈易被咬入轧辊间的辊缝中。

当 $N_x = T_x$ 时，

$$N\sin\alpha = Nf\cos\alpha \tag{2.102}$$

即：

$$\tan\alpha = f \tag{2.103}$$

故 $\alpha = \beta$，此时轧辊对轧件的作用力的合力恰好是垂直方向，无水平分力。如图 2.18 所示，咬入力与咬入阻力处于平衡状态，是自然咬入 $\alpha < \beta$ 的极限条件，故常把 $\alpha = \beta$ 称为极限咬入条件。

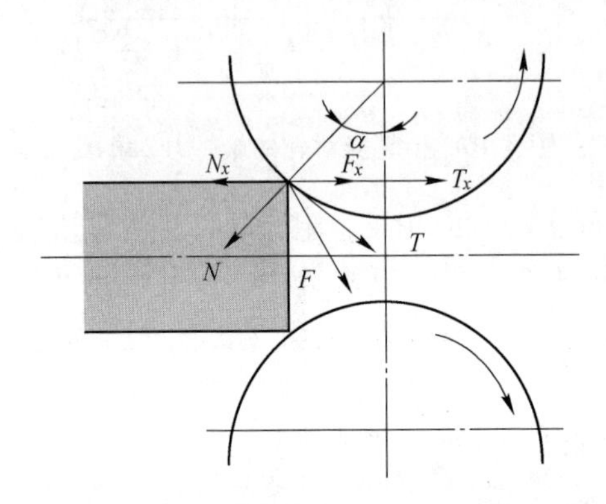

图 2.17　当 $\alpha < \beta$ 时，轧辊对轧件作用力合力的方向

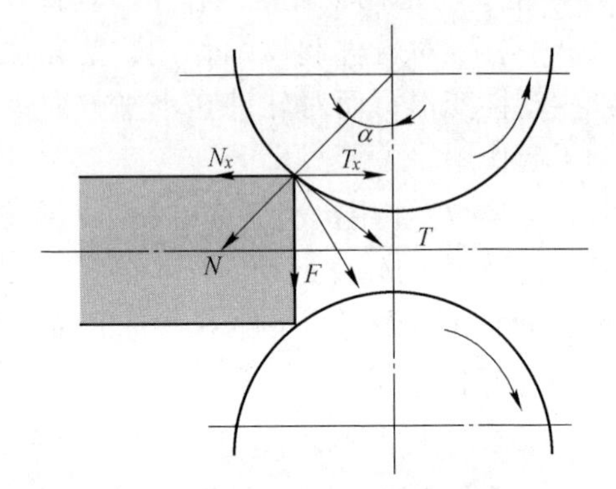

图 2.18　$\alpha = \beta$，轧辊对轧件作用力合力的方向

当 $N_x < T_x$ 时，

$$N\sin\alpha > Nf\cos\alpha \tag{2.104}$$

即：

$$\tan\alpha > f \tag{2.105}$$

所以：

$$\tan\beta = f \tag{2.106}$$

故 $\alpha > \beta$，此时不能自然咬入。如图 2.19 所示 N 与 T 的合力 F 水平分力 F_x 逆轧制方向，因此不能自然咬入。

2.4.2　稳定轧制条件

当轧件被轧辊咬入后开始逐渐充填辊缝，在轧件充填辊缝的过程中，轧件前端与轧辊轴心连线间的夹角 δ 不断减小，如图 2.20 所示。当轧件完全充满辊缝时，$\delta = 0$，即开始了稳定轧制阶段。

合力作用点的中心角 φ 在轧件充填辊缝的过程中也在不断地变化着，随着轧件逐渐充填辊缝，合力作用点内移，φ 角自 $\varphi = \alpha$ 开始逐渐减小，相应地，轧辊对轧件作用力的合力逐渐向轧制方向倾斜，向有利于咬入的方向发展。当轧件充

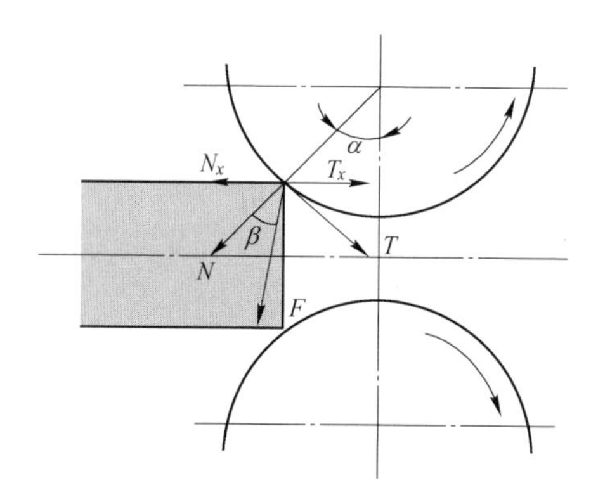

图 2.19 α > β，轧辊对轧件作用力合力的方向

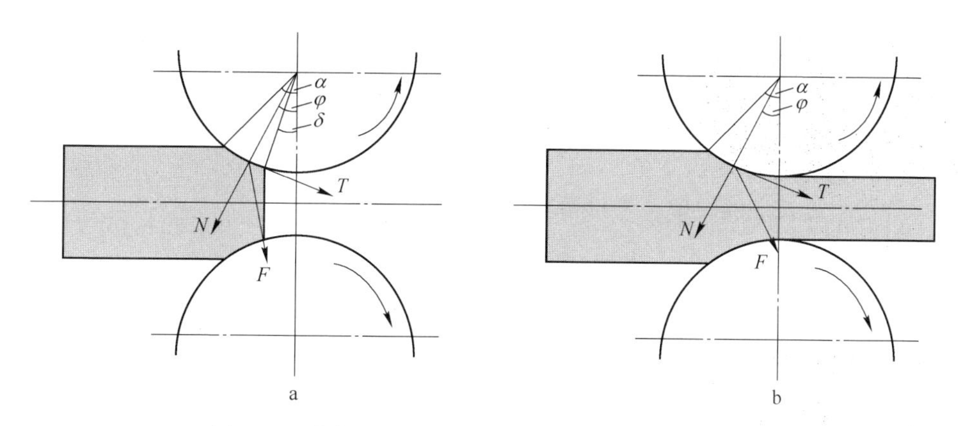

图 2.20 轧件充填辊缝过程中作用力条件的变化图解

a—咬入阶段；b—稳定轧制阶段

填辊缝，即过渡到稳定轧制阶段时，合力作用点的位置固定下来，而所对应的中心角 φ 也不再发生变化，并为最小值，即：

$$\varphi = \frac{\alpha}{K_x} \tag{2.107}$$

式中 K_x——合力作用点系数。

根据图 2.20b 分析稳定轧制条件时轧辊对轧件的作用力，以寻求稳定轧制条件。

由于：

$$N_x < T_x$$

$$N_x = N\sin\varphi$$

$$T_x = T\cos\varphi = Nf_y\cos\varphi$$

故得：

$$f_y > \tan\varphi \tag{2.108}$$

将 $\varphi=\frac{\alpha}{K_x}$代入式（2.108），可得到稳定轧制的条件：

$$f_y>\tan\frac{\alpha_y}{K_x} \tag{2.109}$$

或：

$$\beta_y>\frac{\alpha_y}{K_x} \tag{2.110}$$

式中　f_y，β_y——稳定轧制阶段的摩擦系数和摩擦角；

α_y——稳定轧制阶段的咬入角。

一般来说，达到稳定轧制阶段时，$\varphi=\frac{\alpha_y}{2}$，即 $K_x\approx 2$，故可近似写成 $\beta_y>\frac{\alpha_y}{2}$ 或 $2\beta_y>\alpha_y$。

由上述讨论可得到如下结论：假设由咬入阶段过渡到稳定轧制阶段的摩擦系数不变且其他条件均相同，则稳定轧制阶段允许的咬入角比咬入阶段的咬入角可大 K_x 倍或近似地认为大 2 倍。

与极限收入条件同理，可以写出极限稳定轧制条件：

$$\beta_y=\frac{\alpha_y}{K_x},\ \alpha_y\leqslant K_x\beta_y \tag{2.111}$$

或

$$f_y=\tan\frac{\alpha_y}{K_x} \tag{2.112}$$

2.4.3　咬入阶段与稳定轧制阶段咬入条件的比较

求得的稳定轧制阶段的咬入条件与咬入阶段的咬入条件不同。为说明向稳定轧制阶段过渡时咬入条件的变化，将以理论上允许的极限稳定轧制条件与极限咬入条件进行比较与分析。

已知咬入条件：

$$\alpha=\beta$$

理论上允许的极限稳定轧制条件：

$$\alpha_y=K_x\beta_y$$

由此得两者的比值为：

$$K=\frac{\alpha_y}{\alpha}=K_x\frac{\beta_y}{\beta} \tag{2.113}$$

或：

$$\alpha_y=K_x\frac{\beta_y}{\beta}\alpha \tag{2.114}$$

由式（2.114）可看出，极限咬入条件与极限稳定轧制条件的差异取决于 K_x 与 $\frac{\beta_y}{\beta}$ 两个因素，即取决于合力作用点位置与摩擦系数的变化。下面分别讨论其各因素的影响。

2.4.3.1 合力作用点位量或系数 K_x 的影响

轧件被咬入后，随轧件前端在辊缝中前进，轧件与轧辊的接触面积增大，合力作用点向出口方向移动，由于合力作用点一定在咬入弧上，所以 K_x 恒大于1，在轧制过程产生的宽展愈大，则变形区的宽度向出口逐渐扩张，合力作用点愈向出口移动，即 φ 角愈小，则 K_x 值就愈大。在其他条件不变的前提下，K_x 愈大，则 α_y 愈大，即在稳定轧制阶段允许实现较大的咬入角。

2.4.3.2 摩擦系数变化的影响

在冷轧时一般由于温度和氧化铁皮的影响甚小，可近似地取 $\frac{\beta_y}{\beta}\approx 1$，即从咬入过渡到稳定轧制阶段摩擦系数近似不变。而热轧条件下，根据实验资料可知，此时 $\frac{\beta_y}{\beta}<1$，即从咬入过渡到稳定轧制阶段，摩擦系数降低，产生此现象的原因为：

（1）轧件端部温度较其他部分低。由于轧件端部与轧辊接触，并受冷却水作用，加之端部的散热面也比较大，所以轧件端部温度较其他部分为低，因而使咬入时的摩擦系数大于稳定轧制阶段的摩擦系数。

（2）氧化铁皮的影响。由于咬入时轧件与轧辊接触和冲击，易使轧件端部的氧化铁皮脱落，露出金属表面，所以摩擦系数增大；而轧件其他部分的氧化铁皮不易脱落，因而保持较小的摩擦系数。

影响摩擦系数降低的最主要因素是轧件表面上的氧化铁皮。在实际生产中，往往因此造成在自然咬入后过渡到稳定轧制阶段发生打滑现象。

由以上分析可见，K 值变化是较复杂的，因轧制条件不同而异。在冷轧时，可近似地认为摩擦系数无变化，由于 K_x 值较大，所以使冷轧时 K 值也较高，说明咬入条件与稳定轧制条件间的差异较大，一般是：

$$K\approx K_x\approx 2\sim 2.4$$

所以：

$$\alpha_y\approx(2\sim 2.4)\alpha \tag{2.115}$$

以上关系说明，在稳定轧制阶段的最大允许咬入角比开始咬入时的最大允许咬入角要大，相应地，两者允许的压下量亦不同，稳定轧制阶段的最大允许的压下量比咬入时的最大允许压下量大数倍。

2.4.4　改善咬入条件的途径

改善咬入条件是顺利进行操作、增加压下量、提高生产率的有力措施，也是轧制生产中经常碰到的问题。

根据咬入条件 $\alpha \leqslant \beta$，便可以得出：凡是增大 β 角的因素和减小 α 角的因素都有利于咬入。下面对以上两种途径分别进行讨论。

2.4.4.1　减小 α 角

由 $\alpha = \arccos\left(1 - \dfrac{\Delta h}{D}\right)$ 可知，若减小 α 角，必须做到：

（1）增大轧辊直径 D。当 Δh 等于常数时，轧辊直径 D 增大，α 可减小。

（2）减小压下量。

由 $\Delta h = H - h$ 可知，可通过减小轧件开始高度 H 或增大轧后的高度 h 来减小 α，以改善咬入条件。

在实际应用中，常见的减小 α 的方法有：

（1）将轧件小头先送入轧辊或采用带有楔形端的轧件进行轧制。在咬入开始时，首先将轧件的小头或楔形前端与轧辊接触，此时所对应的咬入角较小，在摩擦系数一定的条件下，易于实现自然咬入，如图 2.21 所示。此后随轧件充填辊缝和咬入条件的改善，压下量逐渐增大，最后压下量稳定在某一最大值，从而咬入角也相应地增大到最大值，此时已过渡到稳定轧制阶段。这种方法可以保证顺利地自然咬入和进行稳定轧制，对产品质量亦无不良影响，所以在实际生产中应用较为广泛。

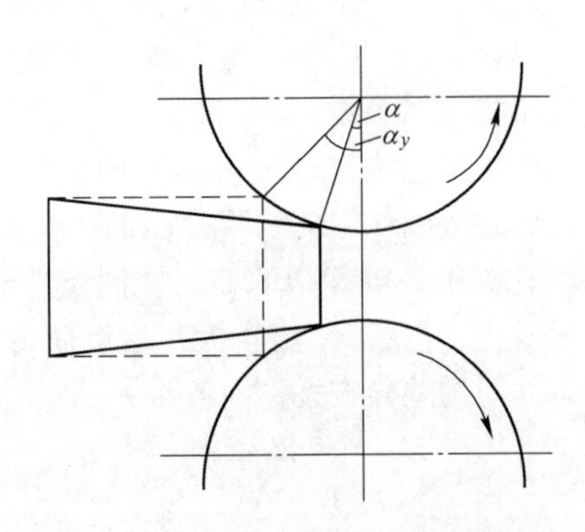

图 2.21　轧件小头进入轧辊

（2）强迫咬入，即用外力将轧件强制推入轧辊中，由于外力作用使轧件前端被压扁，相当于减小了前端接触角 α，故改善了咬入条件。

2.4.4.2 增大β的方法

增大摩擦系数或摩擦角是较复杂的，因为在轧制条件下，摩擦系数取决于许多因素。一般从以下两个方面来改善咬入条件：

（1）改变轧件或轧辊的表面状态，以增大摩擦角。在轧制表面质量要求高的产品不允许从改变轧辊表面着手，而是从轧件着手。增大轧件表面摩擦状态保证顺利地自然咬入及进行稳定轧制是十分必要的。

（2）合理调节轧制速度。实践表明，随轧制速度的提高摩擦系数减小。据此，可以实现低速自然咬入，然后随着轧件充填辊缝使咬入条件好转，逐渐增加轧制速度，使之过渡到稳定轧制阶段时达到最大，但必须保证 $\alpha_y < K_x \beta_y$ 的条件。这种方法简单可靠，易于实现，在实际生产中广泛采用。

3 张力控制系统

3.1 控制系统概述

从控制系统的结构来分，张力控制系统可以分为直接张力控制、间接张力控制和复合张力控制三种。考虑到投资成本，现场较少配置张力检测仪表，大多数张力控制系统都是通过控制传动的输出转矩间接控制张力。

铝箔轧制过程中对速度和张力控制精度要求较高，目前铝箔轧机仍大量使用直流电机。从铝箔坯料到最终的铝箔成品，铝箔厚度变化范围很大，其要求的张力设定范围也变化较大，因此当前大部分铝箔轧机都采用双电机串轴驱动。某1900mm 铝箔轧机开卷传动电机如图 3.1 所示。当开卷机负荷较大时，采用双电机驱动；当开卷机负荷较小时，采用单电机驱动，另一台电机通过离合器切掉或跟随空转。这样既能够承受较大负荷，又有利于小张力控制精度的提高。

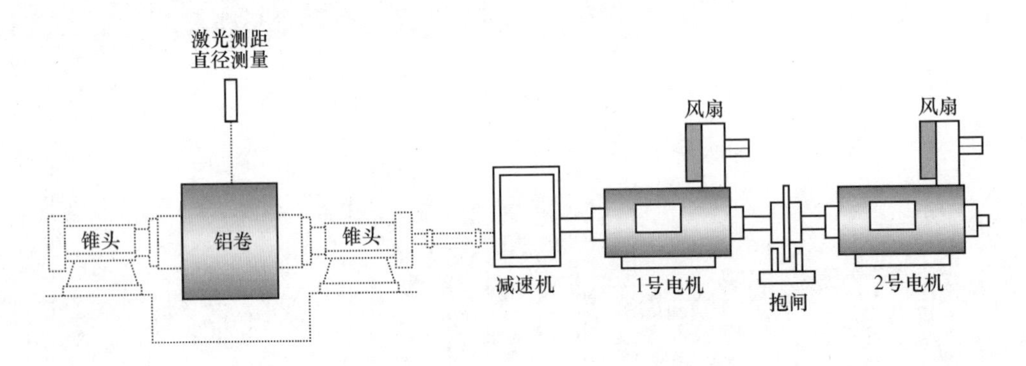

图 3.1　开卷机双电机驱动示意图

某 1900mm 铝箔轧机的传动装置选用 ABB 公司的 DCS800 系列直流模块。当采用单电机驱动时，传动装置为速度环、转矩限幅控制，传动装置的控制字、速度设定和转矩设定均通过 Profibus-DP 网从高性能可编程控制器（PLC）给出。在可编程控制器中完成设定张力转矩、摩擦转矩和动态张力转矩的计算，设定张力转矩和摩擦转矩之和作为速度环转矩输出的限幅值，动态加减速转矩作为转矩补偿值，在传动装置中完成转矩电流转换和电流环控制。

主从传动控制原理如图 3.2 所示。当采用双电机驱动时，两台传动装置为主从控制模式，主传动装置的控制方式与单电机相同，从传动装置为转矩环。从传

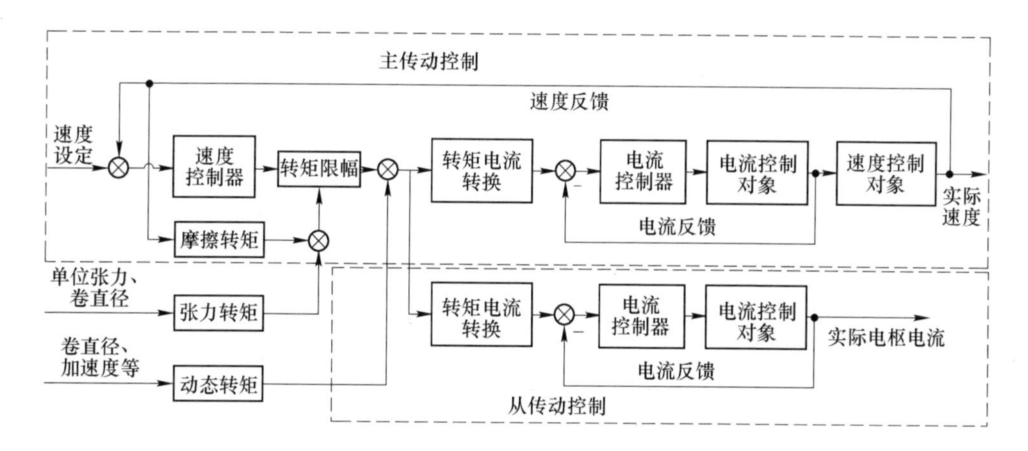

图 3.2 主从传动控制原理

动装置的控制字和转矩设定都从主传动装置获得，其中控制字通过 DSL Link 通信，转矩设定通过模拟量接口连接，从传动装置中完成转矩电流转换和电流环控制。

3.2 张力控制数学模型

3.2.1 张力控制的基本方法

张力是轧制过程中非常重要的工艺指标，在轧制过程中，主要是要保证铝带张力的恒定和稳定（波动小）。从控制系统的结构来分，张力控制主要分为直接闭环张力控制、间接张力控制和复合张力控制三大类，下面分别进行介绍。

3.2.1.1 直接闭环张力控制

直接闭环张力控制是一种最直接、最有效的控制方法之一，系统框图如图 3.3 所示。

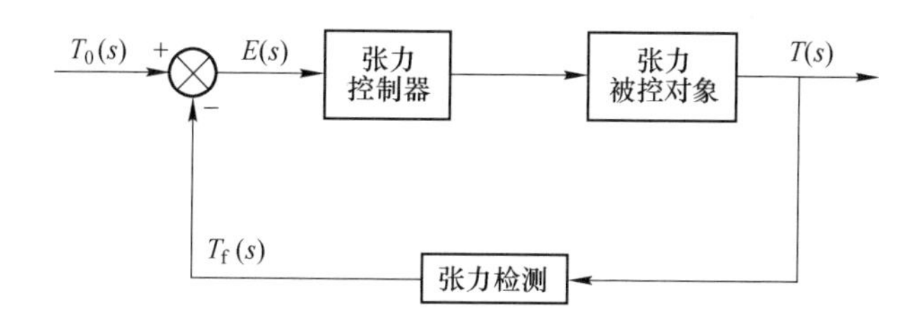

图 3.3 直接张力控制系统框图

直接闭环张力控制，需要张力传感器、张力计或张力辊等张力检测元件，利用张力检测元件的反馈值与给定值进行比较，将得到的偏差作为张力控制器的输入，张力控制器输出驱动执行机构，使系统的张力向着给定值的方向调节，达到控制张力的目的。

这种张力控制方式的优点是：控制系统简单，避免了卷径变化、速度变化和空载转矩等因素对张力的影响，张力控制精度高，从理论上可以实现零误差控制；缺点是：不易于稳定，特别是用张力计反馈的系统，在建立张力的过程中，有时容易出现“反弹”现象。控制精度依赖于张力检测元件的精度，如果现场环境比较恶劣，导致检测元件的反馈出现较大的误差，就可能使张力控制失效。

3.2.1.2　间接张力控制

间接张力控制系统中没有张力的检测元件，对张力的控制是通过对开卷或卷取机构的物理方程进行静态、动态分析，从中找到影响张力的所有电气物理量，对这些物理量进行控制，使这些影响张力的物理量能够在对张力产生影响之前得到补偿，从而来间接保证张力恒定，达到恒张力控制的目的。根据不同的物理量采用不同的控制方法，一般有电流反馈、速度反馈等。由于间接张力控制涉及多个参数的控制，一般需要用多闭环的控制方式来实现。这种张力控制方法，实际上系统的直接被控量（张力）是处于开环状态的，但是，影响张力的主要被控参数处于闭环状态。这种间接张力控制方法采用的是补偿控制。

这种张力控制方法的优点是减少了张力检测元件，降低了系统成本；缺点是控制方式更为复杂，控制精度相对地比直接张力控制方式略低。

3.2.1.3　复合张力控制

复合张力控制是将直接张力和间接张力控制相结合，它是在间接张力控制方式的基础上，再增加一个张力闭环，形成一个张力闭环、速度闭环和电流闭环的三闭环控制系统，这种张力控制系统的结构图如图 3.4 所示。

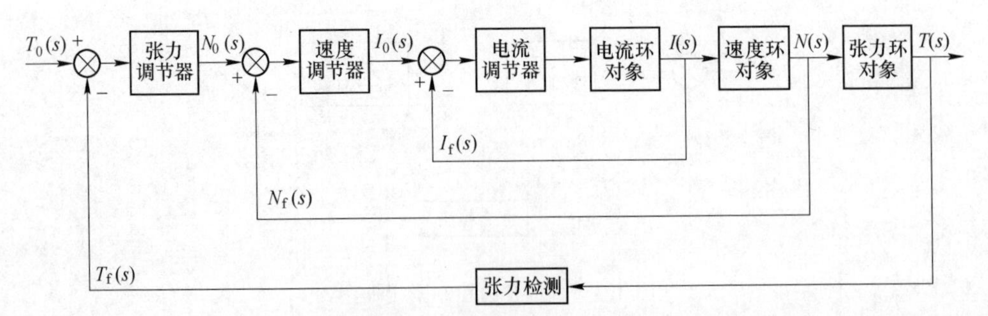

图 3.4　复合恒张力控制系统

这种控制系统克服了模拟张力控制系统精度低、动态补偿效果差的缺点；具有间接张力控制响应速度快、稳定性好和直接张力控制系统精度高、无稳态误差等优点。

3.2.2 张力产生的机理

3.2.2.1 张力产生的机理

在实际的轧制过程中，轧件上之所以会有张力的作用，是由于轧件在长度方向上存在着速度差，使得轧件在不同部位处的金属产生相对位移，从而产生张应力。张应力又称为平均单位张力 σ_{Tm}，它与作用在轧件上的张力 T 的关系如式（3.1）所示：

$$T = A\sigma_{Tm} \tag{3.1}$$

式中 T——作用于轧件上的张力；

A——轧件的横截面积；

σ_{Tm}——平均单位张力。

根据弹性体的虎克定律可知：金属在发生弹性变形时，应力 σ 与弹性应变 ε 是成正比的关系，即：

$$\sigma = E\varepsilon \tag{3.2}$$

式中 E——材料的弹性模数。

由式（3.1）和式（3.2）可知，应力的产生是由于金属的弹性应变 ε 的原因，下面结合图3.5卷取张力控制示意图进行详细分析。如图3.5所示，设主机的线速度（轧制速度）为 v_a，卷取机的线速度为 $v_b(v_b > v_a)$，工作辊与卷取中心

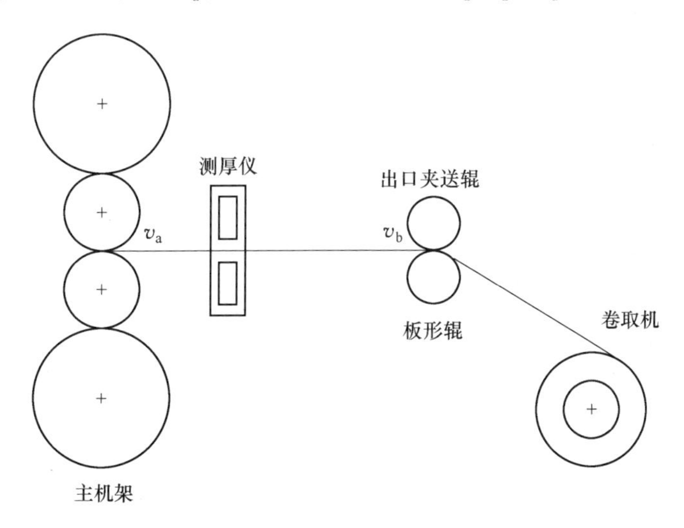

图3.5 卷取张力控制示意图

间的铝带在长度方向上产生的位移量为 Δl，且这个区域的铝带的原始长度为 l_0，则弹性应变可由式（3.3）表示：

$$\varepsilon = \frac{\Delta l}{l_0} \tag{3.3}$$

由以上分析可知，应力的产生及其大小取决于轧件长度方向上的应变，即两点的相对位移量。要使出口和主机之间的轧件存在相对位移，只有轧件在这两点存在速度差才有可能。所以，张力产生的最根本原因是轧件在两点处存在线速度差。

3.2.2.2　张力与速度的关系

由式（3.2），可得轧制时的应力 σ_{0T}：

$$\sigma_{0T} = E\varepsilon \tag{3.4}$$

为了得到张应力与速度的关系，对式（3.4）两端进行求导：

$$\mathrm{d}(\sigma_{0T}) = E\mathrm{d}\varepsilon = \frac{E}{l_0}\mathrm{d}(\Delta l) = \frac{E}{l_0}(v_\mathrm{b} - v_\mathrm{a})\mathrm{d}t$$

$$\sigma_{0T} = \frac{E}{l_0}\int(v_\mathrm{b} - v_\mathrm{a})\mathrm{d}t \tag{3.5}$$

所以作用于轧件上的张力值为：

$$T_0 = \frac{AE}{l_0}\int(v_\mathrm{b} - v_\mathrm{a})\mathrm{d}t \tag{3.6}$$

由式（3.6），可以得到，在某一具体的轧制过程中，A、E 和 l_0 皆为定值，所以轧制过程中，张力值的产生完全是由于轧件上两点的线速度差引起；同时，线速度差的变化必将会引起张力的变化。

3.2.3　卷取张力模型

在3.2.2节张力产生的机理及张力与速度的关系分析的基础上，本节以卷取机为例推导张力系统的数学模型。

3.2.3.1　主轧机的前滑

由于轧机前张力的作用，轧件在工作辊处与轧机的工作辊之间将产生滑动，即在一定的张力作用下，轧件在主机工作辊出口处的线速度大于工作辊本身的线速度，这种现象称为前滑，前滑量一般用 f 来表示，它的大小是随着张力的变化而变化的，当张力在通常的应用范围内变化时，前滑量与张力的关系可以用直线规律表示：

$$f = f_0(1 + \beta_0 T) \tag{3.7}$$

式中　f_0——无张力时的前滑量；

β_0——张力状态下前滑量的影响系数，kN^{-1}。

当考虑了前滑的影响后，铝带在主轧机处的线速度为：

$$v_a = (1+f)\bar{v}_a \tag{3.8}$$

式中 v_a——轧件在工作辊处的线速度（主机的线速度），m/s；

$\bar{v}_a$——主机工作辊的线速度，m/s。

3.2.3.2 卷取张力模型的推导

卷取机的张力与卷取机的速度、张力设定值和其他工艺参数有关，具体的公式的推导如下。

由式（3.6）可知：

$$\begin{aligned}\frac{dT}{dt} &= \frac{AE}{l_0}(v_b - v_a)\\ &= \frac{AE}{l_0}[v_b - (1+f)\bar{v}_a]\\ &= \frac{AE}{l_0}[v_b - (1+f_0(1+\beta_0 T))\bar{v}_a]\\ &= \frac{AE}{l_0}\Delta v - \frac{AE}{l_0}f_0\beta_0\bar{v}_a T\end{aligned} \tag{3.9}$$

式中 Δv——轧件在轧机出口和主轧机的线速度差,m/s,即 $\Delta v = v_b - (1+f_0)\bar{v}_a$。

将式(3.9)两边分别取拉氏变换,得到：

$$T(s)s = \frac{AE}{l_0}\Delta v(s) - \frac{AE}{l_0}f_0\beta_0\bar{v}_a T(s)$$

$$T(s)s + \frac{AE}{l_0}f_0\beta_0\bar{v}_a T(s) = \frac{AE}{l_0}\Delta v(s)$$

$$\begin{aligned}G_T(s) = \frac{T(s)}{\Delta v(s)} &= \frac{\frac{AE}{l_0}}{s + \frac{AE}{l_0}f_0\beta_0\bar{v}_a}\\ &= \frac{\frac{1}{f_0\beta_0\bar{v}_a}}{\frac{l_0}{AEf_0\beta_0\bar{v}_a}s + 1}\\ &= \frac{K_t}{T_t s + 1}\end{aligned} \tag{3.10}$$

$$K_t = \frac{1}{f_0\beta_0\bar{v}_a}，\quad T_t = \frac{l_0}{AEf_0\beta_0\bar{v}_a}$$

式中 l_0——工作辊与卷取中心间的带材长度，m；

A——板材的截面积，mm^2；

T——张力，kN。

实际应用中计算上述张力模型时，f_0 和 β_0 采用经验取值的方法。f_0 的取值可按线性方法在 0.05 ~0.1 之间取值。β_0 的取值依据张力设定值来决定，一般取为 0.35 ~0.55。

从式（3.10）可以清楚看到张力对象模型为一阶惯性环节。并且从模型的两个参数 K_t 和 T_t 的表达式可以看到，这两个参数在轧制过程中并不是恒定的，所以卷取的张力模型是时变的，这样的被控对象给控制带来一定的困难。

3.3　间接张力控制策略

间接张力控制分为电流电势复合控制法和最大转矩法，由于前者的固有缺陷，目前使用的一般都是最大转矩法。

最大转矩法间接张力控制是以速度控制器和电流控制器为核心的速度、电流双闭环串级控制系统，外环为速度环，内环为电流环。在速度控制过程中，速度环通过电流环完成速度调节；而在张力控制过程中，速度环输出饱和，速度调节器输出由张力等因素设定的限幅值，并在限幅之后附加补偿加减速过程中的动态转矩，系统只有电流环起到调节作用，通过改变转矩设定输出改变电流输出最终完成张力控制。

间接张力控制的输出转矩设定值主要包括设定张力转矩、摩擦转矩、弯曲转矩和动态张力转矩，由于铝箔厚度很小，一般都忽略弯曲转矩部分。

3.3.1　设定张力转矩

设定张力转矩是传动系统发出的用来产生并维持铝箔上的张力所需要的转矩。在间接恒张力控制中，要保证张力恒定需要通过各种办法补偿其他扰动，保证传动系统提供的设定张力转矩相对恒定，从而来维持铝箔上的张力恒定。设定张力转矩 M_t 为：

$$M_t = U_t A_t \frac{D_t}{2} \tag{3.11}$$

式中　U_t——单位面积上的张力设定值，N/mm²；

A_t——铝箔的横截面面积，mm²；

D_t——铝箔卷的瞬时直径，m。

从式（3.11）可以看到，瞬时卷径是影响设定张力转矩的主要因素，在后面将对其获取方法进行具体分析。为了改善卷形，从而提高产品质量，卷取机上一般采用单位张力 U_t 与卷直径相关的递变张力控制：

$$U_t = \begin{cases} U_{t0}, & D_t < D_{t0} \\ U_{t0} + \dfrac{(U_{t1} - U_{t0}) \cdot (D_t - D_{t0})}{D_{t1} - D_{t0}}, & D_{t0} \leqslant D_t < D_{t1} \\ U_{t1}, & D_t \geqslant D_{t1} \end{cases} \tag{3.12}$$

式中 U_{t0}——递变张力开始时的单位张力设定值，N/mm^2；

D_{t0}——递变张力开始时的卷直径，m；

U_{t1}——递变张力结束时的单位张力设定值，N/mm^2；

D_{t1}——递变张力结束时的卷直径，m。

3.3.2 摩擦转矩

在轧制过程中，摩擦转矩总是存在的，传统上将其看作常数。在实际的调试过程中，摩擦转矩可以用实验的方法获取。空载状态下缓慢地启动电机，由于摩擦转矩的存在，开始时电机不会旋转，当电机从静止到开始转动的瞬间，记下此时读到的传动系统输出转矩 $M_{f,t}$，考虑到电机静止时启动转矩略大于电机旋转时的摩擦转矩，可以认为摩擦转矩 M_f 为转矩记录值 $M_{f,t}$的 90%。

然而，由于电机旋转速度不同，整个系统的摩擦状态也在随速度的变化而变化，简单地认为摩擦转矩为常数已经满足不了铝箔轧制过程中张力控制的要求，后面将提出一种新的摩擦转矩测试方法。

3.3.3 动态加减速转矩

在轧制速度升降时，都需要传动系统的输出转矩做出相应的变化来驱动负载实现速度的变化，这部分转矩称为动态转矩。为了保证作用于铝箔上的张力不变，即传动系统输出的张力转矩部分不变，必须对这部分动态转矩进行补偿。在轧制速度升降的过程中，传动系统把用于驱动升降速的那部分动态转矩直接叠加到转矩输出，这样就避免了在升降速过程中，由于负载造成的动态转矩直接作用到铝箔上，导致铝箔松带或过紧，甚至断带事故的发生。动态加减速转矩 M_d 为：

$$M_d = \frac{GD_{d0}^2 + \frac{\pi}{8}\alpha_d\rho_d B_d(D_t^4 - D_0^4)g}{375}\frac{dn}{dt} = \frac{2a_d}{D_t}\left[J_d + \frac{\pi}{32}\alpha_d\rho_d B_d(D_t^4 - D_0^4)\right] \tag{3.13}$$

式中 GD_{d0}^2——折算到卷筒上的固有机械设备的飞轮矩，kg · m^3/s^2；

α_d——铝箔的卷紧系数；

ρ_d——铝箔的密度，kg/m^3；

B_d——铝箔的宽度，m；

D_0——铝箔卷的内径，m；

g——重力加速度，m/s^2；

$\frac{dn}{dt}$——卷筒的转速加速度，(r/min)/s；

a_d——轧制速度升降时的加速度，m/s^2；

J_d——折算到卷筒上的固有机械设备的转动惯量，$kg \cdot m^2$。

从式（3.13）可以看到动态加减速转矩是加速度、瞬时卷径和转动惯量的函数。转动惯量可以分为可变部分和不变部分，其中可变部分是料卷的转动惯量，不变部分包括电机、传动轴、减速箱、卷筒等机械设备转动惯量等。

3.4 关键参数的获取

根据上面的描述可以知道，瞬时卷径、摩擦转矩和转动惯量等参数是影响张力控制的重要因素，为了获得更好的张力控制精度，必须首先精确获取这些关键参数。

3.4.1 瞬时卷径获取

传统上卷径获取的方式主要有层数累积计算和速度比计算两种，具备条件的情况下两种方式一般都同时使用，以开卷机为例对这两种方式进行分析。

层数累积计算方式，首先需要设定初始卷径 D_{d0}，在轧制过程中通过电机尾轴上的编码器计算出电机旋转的圈数 N_d，从而得到卷径变化值，累加到初始卷径上得到当前瞬时卷径。当铝箔与卷筒之间打滑时层数累积将出现错误，厚度不均时计算出的卷径也将受到很大影响，最重要的是卷径累积偏差在轧制过程中无法得到修正，采用层数累积计算卷径如式（3.14）所示：

$$D_t = D_{d0} - \int \frac{2h_d N_d}{i_d} \tag{3.14}$$

式中 h_d——铝箔的厚度，mm；

i_d——传动系统的减速比。

采用速度比计算方式，使用入口偏导辊计算出轧机入口线速度 v_d，同时通过开卷电机编码器得到电机转速 n_d，根据铝箔卷与轧机入口的线速度相同原则可以计算出当前瞬时卷径。这种方法的缺陷在于铝箔与偏导辊容易打滑，导致卷径计算出现偏差，采用速度比计算卷径如式（3.15）所示：

$$D_t = \frac{v_d}{\pi n_d / i_d} = \frac{v_d i_d}{\pi n_d} \tag{3.15}$$

铝箔卷径直接关系到设定张力转矩和动态加减速转矩，而上述的传统方法分别存在各自缺陷，很难满足张力控制精度的要求，在此提出一种使用激光测距仪直接测量卷径的方法。

首先正确安装激光测距仪，使其在轧制过程中不受振动影响（如安装在地基里），设置测距仪的测量距离等参数，根据激光测距仪的具体接口形式相应连接到对应的 PLC 接口信号模块。如图 3.6 所示，将激光头正对卷筒中心，测量出激光头到卷筒中心的距离为 L_{d0}，当有铝箔卷放置在卷筒上时，读出此时测距仪读

数为 L_d，进而可以计算出当前瞬时卷径为：

$$D_t = 2(L_{d0} - L_d) \tag{3.16}$$

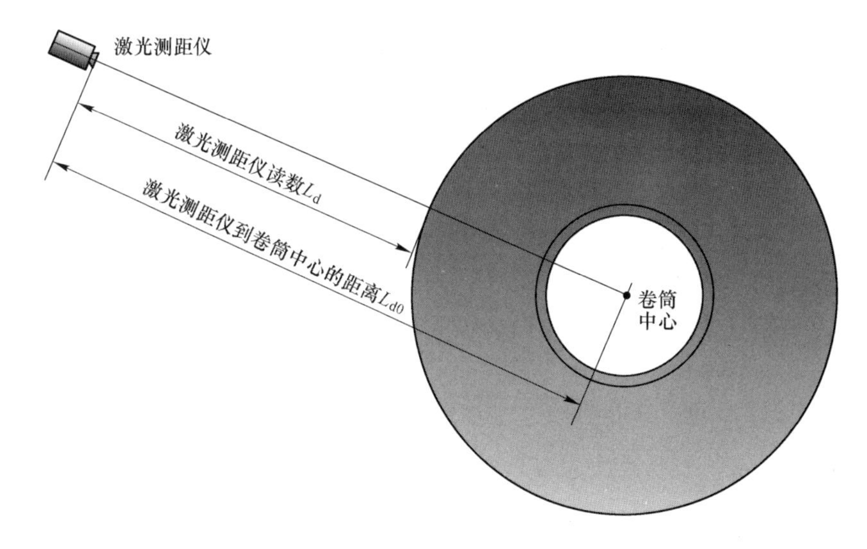

图 3.6 卷径直接测量方法

3.4.2 摩擦转矩测试

根据系统的摩擦状态随速度的变化而变化的特点，对传动系统速度进行分段测试，得到不同速度下的摩擦转矩，再回归成为转速-摩擦转矩曲线。

低速（如 30r/min）运转电机 30min，使传动系统达到热运转状态，确保测试时传动系统的摩擦状态等与正常运转时状态一致，以保证最终测试结果的精确度。将最高转速 n_{max} 分为 m_t 段，使电机在 n_{max}/m_t 的速度点运转 2min，记录下实际转速平均值 $\bar{v}_{t,1}$ 和实际转矩平均值 $\overline{M}_{t,1}$。再升速至 $2n_{max}/m_t$ 速度点并记录下相应的 $\bar{v}_{t,2}$ 和 $\overline{M}_{t,2}$，最终升至最高速，可以得到 m_t 组数据。

在速度升到最高点记录数据结束后，再按照升速段设定速度点分段降速，并同样记录下实际速度 $\bar{v}'_{t,l_t}$ 和实际转矩 $\overline{M}'_{t,l_t}$($l_t = 1, 2, \cdots, m_t - 1$)。最终计算出转速-摩擦转矩对应关系为：

$$(v_{l_t}, M_{l_t}) = \begin{cases} \left(\dfrac{\bar{v}_{l_t} + \bar{v}'_{l_t}}{2}, \dfrac{\overline{M}_{l_t} + \overline{M}'_{l_t}}{2}\right), & l_t = 1, 2, \cdots, m_t - 1 \\ (\bar{v}_{l_t}, \overline{M}_{l_t}), & l_t = m_t \end{cases} \tag{3.17}$$

依照上述关系绘制出转速-摩擦转矩曲线，并回归出速度-摩擦转矩之间的关系。某 1900mm 箔轧开卷机转速-摩擦转矩曲线如图 3.7 所示，回归得到转矩-摩擦转矩之间的关系为：

$$M_f = -1.09 \times 10^{-10} n^4 + 2.90 \times 10^{-7} n^3 - 2.74 \times 10^{-4} n^2 + 1.12n + 101.43 \tag{3.18}$$

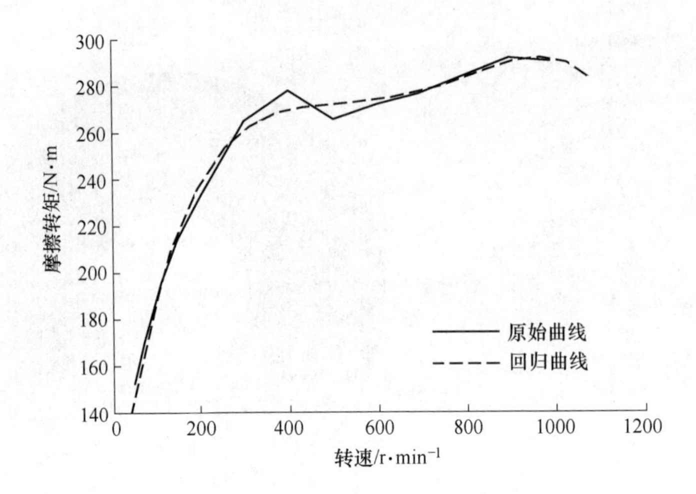

图 3.7 某开卷机转速与摩擦转矩曲线

3.4.3 转动惯量测试

传统上传动系统的转动惯量应该由机械制造厂家提供，但是由于测试不准确甚至某些厂家并不具有转动惯量的测试能力，再加上安装过程中对设备状态的改变等，都会最终影响整个传动系统转动惯量的精确度。在这里给出一种能够精确测量转动惯量的方式。

设置较小的传动装置输出限幅 $M_{\mathrm{lim},t}$ 和较大的速度升速斜坡，控制电机从低速开始升速，使传动装置输出转矩饱和至限幅值，记录下升速过程中的实际转速和实际转矩。

取出转矩饱和至限幅值段的实际转速数据，其起始和结束转速分别为 $n_{\mathrm{s},t}$ 和 $n_{\mathrm{e},t}$，得出升速时间 t_t 和转速增量 $\Delta n_t = n_{\mathrm{e},t} - n_{\mathrm{s},t}$，从而计算出这个过程中的角加速度为：

$$\mathrm{d}\omega/\mathrm{d}t = 2\pi\Delta n_t/(60t_t) \tag{3.19}$$

根据式（3.19）回归出的转速-摩擦转矩关系，可计算出从 $n_{\mathrm{s},t}$ 到 $n_{\mathrm{e},t}$ 的各个转速点对应的摩擦转矩，并求得其平均值 $\overline{M}_{\mathrm{f},t}$。

则折算到卷筒上的固有机械设备的转动惯量为：

$$J_d = (M_{\mathrm{lim},t} - \overline{M}_{\mathrm{f},t}) i_d^{\,2}/(\mathrm{d}\omega/\mathrm{d}t) \tag{3.20}$$

精确测量得到传动系统的转动惯量之后，可以大大提高调试时间和张力控制精度，对于间接张力控制具有重要意义。

4 液压伺服控制系统

4.1 液压辊缝控制

4.1.1 辊缝/轧制力检测

4.1.1.1 辊缝测量

在轧机操作侧和传动侧的 HGC 液压缸内均安装有一个位置传感器，用于测量液压缸的位置。该数字传感器根据液压缸位置的变化产生脉冲信号送入控制系统，为了精确测量液压缸位置，对于该数字传感器的精度有严格要求，测量的分辨率至少为 1μm。将测量得到的两侧 HGC 液压缸实际位置值与辊缝处于零位时两侧 HGC 液压缸的位置值进行比较，得到当前实际两侧辊缝值。辊缝处于零位时两侧 HGC 液压缸的位置值需要在辊缝零位标定时进行测量，测量方法在后面小节进行介绍。

操作侧和传动侧辊缝值通过式（4.1）和式（4.2）计算：

$$S_{os,gap} = S_{act,os,sds} - S_{os,zero} \tag{4.1}$$

$$S_{ds,gap} = S_{act,ds,sds} - S_{ds,zero} \tag{4.2}$$

式中 $S_{os,gap}$——轧机操作侧辊缝值，mm；

$S_{ds,gap}$——轧机传动侧辊缝值，mm；

$S_{act,os,sds}$——操作侧 HGC 液压缸的位置测量值；

$S_{act,ds,sds}$——传动侧 HGC 液压缸的位置测量值；

$S_{os,zero}$——操作侧辊缝处于零位时 HGC 液压缸的位置测量值；

$S_{ds,zero}$——传动侧辊缝处于零位时 HGC 液压缸的位置测量值。

实际辊缝以两侧辊缝的平均值衡量，通过式（4.3）计算得出：

$$S_{gap} = \frac{S_{os,gap} + S_{ds,gap}}{2} \tag{4.3}$$

式中 S_{gap}——轧机的实际辊缝值，mm。

辊缝倾斜值以两侧辊缝之间的差值进行衡量，通过式（4.4）计算得出：

$$S_{gap,tilt} = S_{ds,gap} - S_{os,gap} \tag{4.4}$$

式中 $S_{gap,tilt}$——轧机的辊缝倾斜值，mm。

4.1.1.2 轧制力测量

考虑到成本因素，只有少部分高配置的冷轧机组会安装压头，用以直接测量轧机的轧制力；而大部分冷轧机的轧制力是通过安装在液压缸上的油压传感器间接测量得到的。轧机 HGC 液压缸提供的压下力在数值上等于液压压力乘以液压缸工作面积，任一侧 HGC 液压缸的压下力如式（4.5）所示：

$$F_{act,hyd,sds}=\pi\left(\frac{d_{pis,sds}}{2}\right)^2 P_{pis,sds}-\left[\pi\left(\frac{d_{pis,sds}}{2}\right)^2-\pi\left(\frac{d_{rod,sds}}{2}\right)^2\right]P_{rod,sds}$$

$$=\frac{\pi}{4}\left[d_{pis,sds}^2(P_{pis,sds}-P_{rod,sds})+d_{rod,sds}^2 P_{rod,sds}\right] \tag{4.5}$$

式中 $F_{act,hyd,sds}$——单侧 HGC 液压缸产生的压下力，kN；

$d_{pis,sds}$——HGC 液压缸无杆腔直径，mm；

$P_{pis,sds}$——HGC 液压缸无杆腔压力，MPa；

$d_{rod,sds}$——HGC 液压缸杆腔直径，mm；

$P_{rod,sds}$——HGC 液压缸杆腔压力，MPa。

然而，HGC 液压缸产生的压下力并不是全部作用于轧辊之间的轧件上，需要综合考虑辊身重量、工作辊弯辊力及中间辊弯辊力等干扰因素，最终得出作用于轧件的净轧制力。

作用于轧件的总净轧制力如式（4.6）所示：

$$F_{act,r}=F_{act,os,hyd,sds}+F_{act,ds,hyd,sds}-F_{tare,sds}-F_{act,wrb}/2-F_{act,irb}/2 \tag{4.6}$$

式中 $F_{act,r}$——总的净轧制力，kN；

$F_{act,os,hyd,sds}$——操作侧 HGC 液压缸产生的压下力，kN；

$F_{act,ds,hyd,sds}$——传动侧 HGC 液压缸产生的压下力，kN；

$F_{act,wrb}$——实际工作辊弯辊力，kN；

$F_{act,irb}$——实际中间辊弯辊力，kN；

$F_{tare,sds}$——当采用液压压上形式时，为下辊系的辊身重量，kN，当采用液压压下形式时，为上辊系的平衡力，kN。

4.1.2 辊缝/轧制力控制策略

HGC 系统设计有两种控制模式，分别是位置控制模式和轧制力控制模式。位置控制模式是对 HGC 液压缸的位置进行高精度高响应的闭环控制，由于辊缝的大小取决于活塞杆的位置，所以位置控制即是辊缝控制。此控制模式一般用于辊缝预设定的精确定位以及在线轧制时辊缝的动态调整。轧制力控制模式是对作用于轧件的轧制力进行精确的闭环控制，此控制模式一般用于辊缝零位标定以及轧机刚度测试等功能。

HGC 工作时的基本原理：将基准值（由预设定基准、AGC 调节量、附加补偿和手动干预给出）与传感器反馈值进行比较，将所得的偏差信号与一个和液压缸负载油压相关的可变增益系数相乘后送入 PID 调节器，将 PID 调节器的输出值作为伺服放大器的输入值，通过伺服放大器驱动伺服阀，控制液压缸进出油液使活塞杆上下移动或输出压力增减以消除该误差。

绝大多数情况下，HGC 液压缸有两个，分别使操作侧 HGC 液压缸和传动侧 HGC 液压缸，在轧制过程中，需要这两个液压缸协同动作以完成对辊缝、轧制力和辊缝倾斜量的控制。最常见的控制方式为，对单侧液压缸设置独立的控制闭环，每个控制闭环具有单独的控制器对单侧的位置或轧制力进行控制，辊缝倾斜是通过对单侧闭环设定值的附加来实现的，这种控制方式被称为单侧控制方式。另一种控制方式为，控制闭环对两侧液压缸的位置或轧制力进行协同控制，在控制闭环内，除了设置一个位置/轧制力控制器外，还设置一个辊缝倾斜控制器，给定至两侧伺服阀的控制信号由这两个控制器输出信号叠加后决定，这种控制方式被称为协同控制方式。

4.1.2.1 单侧控制方式

单侧控制方式的位置和轧制力控制模式的工作原理如下。

A 位置闭环控制

位置闭环控制是基于液压缸设定位置与实际反馈位置的差值信号控制伺服阀输出。位置闭环控制原理如图 4.1 所示。输出信号经伺服放大器转化为伺服阀的控制电流，驱动液压缸消除位置偏差，伺服阀控制电流如式（4.7）所示：

$$I_{servo} = k_{gain} k_{pos} (S_{ref} - S_{act}) + I_{zero} + I_{flutter} \tag{4.7}$$

式中 I_{servo}——伺服阀控制电流，A；

k_{gain}——伺服阀变增益系数；

k_{pos}——位置控制器调节因子；

S_{ref}——叠加倾斜后的位置设定值，mm；

S_{act}——液压缸位置实际值，mm；

I_{zero}——伺服阀零偏补偿，A；

$I_{flutter}$——伺服阀颤振补偿，A。

B 轧制力闭环控制

与位置闭环控制相似，轧制力闭环控制就是将实际的轧制力控制在轧制力设定值附近，保证控制后的轧制力与给定的轧制力之间的偏差在允许范围内。轧制力闭环控制器的原理如图 4.2 所示。

在轧制力闭环控制方式中，轧制力设定值经过一个设定值斜坡发生器与倾斜控制器输出值叠加，二者之和作为轧制力设定值，再与实际的轧制力值进行比较，得出的偏差信号送入轧制力控制器。控制器输出值经过伺服阀零偏补偿以及信号转换后分别驱动轧机两侧伺服阀，完成对轧制力的闭环控制。

C 倾斜控制

辊缝倾斜控制是指轧机传动侧与操作侧之间位置偏差的控制。在辊缝倾斜

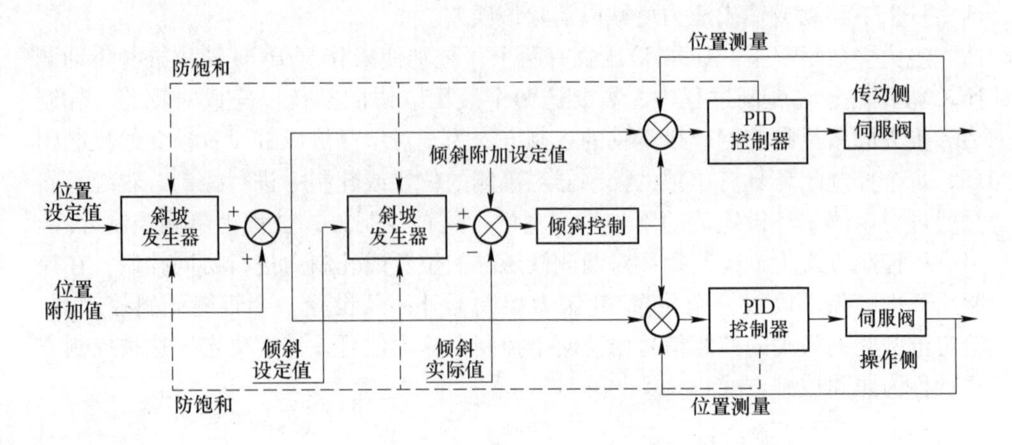

图 4.1　位置控制闭环原理

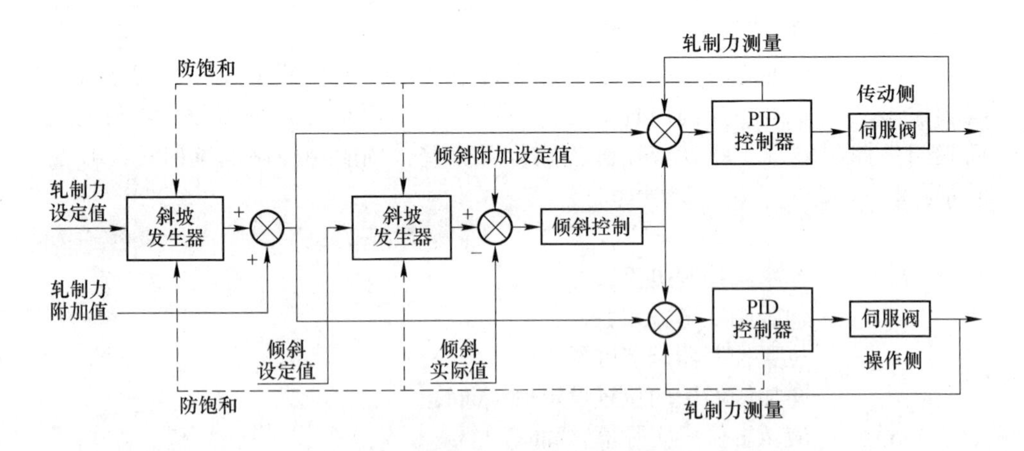

图 4.2　轧制力控制器原理

控制中，将传动侧与操作侧实际位置的差值作为反馈信号，与给定倾斜量比较后送入倾斜控制器，倾斜动作以轧辊中心为轴，将倾斜控制器的输出平均分配到两侧的液压缸，即一侧增加且另一侧减少。倾斜控制器输出附加在位置控制器或轧制力控制器设定值上。压下过程中倾斜控制器将一直被触发，只当轧机工作在单侧位置控制和单侧轧制力控制方式时被屏蔽。倾斜控制原理如图 4.3 所示。

D　单侧独立控制

伺服阀的输出基于相应液压缸的位置或轧制力控制器给出，两侧互不影响。这种模式主要在调试初期使用。在单侧独立控制方式工作的时候，不叠加辊缝倾斜控制。

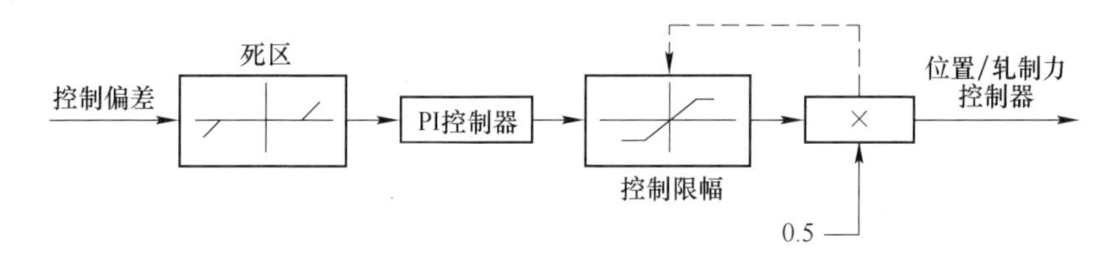

图 4.3 倾斜控制原理

4.1.2.2 协同控制方式

此方式的控制原理如图 4.4 所示。在此方式下，设置了 S/F 控制器，该控制器根据位置/轧制力选择单元实现对位置控制和轧制力控制的无扰切换，针对辊缝倾斜控制量，单独设置了倾斜控制器。S/F 控制器针对当前实际位置或轧制力与设定值之间的偏差进行控制，倾斜控制器针对当前辊缝倾斜量与倾斜设定值之间的偏差进行控制，两个控制器输出量相加后作为 OS 侧伺服阀的开口度控制信号，相减后作为 DS 侧伺服阀的开口度控制信号，两侧开口度控制信号经过各种补偿控制后，输出至伺服阀，改变伺服阀开口度，驱动 HGC 液压缸。

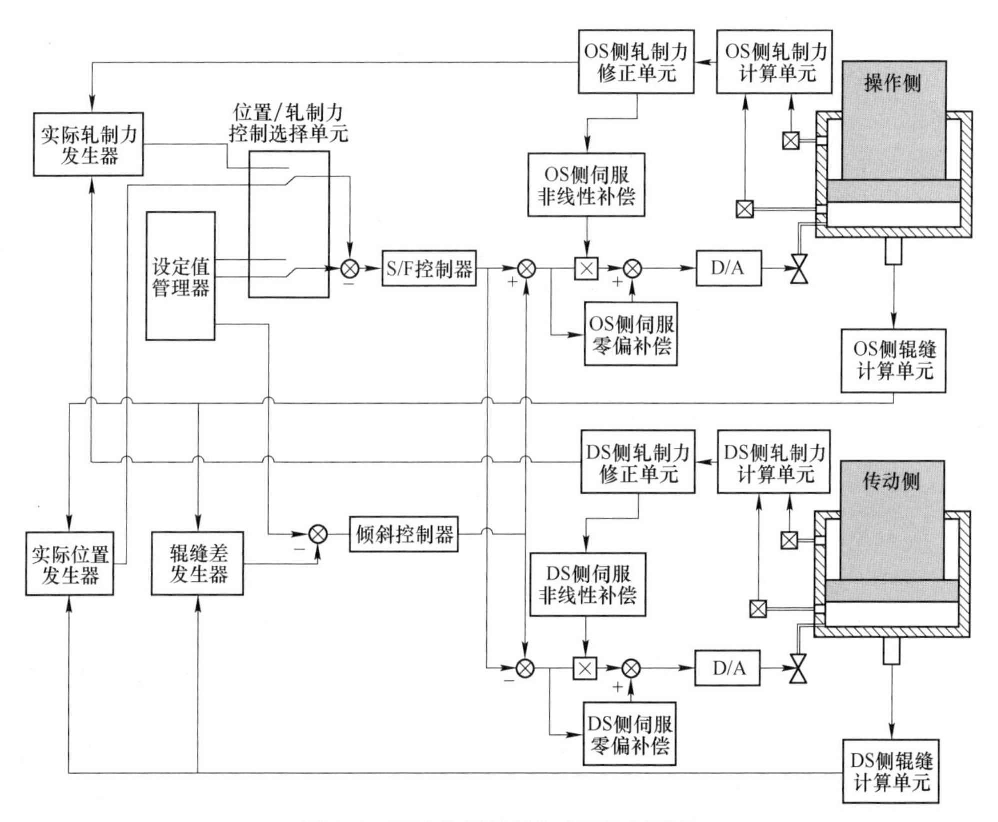

图 4.4 HGC 协同控制方式下控制原理

A 位置控制模式

在位置控制模式时，S/F 控制器对两侧压上液压缸的平均位置进行控制，倾斜控制器对两侧压上液压缸的位置差进行控制。考虑到伺服阀的非线性特点，对控制器的控制增益进行相应补偿控制。为了消除由于伺服阀零点偏移导致的系统静动态性能降低，还设置了伺服零偏补偿控制功能。

位置控制模式的控制对象为活塞杆的位置。活塞杆的位置由位置传感器检测，位置传感器安装于压上液压缸的内部，即将磁尺本体固定在液压缸活塞内，磁环固定在液压缸本体上，这样在活塞动作时磁尺就能够测量得到液压缸的相对位移，从而检测出当前活塞杆所处的位置。

采用位置控制模式时，根据两侧压上液压缸实际位置计算出平均位置，并与位置设定值进行比较，得出位置偏差信号，然后送入 S/F 控制器进行控制；同时，根据两侧压上液压缸实际位置计算出位置差，并与倾斜设定值进行比较，得出倾斜偏差信号，然后送入倾斜控制器进行控制。S/F 控制器的输出信号与倾斜控制器的输出信号经过叠加后，经伺服非线性补偿控制以及伺服零偏补偿控制，生成伺服阀开口度设定值信号，最后经信号转换输出为伺服阀控制电流，驱动压上液压缸，以完成对位置的闭环控制。以操作侧为例，在位置控制模式时，伺服阀开口度设定值如式（4.8）所示：

$$
\begin{aligned}
I_{pos,os,sds} = k_{nl,os,sds} \Big[& k_{pos,sds}\left(S_{ref,sds} - \frac{S_{act,os,sds} + S_{act,ds,sds}}{2}\right) + \\
& k_{til,pos,sds}(S_{ref,til} - S_{act,ds,sds} + S_{act,os,sds}) \Big] + I_{zo,os,sds}
\end{aligned}
\tag{4.8}
$$

式中 $I_{pos,os,sds}$——位置控制模式时，操作侧伺服阀开口度设定值,%；

$k_{nl,os,sds}$——操作侧伺服非线性补偿控制信号；

$k_{pos,sds}$——S/F 控制器对位置的控制增益；

$S_{ref,sds}$——液压压上系统位置设定值，mm；

$k_{til,pos,sds}$——位置模式下，倾斜控制器控制增益；

$S_{ref,til}$——液压压上系统倾斜设定值，mm；

$I_{zo,os,sds}$——操作侧伺服零偏补偿控制量,%。

B 轧制力控制模式

将总的净轧制力与轧制力设定值进行比较，得出轧制力偏差信号，并送入 S/F 控制器进行控制。根据两侧压上液压缸实际位置计算出位置差，并与倾斜设定值进行比较，得出倾斜偏差信号，并送入倾斜控制器进行控制。S/F 控制器的输出信号与倾斜控制器的输出信号经过叠加后，经伺服非线性补偿控制以及伺服零偏补偿控制，生成伺服阀开口度设定值信号，最后经信号转换输出为伺服阀控制电流，驱动压上液压缸，以完成对轧制力的闭环控制。以操作侧为例，在轧制力控制模式时，伺服阀开口度设定值如式（4.9）所示：

$$I_{rf,os,sds}=k_{nl,os,sds}[k_{rf,sds}(F_{ref,sds}-F_{act,r})+k_{til,rf,sds}(S_{ref,til}-S_{act,ds,sds}+S_{act,os,sds})]+I_{zo,os,sds} \tag{4.9}$$

式中　$I_{rf,os,sds}$——轧制力控制模式时，操作侧伺服阀开口度设定值,%；

$k_{rf,sds}$——S/F 控制器相对于轧制力的控制增益；

$F_{ref,sds}$——液压压上系统轧制力设定值，kN；

$k_{til,rf,sds}$——轧制力控制模式时，倾斜控制器控制增益。

C　单侧独立控制模式

为了方便调试和维护时单侧液压缸在无负载情况下进行单独动作，系统设置了单侧独立控制模式。即对操作侧和传动侧的位置或轧制力单独进行控制，其控制模式的原理如图 4.5 所示。该模式的控制原理与位置控制模式（轧制力控制模式）基本相似，这里不做赘述。

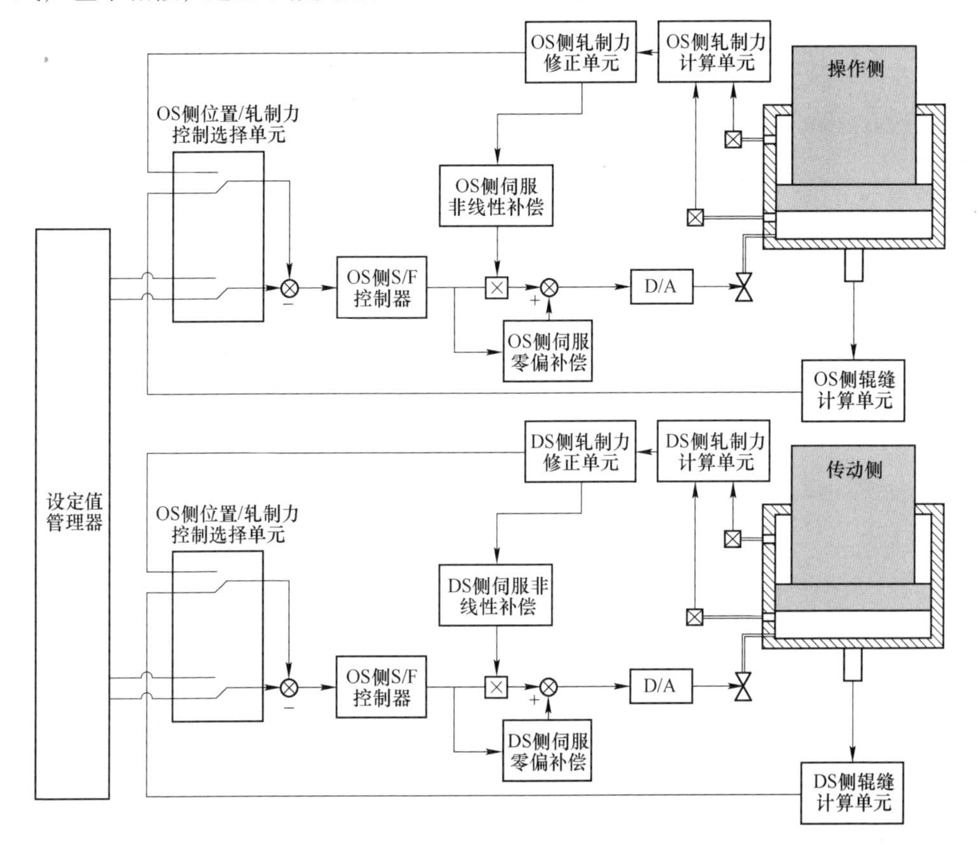

图 4.5　单侧独立控制模式的原理

4.1.3　液压辊缝控制系统建模与辨识

厚度控制系统是典型的双闭环控制系统，这里液压辊缝控制（也就是液压缸位置控制）系统为厚度控制系统的控制内环，因而建立厚度控制系统模型必须准确得到位置控制系统的数学模型。液压辊缝控制利用位置传感器测得液压缸的实际位置，与给定的位置信号相比较，所得的偏差信号送入位置控制器，控制器的输出值作为伺服放大器的输入值，将此信号放大后送入电液伺服阀，把电信号转换为伺服阀的开口度，液压油通过伺服阀开口地输入到液压缸，驱动活塞进行直线运动，从而构成位置控制系统。

4.1.3.1　液压辊缝控制系统建模

一个完整的位置控制系统主要由位置控制器、伺服放大器、电液伺服阀、液压缸及其辊系负载、位置传感器及液压管路构成。某冷轧实验轧机液压位置闭环控制系统的框图如图 4.6 所示。

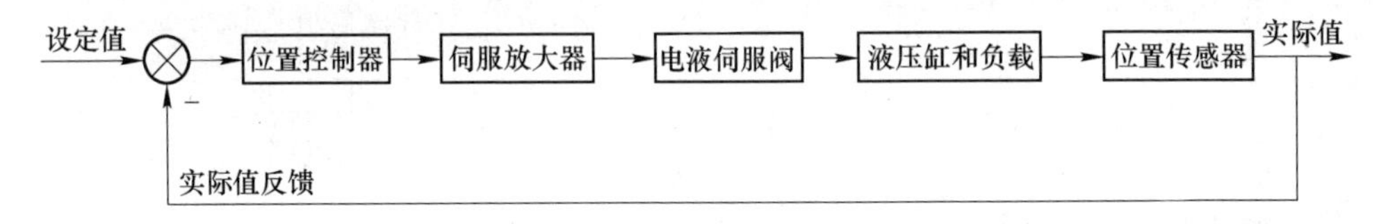

图 4.6　液压辊缝控制系统框图

为进行系统的动态分析及系统参数的辨识，首先要建立各个环节的数学模型，并推导出控制对象的传递函数。

（1）位置控制器模型。位置控制器一般采用比例调节器，其传递函数可表示为：

$$G_{\mathrm{gap,c}}(s)=\frac{U_{\mathrm{sva}}}{P_{\mathrm{e}}}=K_{\mathrm{p,gap}} \tag{4.10}$$

式中　U_{sva}——伺服阀放大器的输入电压，V；

P_{e}——位置偏差输入，m；

$K_{\mathrm{p,gap}}$——位置控制器的比例增益系数。

（2）伺服放大器传递函数。伺服放大器是将输入电压转换为电流对伺服阀进行控制，可不计时间常数，将其近似为比例放大环节，其传递函数为：

$$G_{\mathrm{gap,a}}(s)=\frac{I_{\mathrm{sv}}}{U_{\mathrm{sva}}}=K_{\mathrm{sva}} \tag{4.11}$$

式中　I_{sv}——伺服阀放大器的输出电流，也即伺服阀的控制电流，A；

K_{sva}——伺服放大器增益，A/V。

（3）电液伺服阀传递函数。伺服阀是一个高度复杂的元件，它具有高阶的非线性动态特性。在大多数电液伺服系统中，伺服阀的动态响应都高于负载的动态响应。因此，在分析系统的动态特性时，只要求知道伺服阀在一个适当的低频范围内的动态特性，也就是说伺服阀只要求在某个低频区段内与实际伺服阀动态特性有比较精确的近似等效关系，就足以满足系统设计和分析的需要。

液压执行机构的固有频率较高时，电液伺服阀的动态特性可用二阶振荡环节来表示：

$$G_{gap,sv}(s)=\frac{Q_v}{I_c}=\frac{K_{sv}}{\frac{s^2}{\omega_{sv}^2}+\frac{2\xi_{sv}}{\omega_{sv}}s+1} \tag{4.12}$$

式中　Q_v——伺服阀流量，m^3/s；

K_{sv}——伺服阀的流量增益，$m^3/(s\cdot A)$；

ω_{sv}——伺服阀的固有频率，rad/s；

ξ_{sv}——伺服阀的阻尼比。

其中，伺服阀固有频率 ω_{sv} 及阻尼比 ξ_{sv} 可从伺服阀制造厂家提供的频率响应曲线查得。

（4）液压缸和负载传递函数。假定各种负载等效到活塞上，按集总参量对单自由度负载模型进行分析，且忽略库仑摩擦等非线性负载，忽略油液的质量；液压缸的总输出位移 X_p，是伺服阀流量和干扰信号联合作用的结果。不考虑干扰信号时，简化后的液压缸负载模型的传递函数为：

$$G_{gap,l}(s)=\frac{X_p}{Q_v}=\frac{A_{cyl}/(K_l\cdot K_{ce})}{\left(\frac{s}{\omega_r}+1\right)\left(\frac{s^2}{\omega_h^2}+\frac{2\xi_h}{\omega_h}s+1\right)} \tag{4.13}$$

式中　A_{cyl}——液压缸控制腔有效面积，m^2；

K_l——弹性负载刚度，N/m；

K_{ce}——总流量压力系数，$(m^3/s)/Pa$；

ω_r——惯性环节转折频率，$\omega_r=\frac{KK_{ce}}{A^2}$，rad/s；

ω_h——液压缸与负载的固有频率，rad/s；

ξ_h——液压缸与负载的阻尼比，无量纲。

（5）位置传感器。检测油缸活塞的位移采用的是磁致伸缩位置传感器，可视为惯性环节：

$$G_{gap,p}(s)=\frac{U_f}{X_p}=\frac{K_f}{T_f s+1} \tag{4.14}$$

式中　U_f——位置传感器的输出电压，V；

K_f——位置传感器的增益，V/m；

T_f——位置传感器的时间常数，s。

通过上面各个环节的分析，可以得到位置控制系统的闭环传递函数为：

$$G_{gap,b}(s)=\frac{G_{gap,c}(s)G_{gap,a}(s)G_{gap,sv}(s)G_{gap,l}(s)G_{gap,p}(s)}{1+G_{gap,c}(s)G_{gap,a}(s)G_{gap,sv}(s)G_{gap,l}(s)G_{gap,p}(s)}$$

$$=\frac{K_{p,gap}K_{sva}\dfrac{K_{sv}}{\dfrac{s^2}{\omega_{sv}^2}+\dfrac{2\xi_{sv}}{\omega_{sv}}s+1}\dfrac{A_{cyl}/(K_l\cdot K_{ce})}{\left(\dfrac{s}{\omega_r}+1\right)\left(\dfrac{s^2}{\omega_h^2}+\dfrac{2\xi_h}{\omega_h}s+1\right)}\dfrac{K_f}{T_fs+1}}{1+K_{p,gap}K_{sva}\dfrac{K_{sv}}{\dfrac{s^2}{\omega_{sv}^2}+\dfrac{2\xi_{sv}}{\omega_{sv}}s+1}\dfrac{A_{cyl}/(K_l\cdot K_{ce})}{\left(\dfrac{s}{\omega_r}+1\right)\left(\dfrac{s^2}{\omega_h^2}+\dfrac{2\xi_h}{\omega_h}s+1\right)}\dfrac{K_f}{T_fs+1}}$$

$$=\frac{K_{p,gap}K_{sva}K_{sv}A_{cyl}/(K_l\cdot K_{ce})}{(T_fs+1)\left(\dfrac{s^2}{\omega_{sv}^2}+\dfrac{2\xi_{sv}}{\omega_{sv}}s+1\right)\left(\dfrac{s}{\omega_r}+1\right)\left(\dfrac{s^2}{\omega_h^2}+\dfrac{2\xi_h}{\omega_h}s+1\right)+K_fK_{p,gap}K_{sva}K_{sv}A_{cyl}/(K_l\cdot K_{ce})}\tag{4.15}$$

由式（4.15）可以看出，位置控制系统的传递函数比较复杂，经化简后可以得到该系统为六阶系统。

4.1.3.2　液压辊缝控制系统辨识

采用基于最小二乘法的参数模型辨识方法，为使闭环系统输入信号满足持续激励条件，常用的方法是对闭环系统外加一个可以接收的“扰动”，从受扰动系统的输入输出数据中提取更多的反映系统动态特性的信息，使其满足持续激励条件，例如在控制器的输入或输出端外加噪声、伪随机信号等。本节采用白噪声信号作为系统控制器输入端的干扰信号，辨识实验框图如图 4.7 所示，图中 $r(t)$ 为位置设定输入，$\xi(t)$ 为干扰信号，$u(t)$ 为被控对象的控制输入，$y(t)$ 为实际位置反馈。

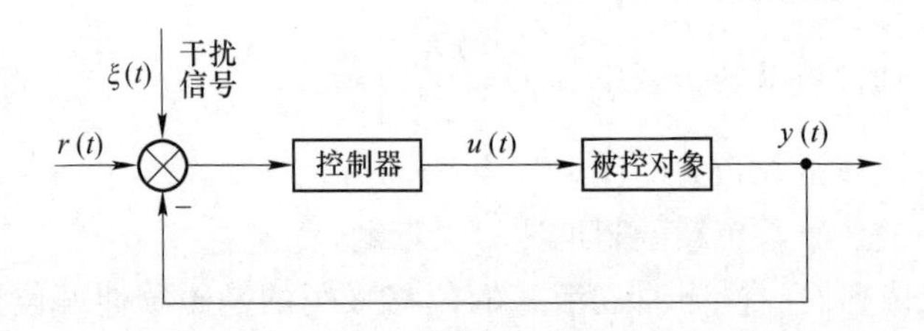

图 4.7　液压辊缝控制系统辨识实验框图

为了使过程是可辨识的，输入信号必须满足一定的条件。最低的要求是在实验期间，输入信号必须充分激励过程的所有模态。从频谱分析角度看，这就意味着输入信号的频谱必须足以覆盖过程，这就引出持续激励输入信号的要求。就工程意义上说，输入信号的选择还要考虑如下一些要求：输入信号的功率或幅度不宜过大，以免工况进入非线性区；也不能太小，否则所含的信息量将下降，直接影响辨识的精度;输入信号对过程的“净扰动”要小,即正负向扰动机会几乎均等。

系统采样间隔 T_{Δ} 的大小不仅对系统控制性能有影响，而且对辨识的效果也有影响。若 T_{Δ} 太大，会丢失系统高频成分，辨识所得系统模型会发生退化现象，使阶数比实际偏低；若 T_{Δ} 太小，相邻观测数据过于接近，则在采用最小二乘法时，由差分方程所导出的数据矩阵因各行各列几乎线性相关，从而造成病态问题，使参数估计不稳定。一般情况下可取：

$$T_{\Delta}=(0.05\sim0.2)T_{s} \tag{4.16}$$

式中 T_{s}——系统的阶跃响应时间。

某实验轧机液压辊缝控制系统的调节时间 T_{s} 约为 40ms，在本次实验中系统采样间隔 T_{Δ} 确定为 4ms。

辨识实验输入信号为白噪声干扰下的位置偏差值，输出信号为液压缸实际位置，该位置值由磁致伸缩位置传感器测得，白噪声信号激励时的系统输入输出信号如图 4.8 所示。

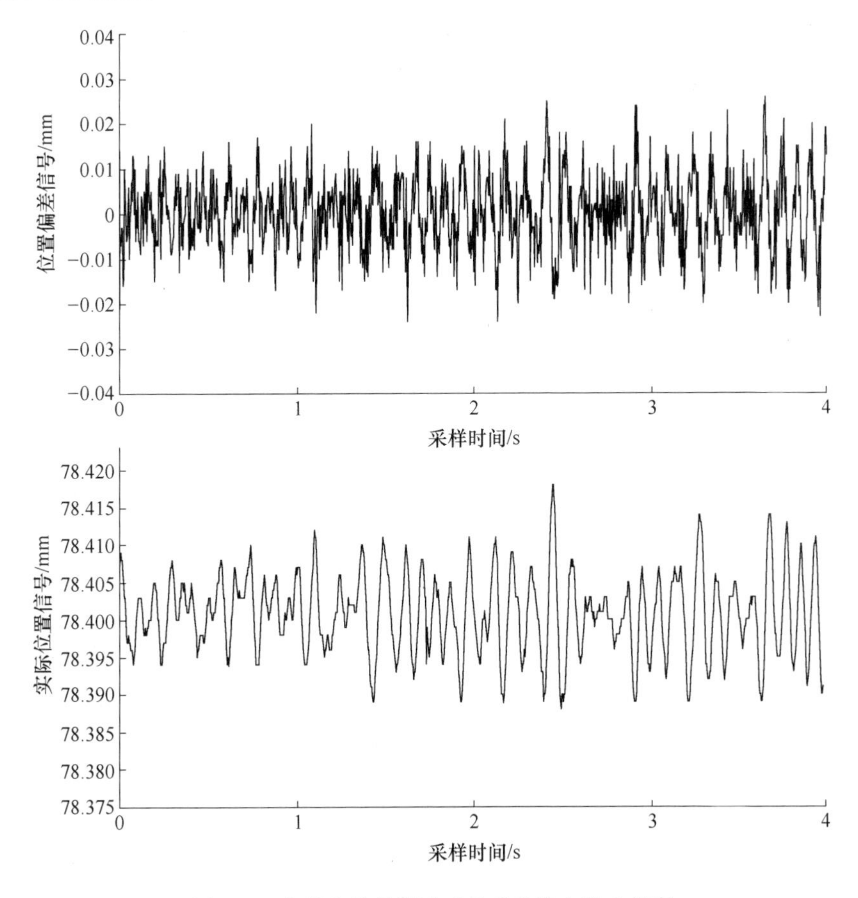

图 4.8 白噪声信号激励时的系统输入输出信号

4.1.3.3　液压辊缝控制系统辨识结果与模型验证

A　数据处理

在系统建模时，要求输出输入数据必须是平稳的、正态的、零均值的，即数据的统计特性与统计时间起点无关，且均值应为零。但在实际问题中，由于测量直接得到的数据是随机时间序列，包含有线性的或缓慢变化的趋势，该序列的均值不为零，而且随时间变化，故必须对数据进行平稳化预处理，去除或提取趋势项，把采集的数据变成均值为零的平稳过程，按平稳过程进行分析建模。

输入输出数据通常都含有直流成分或低频成分，用任何辨识方法都无法消除它们对辨识精度的影响。此外，数据中的高频成分对辨识也是不利的。因此为了建立系统模型，需要对采集的输入输出数据进行滤波，去除数据中与系统无关的分量，如现场环境对信号的干扰等，以排除它们对系统建模的影响。

对输入输出数据进行零均值化和数据滤波处理后，系统辨识的精度能够显著提高。本实验对采集到的数据运用 Matlab 系统辨识工具箱中的去除趋势项函数和滤波函数对测量数据进行预处理，数据处理后的系统输入输出信号如图 4.9 所示。

B　辨识结果

系统数学模型的辨识方法有很多种，按涉及的模型划分有非参数模型辨识方法（又称经典辨识方法），它是在假定系统是线性的条件下，不必事先确定模型的具体结构；参数模型辨识方法（亦称为现代辨识方法），此方法必须假定一种模型，通过极小化模型与系统间的误差准则来确定模型的参数。本辨识实验采用基于最小二乘法的参数模型辨识，选用的模型类为 ARX 模型。

从液压辊缝控制系统建模可知，该系统模型为六阶，即辨识模型结构为：

$$\begin{aligned} y(k) = & -a_1y(k-1) - a_2y(k-2) - a_3y(k-3) - a_4y(k-4) - \\ & a_5y(k-5) - a_6y(k-6) + b_1u(k-1) + b_2u(k-2) + \\ & b_3u(k-3) + b_4u(k-4) + b_5u(k-5) + b_6u(k-6) \end{aligned} \tag{4.17}$$

其对应离散系统的传递函数为：

$$G(z^{-1}) = \frac{b_1z^{-1} + b_2z^{-2} + b_3z^{-3} + b_4z^{-4} + b_5z^{-5} + b_6z^{-6}}{1 + a_1z^{-1} + a_2z^{-2} + a_3z^{-3} + a_4z^{-4} + a_5z^{-5} + a_6z^{-6}} \tag{4.18}$$

采用 ARX 方法辨识模型具体参数，辨识所用输入输出数据为预处理后的数据，辨识得到离散系统模型为：

$$\begin{aligned} G(z^{-1}) &= \frac{B(z^{-1})}{A(z^{-1})} \\ &= \frac{-0.00558z^{-2} + 0.00559z^{-3} + 0.01164z^{-4} + 0.07009z^{-5} + 0.08362z^{-6}}{1 - 0.9072z^{-1} - 0.3247z^{-2} + 0.1686z^{-3} + 0.08257z^{-4}} \end{aligned} \tag{4.19}$$

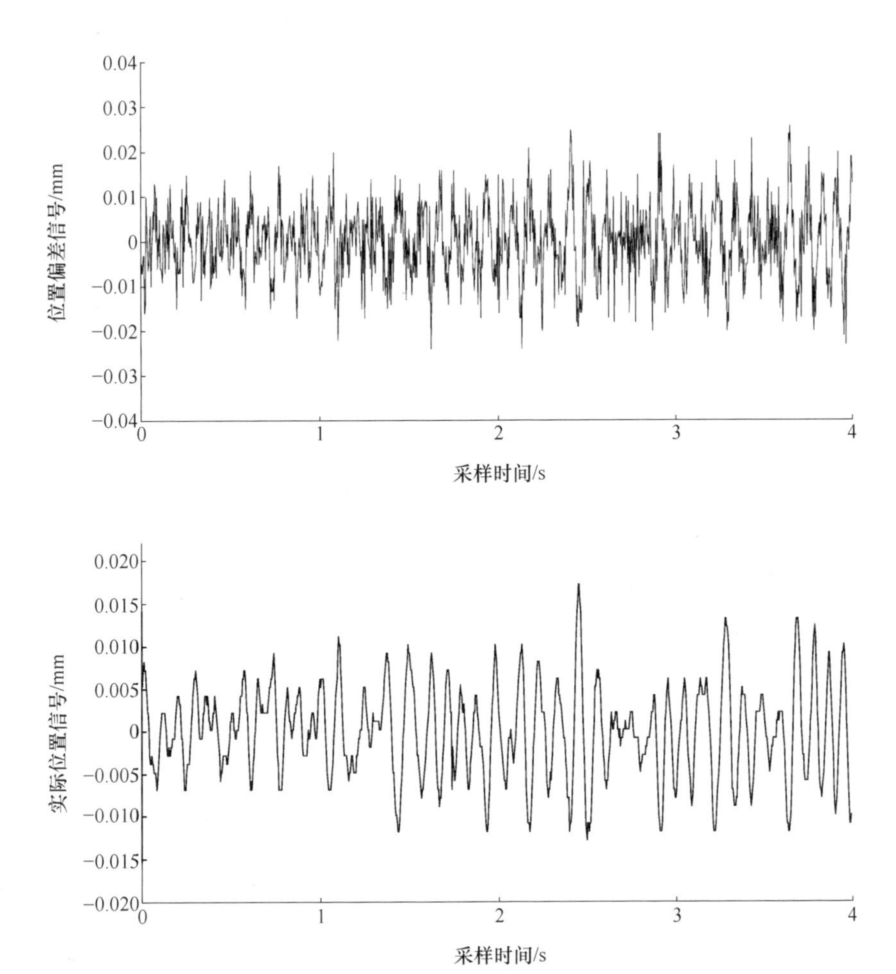

图 4.9 数据处理后的系统输入输出信号

将辨识得到的离散系统模型（4.19）转换为系统开环连续模型为：

$$G_{\mathrm{gap,k}}(s)=(0.009355s^6-85.47s^5+1.53\times10^5s^4-1.34\times10^8s^3+6.61\times10^{10}s^2-1.71\times10^{13}s+1.73\times10^{15})/(s^6+2945s^5+3.39\times10^6s^4+1.81\times10^9s^3+4.26\times10^{11}s^2+3.25\times10^{13}s+2.02\times10^{14}) \tag{4.20}$$

C 模型验证

利用 Matlab 软件下的 Simulink 工具箱分别以白噪声信号和阶跃测试信号对辨识得到的连续模型进行仿真，仿真曲线和相同激励信号下的现场实测曲线对比如图 4.10 所示。

验证结果表明，辨识模型的输出响应都很好地反映了实际系统的动态输出特性，这为更好地离线研究辊缝控制性能提供了重要的参考依据，为厚度控制系统

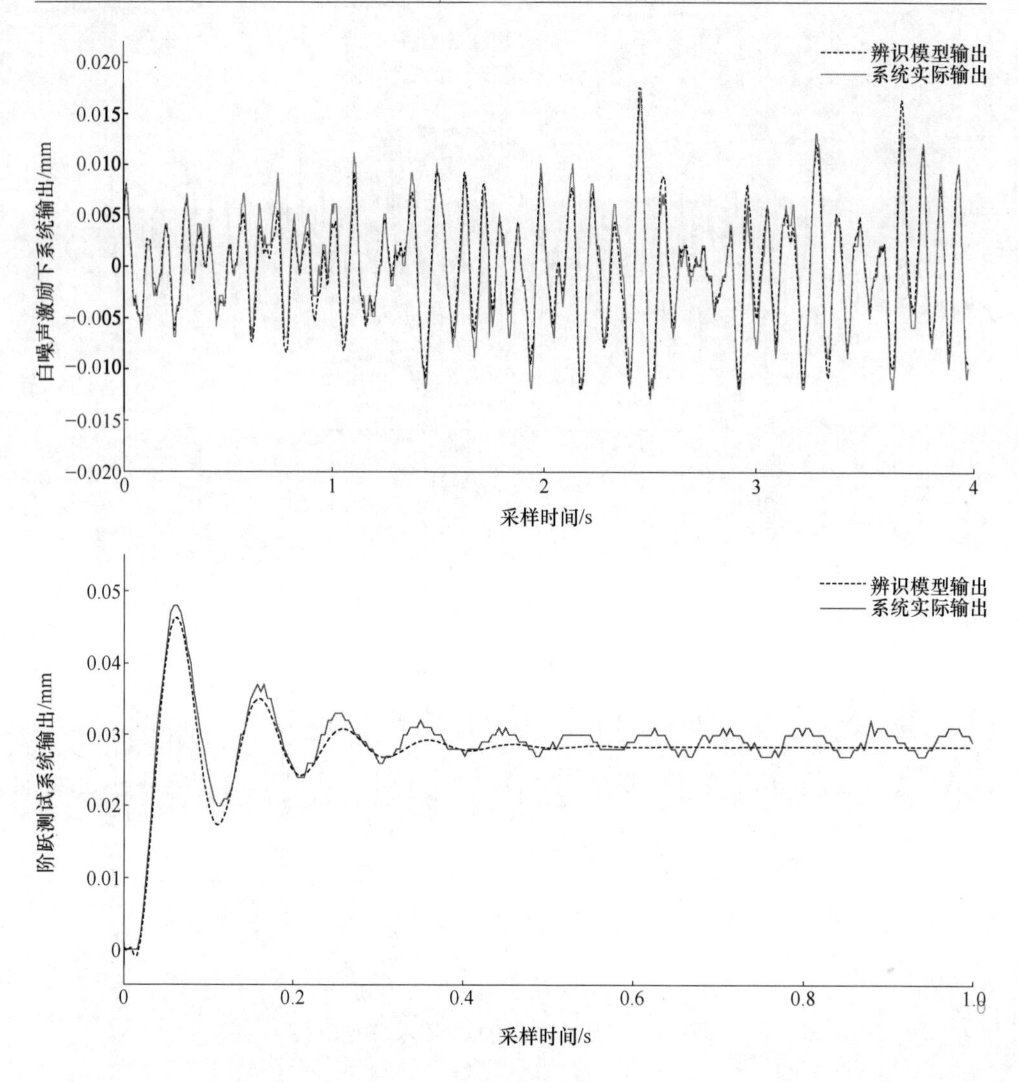

图 4. 10　仿真与实测曲线对比

的动态特性和控制精度的研究奠定了坚实的基础。

4.2　液压弯辊控制

4.2.1　弯辊力检测

工作辊弯辊力和中间辊弯辊力均通过安装于弯辊液压系统动力油路的压力传感器的反馈值间接计算得出。

在工作辊弯辊伺服阀控制阀口设置有油压传感器，实际工作辊弯辊力是通过油压传感器反馈的压力值计算得出的。外环实际弯辊力如式（4. 21）所示，内环实际弯辊力如式（4.22）所示：

$$F_{act,os,wrb}=16\left[\pi\frac{d_{pis,wrb}^2}{4}P_{pis,os,wrb}-\left(\pi\frac{d_{pis,wrb}^2}{4}-\pi\frac{d_{rod,wrb}^2}{4}\right)P_{rod,os,wrb}\right]$$
$$=4\pi[d_{pis,wrb}^2(P_{pis,os,wrb}-P_{rod,os,wrb})+d_{rod,wrb}^2P_{rod,os,wrb}] \quad (4.21)$$

式中 $F_{act,os,wrb}$——工作辊外环弯辊实际弯辊力，kN；

$d_{pis,wrb}$——工作辊弯辊液压缸无杆腔直径，mm；

$d_{rod,wrb}$——工作辊弯辊液压缸杆腔直径，mm；

$P_{pis,os,wrb}$——工作辊外环弯辊液压缸无杆腔实际压力，MPa；

$P_{rod,os,wrb}$——工作辊外环弯辊液压缸杆腔实际压力，MPa。

$$F_{act,is,wrb}=4\pi[d_{pis,wrb}^2(P_{pis,is,wrb}-P_{rod,is,wrb})+d_{rod,wrb}^2P_{rod,is,wrb}] \quad (4.22)$$

式中 $F_{act,is,wrb}$——工作辊弯辊内环实际弯辊力，kN；

$P_{pis,is,wrb}$——工作辊内环弯辊液压缸无杆腔实际压力，MPa；

$P_{rod,is,wrb}$——工作辊内环弯辊液压缸杆腔实际压力，MPa。

工作辊实际弯辊力如式（4.23）所示：

$$F_{act,wrb}=F_{act,os,wrb}+F_{act,is,wrb} \quad (4.23)$$

在中间辊弯辊伺服阀控制阀口设置有油压传感器，实际中间辊弯辊力是通过油压传感器反馈的压力值计算得出的：

$$F_{act,irb}=16\left[\pi\frac{d_{pis,irb}^2}{4}P_{pis,irb}-\left(\pi\frac{d_{pis,irb}^2}{4}-\pi\frac{d_{rod,irb}^2}{4}\right)P_{rod,irb}\right]$$
$$=4\pi[d_{pis,irb}^2(P_{pis,irb}-P_{rod,irb})+d_{rod,irb}^2P_{rod,irb}] \quad (4.24)$$

式中 $F_{act,irb}$——中间辊弯辊实际弯辊力，kN；

$d_{pis,irb}$——中间辊弯辊液压缸无杆腔直径，mm；

$d_{rod,irb}$——中间辊弯辊液压缸杆直径，mm；

$P_{pis,irb}$——中间辊弯辊液压缸无杆腔实际压力，MPa；

$P_{rod,irb}$——中间辊弯辊液压缸杆腔实际压力，MPa。

4.2.2 弯辊控制策略

4.2.2.1 工作辊弯辊控制原理

工作辊弯辊系统的控制原理如图 4.11 所示。工作辊弯辊力设定值发生器根据当前轧机状态生成相应的工作辊弯辊力设定值。轧制力前馈控制环节依据当前实际轧制力实时修正该工作辊弯辊力设定值。外环弯辊和内环弯辊各负担总弯辊力 50% 的控制任务，所以修正后的设定值乘以 0.5 后，分别作为外环弯辊力和内环弯辊力设定值下发至各自的控制闭环。

在外环弯辊控制闭环中，外环弯辊力设定值与外环弯辊力实际值之间的偏差信号送入外环弯辊力控制器，控制器输出的控制信号经过伺服非线性补偿控制以及伺服零偏补偿控制后作为伺服阀开口度设定值。该设定值被转换为伺服阀的控制电流以驱动伺服阀完成对外环弯辊力的闭环控制。同时，系统根据外环弯辊力设定值的极性（设定值为正对应正弯，设定值为负对应负弯）输出相应的电磁换向阀控制信号以选择正弯或负弯。

内环弯辊控制闭环控制原理与外环弯辊控制闭环一致。

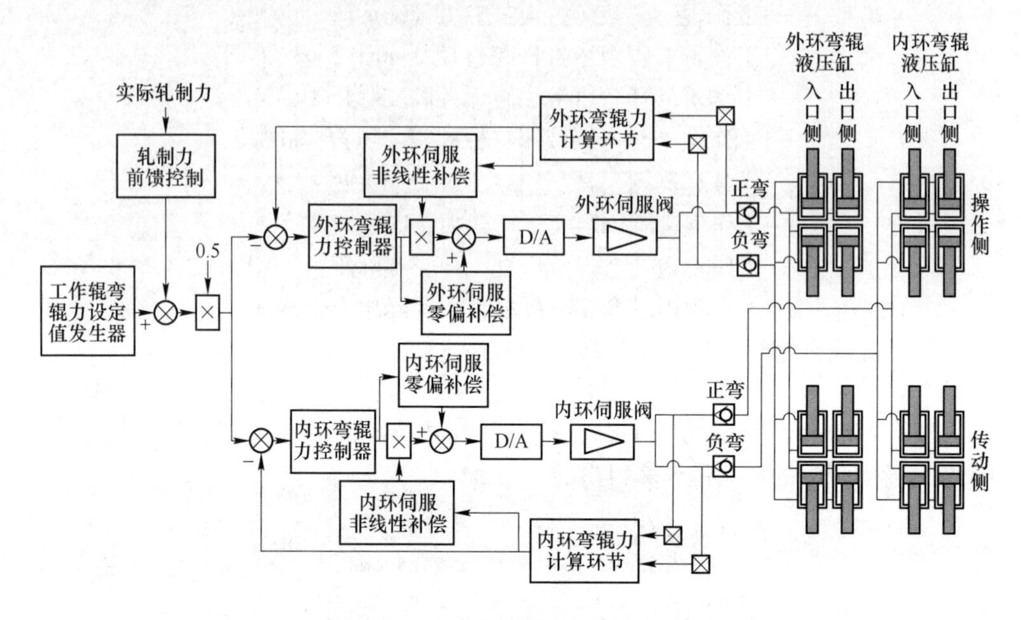

图 4.11　工作辊弯辊控制系统原理

工作辊外环弯辊控制闭环的控制量，即外环弯辊伺服阀开口度设定值如式(4.25)所示：

$$I_{os,wrb}=k_{nl,os,wrb}k_{p,os,wrb}[(F_{ref,wrb}+F_{fwd,wrb})/2-F_{act,os,wrb}]+I_{zo,os,wrb} \tag{4.25}$$

式中　$I_{os,wrb}$——工作辊外环弯辊控制闭环最终输出的控制量,%；

$k_{nl,os,wrb}$——工作辊外环弯辊控制闭环伺服非线性补偿控制量；

$k_{p,os,wrb}$——工作辊外环弯辊力控制器控制增益；

$F_{ref,wrb}$——工作辊弯辊力设定值，kN；

$F_{fwd,wrb}$——工作辊弯辊轧制力前馈控制量，kN；

$I_{zo,os,wrb}$——工作辊外环弯辊控制闭环伺服零偏补偿控制量,%。

工作辊内环弯辊控制闭环的控制量，即内环弯辊伺服阀开口度设定值如式(4.26)所示：

$$I_{is,wrb}=k_{nl,is,wrb}k_{p,is,wrb}[(F_{ref,wrb}+F_{Fwd,wrb})/2-F_{act,is,wrb}]+I_{zo,is,wrb} \tag{4.26}$$

式中　$I_{is,wrb}$——工作辊内环弯辊控制闭环最终输出的控制量,%；

$k_{nl,is,wrb}$——工作辊内环弯辊控制闭环伺服非线性补偿控制量；

$k_{p,is,wrb}$——工作辊内环弯辊力控制器控制增益；

$I_{zo,is,wrb}$——工作辊内环弯辊控制闭环伺服零偏补偿控制量，%。

4.2.2.2 中间辊弯辊控制原理

图 4.12 所示为中间辊弯辊控制系统原理，其控制原理与工作辊弯辊控制原理类似，这里不再赘述。

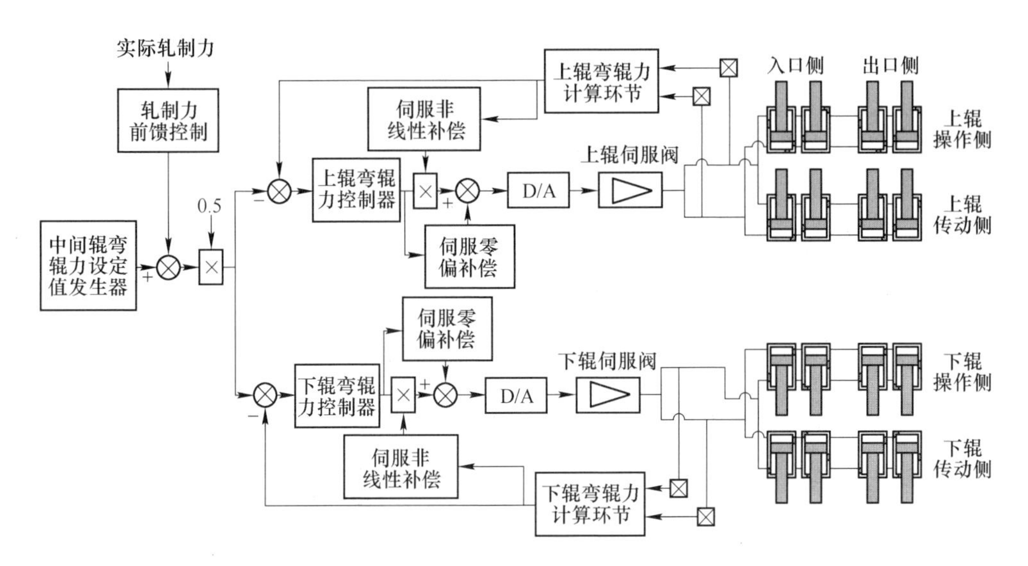

图 4.12 中间辊弯辊控制系统原理

4.2.2.3 轧制力前馈控制

在轧制过程中，当前弯辊力的设定由操作人员根据当前板形状况在预设定值的基础上通过手动修正得出。然而，当轧制力发生变化时，必然会导致当前弯辊力对板形的作用效果发生变化。为了消除轧制力变化对工作辊弯辊力作用效果的影响，即维持稳定的轧辊挠曲度，系统设置了轧制力前馈控制环节。该环节根据轧制力的变化值动态修正当前的弯辊力设定值，以降低轧制力的变化对有效弯辊力的影响。轧制力前馈控制环节对弯辊力设定值的修正量如式（4.27）所示：

$$F_{fwd,bnd}=k_{fwd,bnd}(F_{act,r}-F_{pre,r})\frac{dF_b}{dF_r} \tag{4.27}$$

式中 $F_{fwd,bnd}$——轧制力前馈控制环节输出的弯辊力设定值修正量，kN；

$F_{pre,r}$——轧制力预设定值，kN；

$k_{fwd,bnd}$——轧制力前馈控制因子；

dF_b/dF_r——弯辊力对轧制力的偏微分。

随着轧制轧件宽度的增大，弯辊力对改变轧辊挠曲度的作用越来越明显，轧制力前馈控制因子逐渐减低，如图 4. 13 所示，图中，$l_{w,strip}$ 为当前轧制轧件的实际宽度。

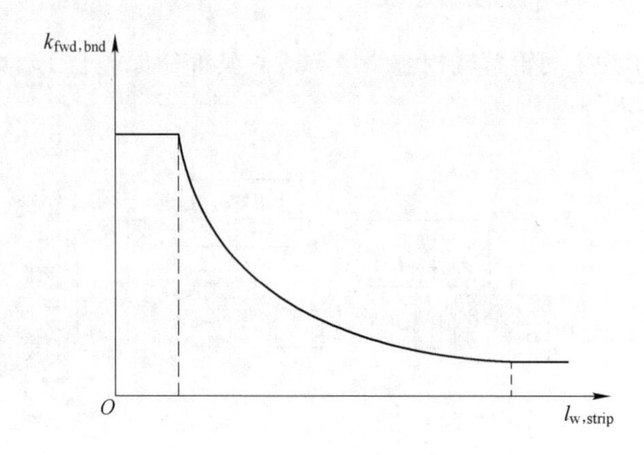

图 4. 13　轧制力前馈控制因子与轧件宽度之间的关系曲线

4. 2. 2. 4　最大弯辊力设定

弯辊系统中最主要的参数之一是最大弯辊力。在设定最大弯辊力时涉及两个参数：辊系对轧制力的横刚度系数和辊系对弯辊力的横刚度系数。所谓辊系对轧制力的横刚度系数是指在一定板宽时板中心和板边部发生单位变形差所需要的轧制力，单位 t/mm；所谓辊系对弯辊力的横刚度系数是指在一定板宽时板中心和板边部发生单位变形差需要的液压弯辊力，单位 t/mm。这两个横刚度系数可以通过较为严密的解析方法或数值方法求得，也有一些近似求法。C. E. 罗克强给出下述两个近似公式：

$$M_P = \frac{6EI_b}{5b^3} \frac{1}{1 + 2.4(L_w - b)/b + D_b^2/2b^2} \alpha_1 \tag{4.28}$$

$$M_F = \frac{4EI_w}{b^2 L_w - b^3/3 + L^3/96 - bL^2/12 - (b - L/2)^4/6L} \alpha_2 \tag{4.29}$$

式中　M_P，M_F——分别为辊系对轧制力和弯辊力的横刚度系数；

b——板宽的一半，mm；

L——轧辊辊身长度，mm；

L_w——弯辊液压缸中心距的一半，mm；

I_b，I_w——分别为工作辊和支承辊的抗弯截面模数；

E——轧辊材料的杨氏模量；

D_b——支承辊直径，mm；

α_1，α_2——考虑辊间压力分布不均的影响系数。

M_P、M_F 既可以通过上面的公式求得，也可以通过实验测定，在得到上述两个参数后，最大弯辊力通过最大轧制力和辊凸度等参数来简单确定：

$$P_{w,max} = M_F\left(\frac{P_{max}}{M_P} - C_w - \delta\right) \tag{4.30}$$

式中 $P_{w,max}$——最大弯辊力，kN；

P_{max}——最大轧制力，kN；

C_w——工作辊凸度，μm；

δ——轧后轧件凸度，μm。

实际生产过程中，$P_{w,max}$一般为最大轧制力的 15% ~20%。在最大弯辊力确定之后，还需要对轴承、轴承座、辊径强度进行校核，以免弯辊力过大损坏设备。同时，还要考虑轴承座的结构，以确保设计的液压缸尺寸等结构合理、安装方便安全。

4.2.2.5 弯辊力预设定

在开始轧制之前，需要对轧机的弯辊力进行预设定，以使轧制开始后实际弯辊力通过操作人员的手动调整能尽快适应板形变化。弯辊力的预设定与许多因素有关，如轧辊辊形、轧件宽度和轧制力等。由于轧辊辊形对弯辊力预设定的影响，随着轧辊凸度的增加，弯辊力设定值减小；轧件宽度对辊缝的影响比较复杂，主要对轧制力分布、辊间压力分布和目标凸度产生影响；在轧件宽度一定的情况下，轧制力对弯辊力之间呈现良好的线性关系。根据综合分析，可以建立用于冷连轧机组的弯辊力设定模型如式（4.31）所示：

$$\begin{aligned} P_w = {} & k_0 + k_1 B + k_2 P + k_3 PB + k_4 P/B + k_5 D_w + k_6 D_I + k_7 D_b + \cdots + \\ & k_8 C_w + k_9 C_g + k_{10}\Delta h \end{aligned} \tag{4.31}$$

式中 P_w——弯辊力预设定值，kN；

B——轧件宽度，mm；

D_w——工作辊直径，mm；

D_I——中间辊直径，mm；

D_b——支承辊直径，mm；

C_g——目标凸度；μm；

Δh——压下量，mm；

$k_0 \sim k_{10}$——系数，由现场实测数据确定。

液压弯辊系统弯辊力预设定值来自二级自动化系统，基础自动化级在接收到弯辊力设定值后转换成正弯辊力设定值和负弯辊力设定值，如图 4.14 所示。其中，正负弯辊力的最小设定值均为 10t。

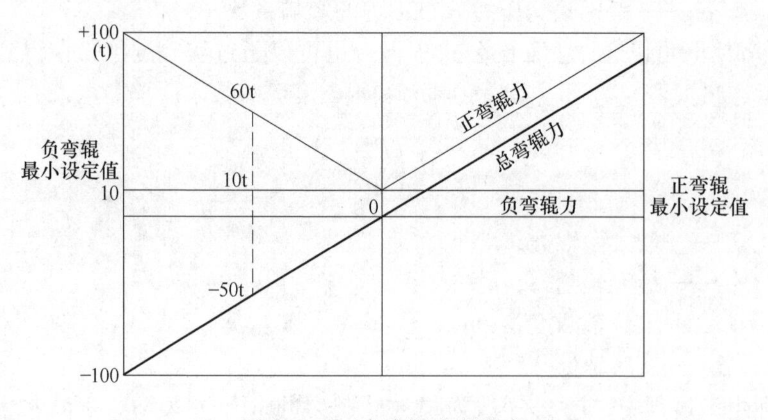

图 4.14　正负弯辊力预设定

4.3　液压窜辊控制

4.3.1　窜辊位置检测

中间辊窜辊位置均由安装于中间辊窜辊液压缸的位置传感器测量得出。

$S_{act,tir}$为上中间辊实际窜辊位置，由上中间辊的入口侧液压缸实际位置和出口侧液压缸实际位置计算得出，如式（4.32）所示；$S_{act,tir,ey}$为上中间辊入口侧液压缸实际位置，由上中间辊入口侧液压缸位置传感器测量得到；$S_{act,tir,ex}$为上中间辊出口侧液压缸实际位置，由上中间辊出口侧液压缸位置传感器测量得到。

$$S_{act,tir} = \frac{S_{act,tir,ey} + S_{act,tir,ex}}{2} \tag{4.32}$$

$S_{act,bir}$为下中间辊实际窜辊位置，由下中间辊的入口侧液压缸实际位置和出口侧液压缸实际位置计算得出，如式（4.33）所示；$S_{act,bir,ey}$为下中间辊入口侧液压缸实际位置，由下中间辊入口侧液压缸位置传感器测量得到；$S_{act,bir,ex}$为下中间辊出口侧液压缸实际位置，由下中间辊出口侧液压缸位置传感器测量得到。

$$S_{act,bir} = \frac{S_{act,bir,ey} + S_{act,bir,ex}}{2} \tag{4.33}$$

4.3.2　窜辊控制策略

4.3.2.1　中间辊窜辊位置设定

从轧件头部进入辊缝直至建立稳定轧制的一段时间内，板形闭环反馈控制功能未能投入使用，为了保证这一段轧件的板形，需要对液压轧辊窜辊系统的窜辊位置进行设定。中间辊的初始位置设定主要考虑来料的宽度和牌号，设定模型如式（4.34）所示：

$$L_{shift} = (L_i - B)/2 - \Delta - \eta \tag{4.34}$$

式中　L_{shift}——中间辊窜辊量，以窜辊液压缸零点标定位置为零点，mm；

L_i——中间辊辊面长度，mm；

Δ——轧件边部距中间辊端部的距离，mm；

η——中间辊倒角的宽度，mm。

除了轧制时中间辊窜辊系统所处的设定位外，当轧机进行辊缝零位标定时，中间辊窜辊系统需要处于零位，以使整个辊系的中心与轧机中心线重合；当轧机进行换辊时，中间辊窜辊系统需要处于换辊位，以使中间辊在操作侧对齐，方便换辊。

4.3.2.2　液压轧辊窜辊控制闭环

液压轧辊窜辊控制闭环中共设置有 4 个独立的控制器，分别为位置控制器、位置差控制器、上中间辊同步控制器和下中间辊同步控制器。液压轧辊窜辊系统的控制原理如图 4.15 所示。

通过位置控制器实现对上下中间辊平均窜辊位置的控制。其控制基准为模型设定系统根据轧件宽度等参数计算的窜辊位置预设定值，并加上板形控制单元实时下发的窜辊位置修正量。

位置差控制器是在位置控制器实现上下中间辊平均位置控制的基础上对上下辊之间的实际窜辊位置差进行控制，以保证上下中间辊的相对于轧辊中心线的窜辊位置相同。其控制基准为零。其输出的控制量叠加在位置控制器的控制量上。

上中间辊同步控制器用于控制上辊入口侧和出口侧的轧辊窜辊液压缸之间的实际位置差，该控制器在轧辊窜辊时使两个轧辊窜辊液压缸在前进和后退的过程中保持同步，其控制基准为零，其输出的控制量叠加在位置控制器和位置差控制器的控制量上。

下中间辊同步控制器的控制原理与上辊同步控制器相同。

以上中间辊入口侧轧辊窜辊液压缸伺服阀为例，轧辊窜辊控制系统最终输出的控制量如式（4.35）所示：

$$\begin{aligned} I_{tir,ey} = k_{nl,tir,ey}\{k_{pos,rss}[S_{ref,rss} - (S_{act,tir} + S_{act,bir})/2] - k_{dif,rss}(S_{act,tir} - S_{act,bir}) - \\ k_{syn,rss}(S_{act,tir,ey} - S_{act,tir,ex})\} + I_{zo,tir,ey} \end{aligned} \tag{4.35}$$

式中　$I_{tir,ey}$——上中间辊入口侧轧辊窜辊液压缸伺服阀开口度设定值，%；

$k_{nl,tir,ey}$——上中间辊入口侧轧辊窜辊液压缸伺服非线性补偿控制量；

$k_{pos,rss}$——位置控制器控制增益；

$S_{ref,rss}$——中间辊窜辊设定值，mm；

$k_{dif,rss}$——位置差控制器控制增益；

$k_{syn,rss}$——上中间辊同步控制器控制增益；

$I_{zo,tir,ey}$——上中间辊入口侧轧辊窜辊液压缸伺服零偏补偿控制量，%。

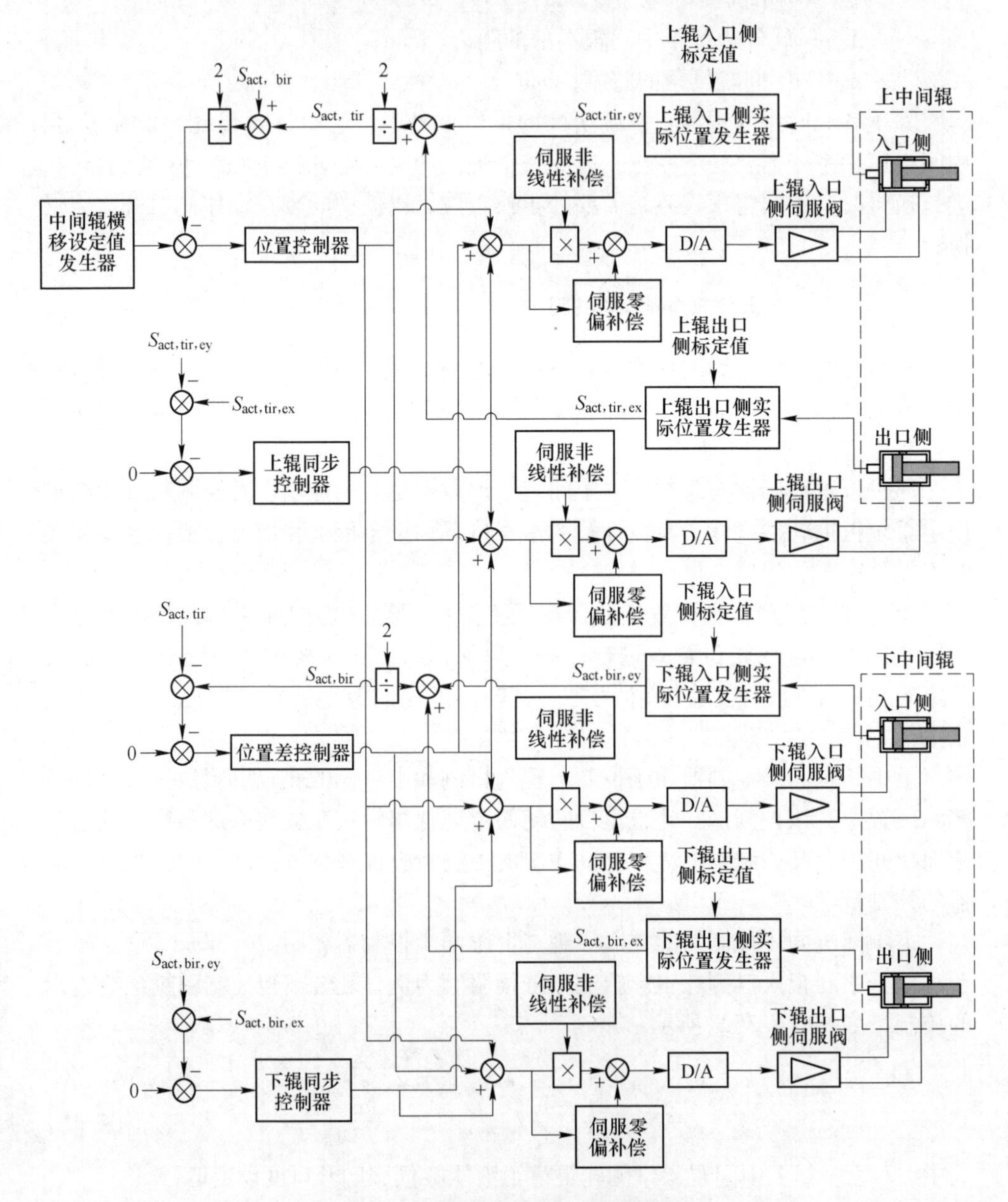

图 4.15 液压轧辊窜辊系统控制原理

4.4 伺服补偿控制

4.4.1 伺服非线性补偿

对于液压伺服执行机构的控制系统，无论控制对象是辊缝、弯辊力还是中间辊窜辊位置，它们的控制都是通过调节伺服阀的控制电流实现的。然而，通过伺服阀口的油流不只取决于伺服阀的控制电流，也受到阀口压力差的影响，因此，液压执行机构的控制系统中都存在一个非线性环节，它造成了伺服阀进油和出油过程中系统的动态性能不一致。所以，为了保证液压执行机构良好的性能，必须对该非线性环节进行补偿。

4.4.1.1 液压伺服系统非线性现象

以某冷连轧机的液压压上系统为例，其液压系统原理图如图 4.16 所示，系统由一个压力为 P_s 的恒压源供油，且系统的回油压力 P_0 相当于零。液压缸的无杆腔与伺服阀的 A 口相连。液压缸的无杆腔压力为 P_{pis}，液压缸的有杆腔压力为 P_{rod}，并采用恒压力控制，即在轧制过程中有杆腔的压力保持恒定。当对伺服阀给定正向控制电流时，阀芯产生正向位移，则窗口 b 面积增大，液压缸无杆腔进油，轧制力增大，辊缝有减小趋势；当对伺服阀给定负向控制电流时，阀芯产生负向位移，窗口 a 面积增大，液压缸无杆腔泄油，轧制力减小，辊缝有增大趋势。

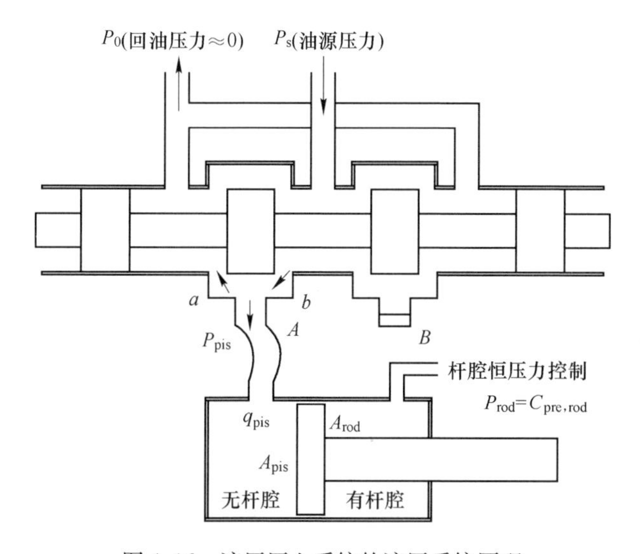

图 4.16 液压压上系统的液压系统原理

基于阀口的流量公式，通过阀口 a 和 b 的油流有以下关系式：

$$q_a = C_{hyd} A_a \sqrt{2P_{pis}/\rho_{hyd}} \tag{4.36}$$

$$q_b = C_{hyd} A_b \sqrt{2(P_s - P_{pis})/\rho_{hyd}} \tag{4.37}$$

式中　C_{hyd}——阀口的流量系数；

A_a——阀口 a 的面积，mm^2；

A_b——阀口 b 的面积，mm^2；

ρ_{hyd}——油液的密度，kg/mm^3。

阀口面积由阀芯位移决定，阀芯位移只取决于给定至伺服阀的控制电流（对应控制闭环输出的开口度设定值），如式（4.38）和式（4.39）所示：

$$A_a = A(I_{neg}) \tag{4.38}$$

$$A_b = A(I_{pos}) \tag{4.39}$$

式中　I_{neg}——控制闭环输出的负向开口度,%；

I_{pos}——控制闭环输出的正向开口度,%。

本节以液压压上系统中轧制力的变化为例，分析其对系统动态性能的影响。在液压弯辊系统中，弯辊力变化的影响原理与之相同。

基于液压缸力平衡方程，单侧液压缸产生的轧制力与该液压缸内油压的关系如式（4.40）所示：

$$F_{hyd} = P_{pis} A_{pis} - P_{rod} A_{rod} \tag{4.40}$$

式中　A_{pis}——无杆腔有效面积，mm^2；

A_{rod}——有杆腔有效面积，mm^2。

由于有杆腔采用恒压力控制，故 $P_{rod}A_{rod}$ 为常数。于是，无杆腔内压力将只受当前实际轧制力的影响，如式（4.41）所示：

$$P_{pis} = P_{pis}(F_{hyd}) \tag{4.41}$$

综合式（4.30），可分别得实际轧制力在有减小趋势时和有增大趋势时阀口的流量，如式（4.42）和式（4.43）所示：

$$q_{dec} = C_{hyd} C_{fq} I_{neg} \sqrt{F_{act,hyd}/\rho_{hyd}} \tag{4.42}$$

$$q_{inc} = C_{hyd} C_{fq} I_{pos} \sqrt{(F_{max,hyd} - F_{act,hyd})/\rho_{hyd}} \tag{4.43}$$

式中　C_{fq}——轧制力与阀口流量的传递因子；

$F_{act,hyd}$——液压缸产生的实际轧制力，kN；

$F_{max,hyd}$——系统工作压力范围内可产生的最大轧制力，kN。

由式（4.42）和式（4.43）可知，阀口的流量不只由控制闭环输出的开口度决定，也受当前实际轧制力的影响。换句话说，减小和增大相同的轧制力（辊缝）需要的流量是不一致的。这就造成了在液压缸上下行时，采用极性相反但大小相同的开口度将造成系统的动态性能不一致。可见，设置伺服非线性补偿环节以提高系统的动态性能是非常必要的。

4.4.1.2 液压伺服非线性补偿方法1

伺服阀的开口度与伺服阀的控制电流成正比，其开口度 I 与伺服阀的流量 q 之间的关系式可简化为：

$$q = KI\sqrt{\Delta P} \tag{4.44}$$

式中 q——伺服阀的流量，m^3/s；

I——伺服阀的开口度，%；

ΔP——阀口的压力差，Pa；

K——伺服阀流量系数。

由式（4.44）可知，伺服阀的流量不只与控制电流有关，也与阀口的压力差有关，即伺服阀的流量具有非线性特性，从而不利整定参数，因此需要引入伺服阀变增益环节以改善系统性能。

伺服阀流量公式有如下形式：

$$q = \frac{I}{I_N} q_N \frac{\sqrt{\Delta P}}{\sqrt{\Delta P_N}} \tag{4.45}$$

式中 q_N——伺服阀标称流量，m^3/s；

ΔP_N——伺服阀标称流量时两侧的额定压差，Pa；

I_N——为伺服阀标称流量时的开口度，%。

在实际控制中，加入变增益系数 $K_P = \frac{1}{\sqrt{\Delta P}}$。这样，当开口度信号乘以此变增益系数后，式（4.45）有如下形式：

$$q = K_P \frac{I}{I_N} q_N \frac{\sqrt{\Delta P}}{\sqrt{\Delta P_N}} = \frac{1}{\sqrt{\Delta P}} \frac{I}{I_N} q_N \frac{\sqrt{\Delta P}}{\sqrt{\Delta P_N}}$$

$$q = \frac{q_N}{I_N\sqrt{\Delta P_N}} I \tag{4.46}$$

于是，伺服阀的流量与控制电流成线性关系，提高了控制精度。其中压差 ΔP 的确定可以分两种情况。

当液压缸无杆腔进油，液压缸上行时，阀口的压差有：

$$\Delta P = P_{sys} - P_{cyl} \tag{4.47}$$

式中 P_{sys}——油源压力，Pa；

P_{cyl}——液压缸无杆腔的油压，Pa，通过油压传感器测量得出。

当液压缸无杆腔出油，液压缸下行时：

$$\Delta P = P_{cyl} - P_{tnk} \tag{4.48}$$

式中 P_{tnk}——回油压力（工程师设定或者是测量值），Pa，大多数情况下回油压力可以认为是0。

另外，对变增益系数 K_P 设置了一个可调整的系数 λ 来由工程师选择采用多大的压降补偿。λ 在 0 ~ 1 之间。如果 λ 设为 0，则代表不进行补偿；如果设为 1，则代表补偿全部应用，如式（4.49）所示。

$$K'_P = (1-\lambda) + \lambda K_P \tag{4.49}$$

4.4.1.3　液压伺服非线性补偿方法 2

液压伺服非线性补偿方法 1 中液压缸活塞杆上行和下行时补偿系统变化较大，导致在上下行切换时伺服阀控制电流会发生较大突变，使液压缸进出油流突变，进而液压缸将发生较大振动。针对此问题，开发了下述的液压伺服非线性补偿方法。

虽然相对于同样大小、相反极性的伺服阀开口度设定值伺服阀进油和出油流量是不一致的，但是存在固有的一个阀芯位置，只要当阀芯在正向和反向分别运动到该位置时，伺服阀进出油流将是一致的。也就是说，在忽略极性的条件下，在某一个特定的伺服阀开口度设定值下，系统的动态性能是不受伺服阀非线性环节影响的。把系统动态性能最佳的伺服阀开口度设定值定义为标称开口度，在该伺服阀开口度设定值下，伺服阀阀口面积如式（4.51）所示。

设：

$$I_{sym} = |I_{inc,sym}| = |I_{dec,sym}| \tag{4.50}$$

有：

$$A_{inc,sym}(I_{sym}) = A_{dec,sym}(I_{sym}) \tag{4.51}$$

式中　I_{sym}——忽略极性后系统动态性能最佳时伺服阀开口度设定值,%；

$I_{inc,sym}$——正向标称伺服阀标称开口度,%；

$I_{dec,sym}$——负向标称伺服阀标称开口度,%；

$A_{inc,sym}$——正向标称开口度设定下伺服阀阀口面积，mm^2；

$A_{dec,sym}$——负向标称开口度设定下伺服阀阀口面积，mm^2。

由于在标称开口度下进出油流量是相同的，可将式（4.51）代入式（4.42）和式（4.43），得到式（4.52）：

$$C_{hyd}C_{fq}I_{sym}\sqrt{F_{sym,hyd}/\rho_{hyd}} = C_{hyd}C_{fq}I_{sym}\sqrt{(F_{max,hyd} - F_{sym,hyd})/\rho_{hyd}} \tag{4.52}$$

由式（4.52）可以推导出在标称开口度下获得一致的进出油流量时的标称轧制力为：

$$F_{sym,hyd} = \frac{F_{max,hyd}}{2} \tag{4.53}$$

在液压压上系统的伺服非线性补偿控制中，采用清除辊身重量以及实际弯辊力后的净轧制力作为反馈。这样既避免了辊身重量、弯辊力等外部因素对伺服非线性反馈真实性的影响，同时也保证了控制的快速响应。于是，系统设置了补偿反馈因子，如式（4.54）所示：

$$x_{nl}=\frac{F_{act,r}}{F_{sym,hyd}} \tag{4.54}$$

式中 x_{nl}——伺服非线性补偿反馈因子；

$F_{act,r}$——去掉辊身重量以及实际弯辊力的轧制力，kN。

为了避免在接近于零的低轧制力段和接近于最大轧制力的高轧制力段时补偿的不稳定性，系统需要对补偿区间进行限制。于是，系统设置了可调的补偿阈值 $x_{per,nl}$，该系数设置为 $0<x_{per,nl}<1$，其上下限分别对应于总轧制力百分比 100% ~0。

基于以上分析，伺服非线性补偿控制量的曲线如图 4.17 所示。其中，$k_{dec,nl}$ 是轧制力减小时伺服非线性补偿的控制量；$k_{inc,nl}$ 是轧制力增大时伺服非线性补偿的控制量。在低轧制力和高轧制力的不稳定补偿段，补偿控制量设置为常数。在有效补偿区间内，当实际轧制力接近标称轧制力时，补偿控制量随着系统动态性能受影响程度的减小而趋近与 1（补偿效果最小），当实际轧制力逐渐远离标称轧制力时，补偿控制量随着系统动态性能受影响程度的增大而增大。基于图 4.17，伺服非线性补偿控制量见表 4.1。

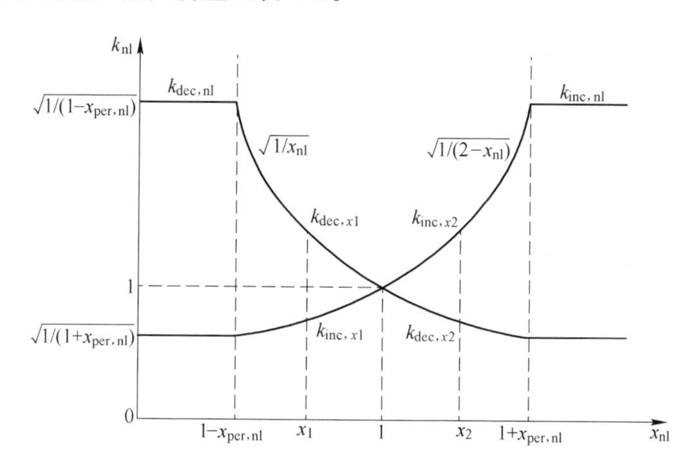

图 4.17 伺服非线性补偿曲线

表 4.1 伺服非线性补偿控制量

补偿控制区间	$x_{nl}<1-x_{per,nl}$	$1-x_{per,nl}<x_{nl}<1+x_{per,nl}$	$x_{nl}>1+x_{per,nl}$
轧制力减小时伺服非线性补偿控制量	$k_{dec,nl}=\sqrt{1/(1-x_{per,nl})}$	$k_{dec,nl}=\sqrt{1/x_{nl}}$	$k_{dec,nl}=\sqrt{1/(1+x_{per,nl})}$
轧制力增大时伺服非线性补偿控制量	$k_{inc,nl}=\sqrt{1/(1+x_{per,nl})}$	$k_{inc,nl}=\sqrt{1/(2-x_{nl})}$	$k_{inc,nl}=\sqrt{1/(1-x_{per,nl})}$

该补偿控制量与控制器输出的控制量相乘作为最终的伺服阀开口度设定值用以提供系统的动态性能。

经过伺服非线性补偿控制后，在轧制力减小时，系统输出的伺服阀开口度设定值如式（4.55）所示：

$$I_{dec,c} = k_{dec,nl} I_{dec,l} \tag{4.55}$$

式中　$I_{dec,c}$——经过伺服非线性补偿控制后伺服阀负向开口度设定值,%；

$I_{dec,l}$——控制器输出的负控制量,%。

在轧制力增大时，系统输出的伺服阀开口度设定值如式（4.56）所示：

$$I_{inc,c} = k_{inc,nl} I_{inc,l} \tag{4.56}$$

式中　$I_{inc,c}$——经过伺服非线性补偿控制后伺服阀正向开口度设定值,%；

$I_{inc,l}$——控制器输出的正控制量,%。

经过伺服非线性补偿控制后，伺服阀阀口流量方程有以下形式：

$$\begin{aligned} q_{dec,c} &= C_{hyd} C_{fq} k_{dec,nl} I_{dec,l} \sqrt{F_{act,hyd}/\rho_{hyd}} \\ &= C_{hyd} C_{fq} I_{dec,l} \sqrt{F_{sym,hyd}/\rho_{hyd}} \end{aligned} \tag{4.57}$$

$$\begin{aligned} q_{inc,c} &= C_{hyd} C_{fq} k_{inc,nl} I_{inc,l} \sqrt{(F_{max,hyd} - F_{act,hyd})/\rho_{hyd}} \\ &= C_{hyd} C_{fq} I_{inc,l} \sqrt{F_{sym,hyd}/\rho_{hyd}} \end{aligned} \tag{4.58}$$

显然，经过伺服非线性补偿，在增大和减小轧制力时通过阀口的流量将只受伺服阀开口度设定值的影响。于是，系统的动态性能将不受实际轧制力变化的影响。

当伺服阀开口度设定值在变化过程中交换极性时，由于 $k_{dec,nl}$ 和 $k_{inc,nl}$ 之间将发生跳变（如图 4.18 中 x_1 和 x_2 所示），造成最终给定至伺服阀的开口度设定值发生较大跳动，继而影响系统稳定性，于是，系统设置了伺服非线性补偿平滑曲线，如图 4.18 所示。

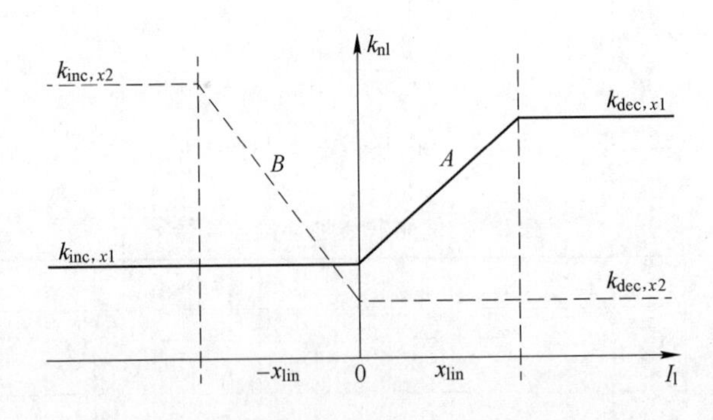

图 4.18　伺服非线性补偿控制平滑曲线

该环节设置有可调的平滑区域阈值 x_{lin}，用于设定进行平滑补偿的范围。在低轧制力段（实际轧制力小于标称轧制力）的平滑补偿曲线如图 4.18 中曲线 A

所示；在高轧制力段（实际轧制力大于标称轧制力）的平滑补偿曲线如图 4.18 中曲线 B 所示。经过平滑补偿后的伺服非线性补偿控制量见表 4.2。

表 4.2 经过平滑后的伺服非线性补偿控制量

平滑补偿区间	$I_1<0$	$0<I_1<x_{lin}$	$I_1>x_{lin}$
$F_{act,r}<F_{sym,hyd}$	$k_{nl}=k_{inc,x1}$	$k_{nl}=\frac{k_{dec,x1}-k_{inc,x1}}{x_{lin}}\times I_1+k_{inc,x1}$	$k_{nl}=k_{dec,x1}$
平滑补偿区间	$I_1<-x_{lin}$	$-x_{lin}<I_1<0$	$I_1>0$
$F_{act,r}>F_{sym,hyd}$	$k_{nl}=k_{inc,x2}$	$k_{nl}=\frac{k_{inc,x2}-k_{dec,x2}}{x_{lin}}\times I_1+k_{dec,x2}$	$k_{nl}=k_{dec,x2}$

4.4.2 伺服零偏补偿

由于伺服阀固有的零位偏差，使得系统给定零开口度设定值时，通过伺服阀阀口的流量并不为零。这种现象的存在将严重影响液压执行机构控制系统的控制精度，轻则造成系统存在较大的稳态误差，重则造成系统振荡。所以，设置了伺服零偏补偿控制以消除该现象对系统性能的影响。

当实际值与设定值之间偏差小于一定阈值且不发生振荡后，这时稳态误差可认为是由伺服阀的零偏引起的。对当前的控制器输出的控制信号进行积分，即得到伺服零偏补偿控制量，如式（4.59）所示：

$$I_{zo}=\frac{1}{k_{zo}}\int I_{ctr}\mathrm{d}t \tag{4.59}$$

式中 I_{zo}——伺服零偏补偿控制量，%；

k_{zo}——伺服零偏补偿积分时间系数；

I_{ctr}——控制器输出的控制量。

4.4.3 伺服震颤补偿

为了改善伺服阀静、动态性能，有时在伺服阀的输入端加以高频小幅值的颤振信号，使伺服阀在其零位上产生微弱的高频振荡。由于颤振的频率很高而幅值很小，故一般不会传递到负载上影响系统的稳定性，但对改善伺服阀的动态性能和可靠性却有显著效果。由于加颤振信号后，阀芯处于不停地振荡中，显著降低了摩擦力的影响，因此，加颤振信号可以减小伺服阀的迟滞，提高其分辨率。伺服阀所加的颤振信号的频率应超过伺服阀的频宽，同时应避开伺服阀、执行机构以及负载的共振频率，一般为控制信号频率的 2～4 倍，以避免扰乱控制信号的作用。颤振信号的波形可以是正弦波、三角波或方波，通常采用正弦波。颤振信号的幅值应大于伺服阀的死区值，使主阀芯的振幅约为其最大行程的 0.5%～1%。

4.4.4　油压缩补偿

在液压系统中，液压油体积弹性模量是一个非常重要的物理参数，在液压系统的动态研究中，它直接影响液压元件和液压系统的固有频率和阻尼比，从而影响整个液压压下系统的稳定性和动态品质。一般认为，随着液压油体积的增大，液压油的可压缩性增大，最终造成液压油的刚度减小。对于该液压系统，即可以认为随着油柱高度的增大液压油的刚度减小。如图 4.19 所示，为了补偿液压油压缩对系统造成的影响，对其进行油压缩补偿控制，油压缩补偿控制系数 k_{oil} 如式（4.60）所示：

$$k_{oil} = 1.0 + (h_{oil} - h_{oil,0})\tan\alpha_{oil} \tag{4.60}$$

式中　h_{oil}——实际油柱高度，mm；

$h_{oil,0}$——标称油柱高度，mm；

α_{oil}——油压缩补偿调试因子。

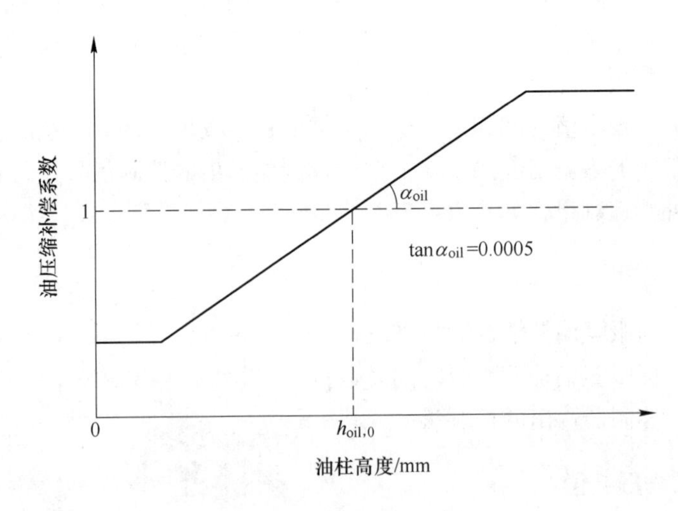

图 4.19　油压缩补偿曲线

4.5　机架管理

机架管理系统通过对本机架液压伺服执行机构的发送设定命令，完成辊缝零位标定及轧机刚度测试等顺控功能。

辊缝零位标定的目的是确定轧机的辊缝零点位置，为辊缝预设定提供零位基准。该功能为自动完成的顺控过程，分为无带辊缝零位标定和有带缝零位标定两种方式。当机架辊缝内无带材时可进行无带辊缝零位标定。在此过程中需要轧机主传动系统进行协助。无带辊缝零位标定是严格的顺序执行的过程，具体标定过程如图4.20所示。操作人员可在人机界面或操作台启动无带辊缝零位标定。两侧液压缸在落底的基础上逐渐压上，在完成两侧轧制力调平，清除辊身重量等操作以后，启动传动系统并压上至标定轧制力值。在标定轧制力的基础上，采用单侧轧制力控制方式再次调平两侧轧制力，记录下实际辊缝零点并清零辊缝计数

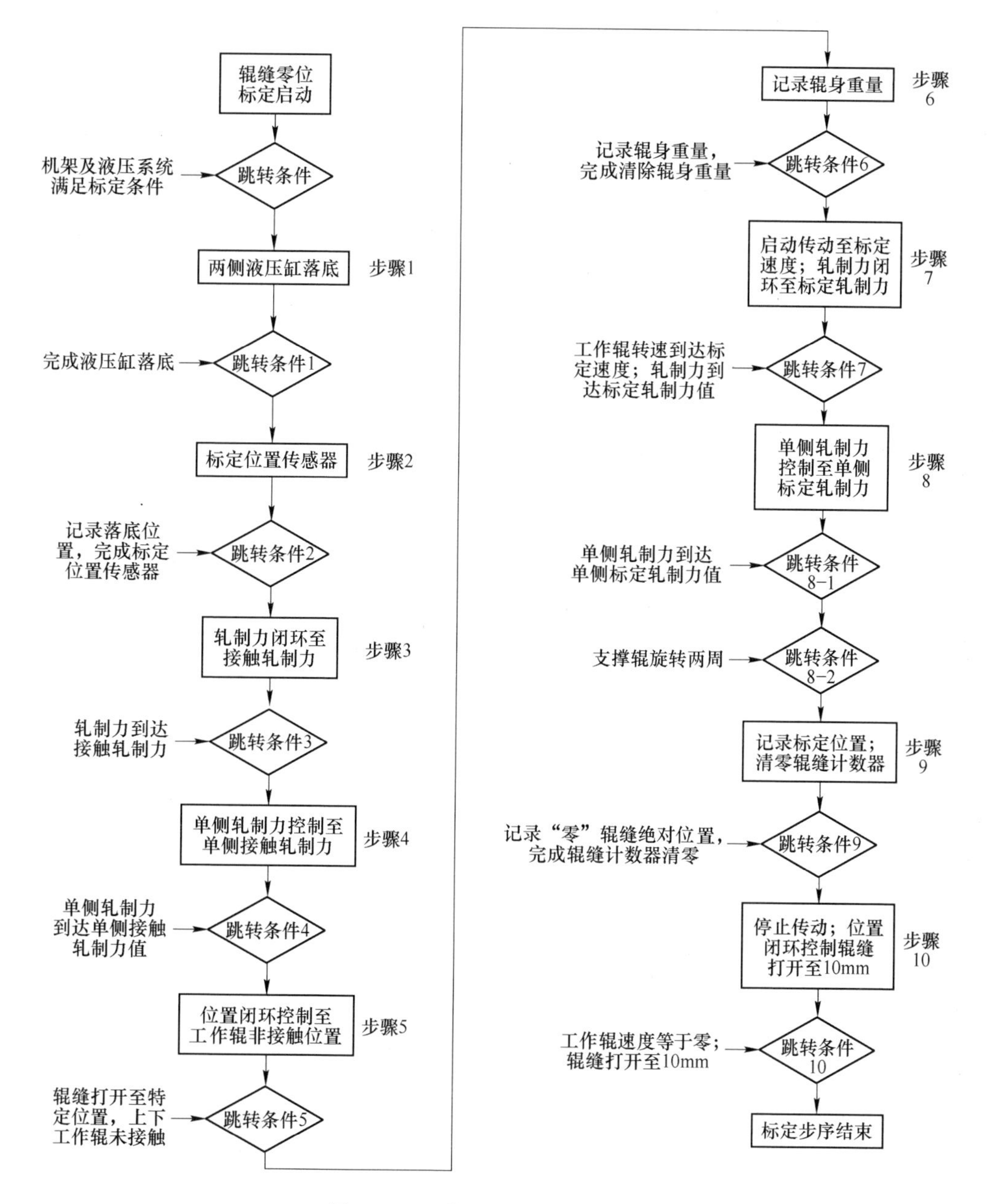

图4.20 无带辊缝零位标定步序

器。这样 HGC 系统就可以准确知道辊缝为“零”时所处的位置，继而在轧制过程给出精确的辊缝值。完成以上动作以后，停止主传动，并将辊缝打开至待轧位置，无带辊缝零位标定过程结束。

每次换辊或是长时间停车以后，考虑到辊径的变化以及轧机机械性能的变化，需对辊缝零位重新标定，以保证 HGC 系统的控制精度。

采用图 4.20 所示的步序标定辊缝零位需在机架内无轧件的情况下进行。在带材连续轧制生产过程中，每次换辊后如采用此方法进行标定，则下块带材开始轧制之前需再进行穿带，这样不利于提高生产效率。于是，开发了机架内有轧件情况下对辊缝零位进行快速标定的方法。图 4.21 所示为有带辊缝零位标定步序图，操作人员可在人机界面或操作台启动有带辊缝零位标定，在液压系统满足标定要求及机架主传动停止的条件下，两侧液压缸落底。HGC 系统根据操作人员在 HMI 输入的新辊系直径、轧制中心线位置等数据，重新设置辊缝计数器以确定换辊后新的辊缝零点的位置。完成以上操作后，HGC 系统切换为位置闭环控制方式，将轧辊驱动至待轧位置。

轧机刚度是轧制模型计算时依据的重要参数。在轧机新建、轧机改造甚至轧机长时间停机后，都需对轧机刚度进行测量。轧机刚度测试为严格的自动顺控过程。操作人员可在人机界面或是操作台发出启动命令自动完成机架刚度测试功能，在此过程中需要传动系统进行协助。机架刚度测试步序如图 4.22 所示。

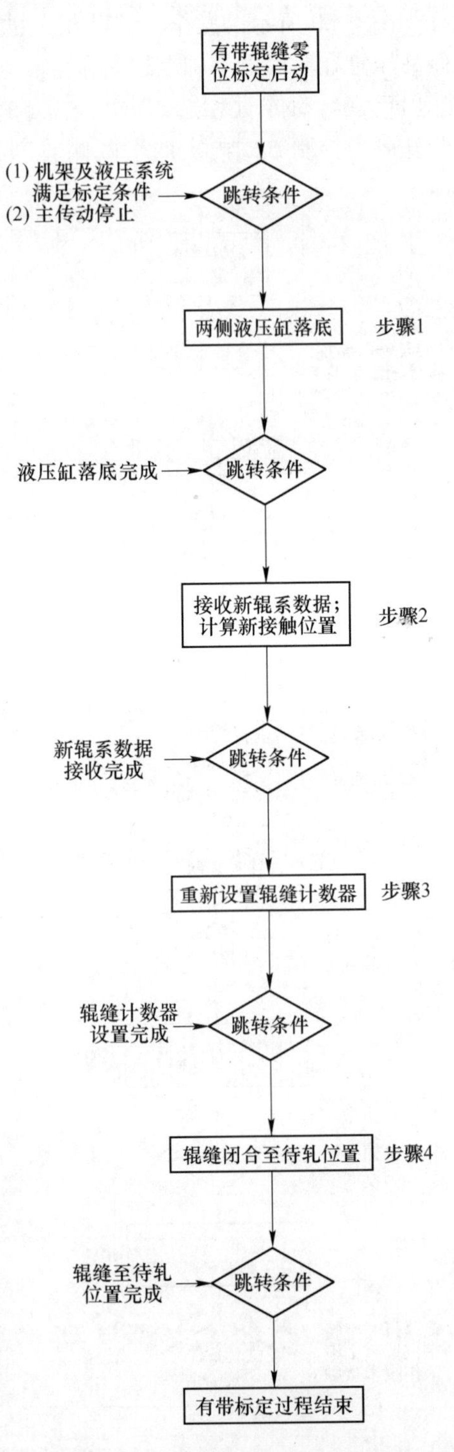

图 4.21　有带辊缝零位标定步序

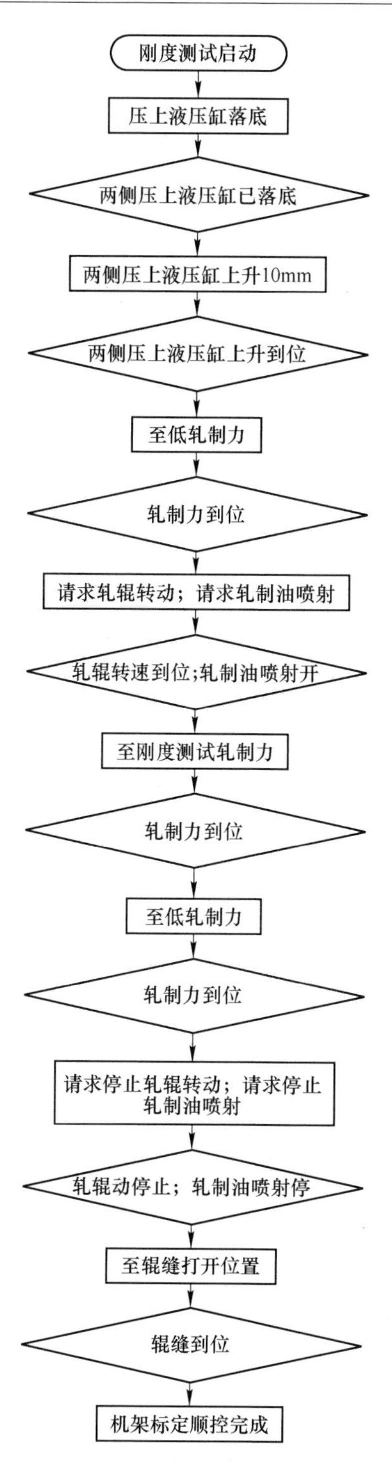

图 4.22 轧机刚度测试顺控步序

5 铝合金冷轧厚度控制

铝箔原始坯料主要有热轧坯料和铸轧坯料，国内大量使用 6 ~ 8mm 厚的铸轧带坯经冷轧轧制为 0.35 ~ 0.7mm 铝箔坯料带卷。受箔轧厚度控制系统调节能力的限制，铝箔坯料的厚度精度对铝箔厚度控制精度将产生重要影响，良好的铝箔坯料厚度精度是获得更高铝箔厚度精度的先决条件。

5.1 冷轧厚度控制系统概述

某铝加工企业 1900mm 铝带冷轧机组的轧机前后均配置有 X 射线测厚仪，前后偏导辊均安装有脉冲编码器，轧机本体有轧制力测量仪，轧机前后张力采用间接恒张力控制方式。根据其现场仪表配置和厚度控制精度要求，设计的厚度控制系统主要包含以下功能：

（1）辊缝前馈 FF-AGC；

（2）辊缝监控 MON-AGC；

（3）厚度计 GM-AGC；

（4）张力解耦控制 NIC；

（5）轧机刚度的实时计算；

（6）轧件塑性系数的实时计算；

（7）轧制效率补偿 EFC；

（8）轧辊偏心补偿 REC。

由于铝箔坯料厚度较大，轧机一般都工作在位置模式下，故各种 AGC 系统的输出调节量均为辊缝。为了防止厚度控制系统输出的辊缝调节量对冷轧过程中开卷张力的影响，特殊设计了张力解耦控制环节，并包含在每一个厚度控制环内。对于厚度控制环节内部涉及的信号滤波、控制限幅和调节量极性校正等环节本章不做赘述。

某 1900mm 铝带冷轧机组厚度控制总体框图如图 5.1 所示。

5.2 前馈 AGC 控制

前馈 AGC 根据入口测厚仪 Xen 测得的厚度偏差，求出消除此厚度偏差应施加的辊缝调节量。其目的是为了消除因来料厚差对出口厚度的影响。

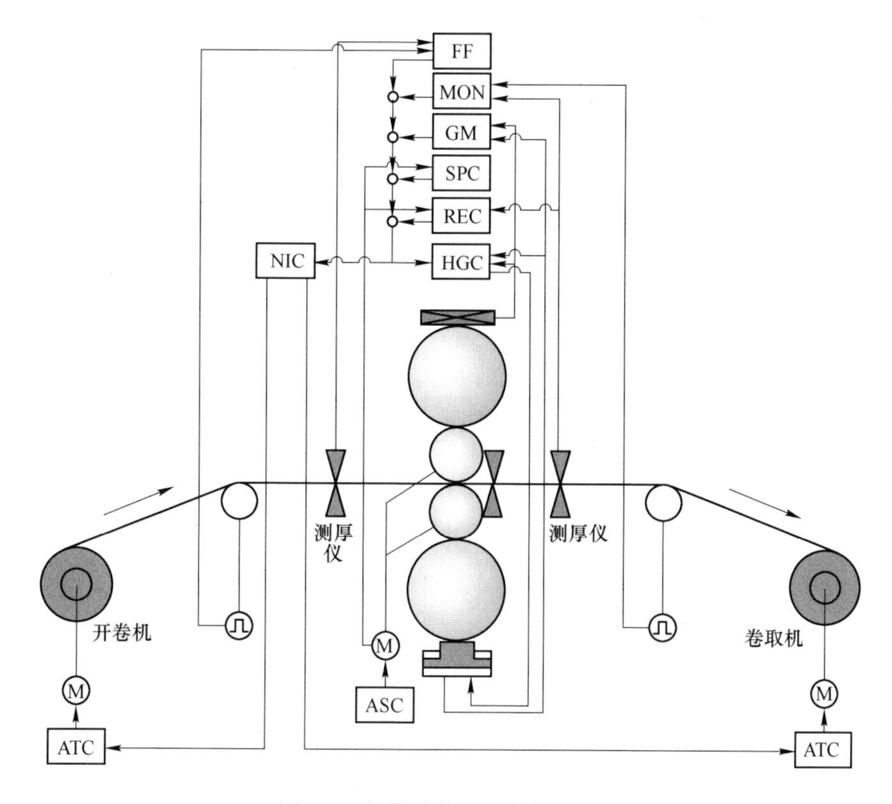

图 5.1 铝带冷轧机厚度控制框图

前馈 AGC 的控制框图如图 5.2 所示。

5.2.1 轧机入口厚度基准

5.2.1.1 前馈 AGC 控制模式选择逻辑

由于很多来料厚度波动较大，如果采用传统的方法，以设定来料厚度作为前馈 AGC 厚度基准，就会产生波动较大的前馈辊缝调节量，在实际应用中对厚度控制系统产生不利影响。因而当监控 AGC 选择投入且前馈 AGC 也选择投入时，前馈控制模式为“相对”模式。当监控 AGC 未选择投入而前馈 AGC 选择投入时，前馈控制模式为“绝对”模式。

5.2.1.2 前馈 AGC 入口铝带厚度基准

当监控 AGC 未选择投入时，前馈 AGC 的厚度基准为入口设定厚度。在监控 AGC 选择投入时，对来料厚度采样平均再经修正后作为前馈 AGC 的厚度基准。这样只利用前馈 AGC 消除尖峰性的厚度波动，而趋势性的厚度变化由后面将要

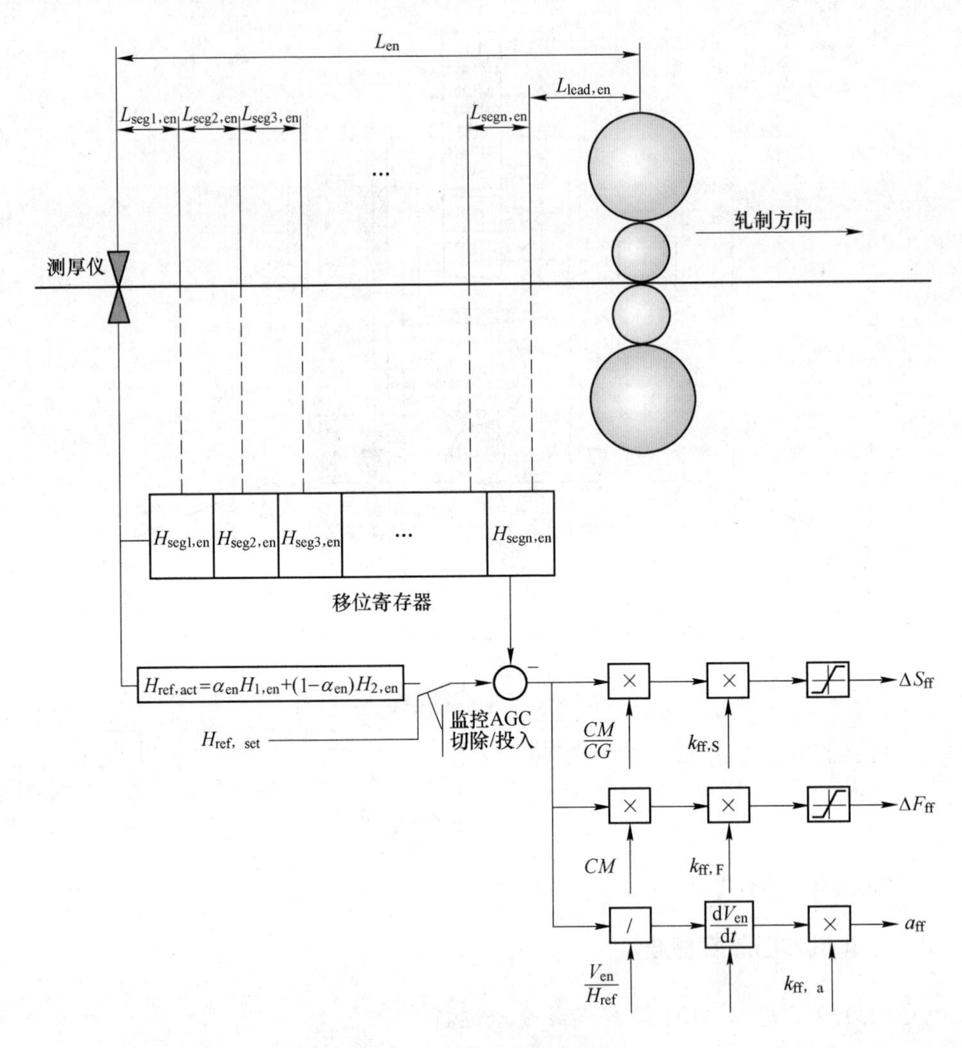

图 5.2　前馈 AGC 控制框图

描述的监控 AGC 来消除。入口铝带厚度基准为：

$$H_{ref} = \begin{cases} H_{ref,set} \rightarrow \text{绝对模式} \\ \alpha_{en}H_{1,en} + (1-\alpha_{en})H_{2,en} \rightarrow \text{相对模式} \end{cases} \tag{5.1}$$

式中　H_{ref}——前馈 AGC 使用的入口铝带厚度基准；

$H_{ref,set}$——入口铝带设定厚度；

$H_{1,en}$——当前段入口测厚仪实测的铝带厚度平均值；

$H_{2,en}$——前一段入口测厚仪实测的铝带厚度平均值；

α_{en}——入口铝带厚度基准修正系数。

5.2.2 前馈 AGC 控制器

（1）移位寄存器。为了使测量的铝带段与控制的铝带段相匹配，设置了一组移位寄存器，跟踪所检测铝带段的厚度偏差到轧机辊缝处然后实施控制。考虑到液压系统的响应时间和入口测厚仪的响应时间，检测铝带段向轧机方向移动距离 $L_{ff,c}$后，从移位寄存器中取出作为控制铝带段。移位寄存的速度与入口铝带实际线速度 V_{en}有关。

$$L_{ff,c} = L_{en} - L_{lead,en} = L_{en} - (t_{HGC} + 0.5t_{Xen})V_{en} \tag{5.2}$$

式中 L_{en}——入口测厚仪到轧机辊缝的距离；

$L_{lead,en}$——考虑液压系统和入口测厚仪的响应时间，需要提前进行控制输出的距离；

t_{HGC}——轧机 HGC 系统响应时间；

t_{Xen}——入口测厚仪的响应时间；

V_{en}——第 1 机架入口实际线速度。

（2）计算控制输出铝带段实测厚度偏差：

$$\Delta H_{en,c} = H_{ref} - H_{segn,en} \tag{5.3}$$

式中 $\Delta H_{en,c}$——用于当前控制输出铝带段的实测入口厚度偏差；

$H_{segn,en}$——用于当前控制输出铝带段的实测入口厚度，也就是向轧机方向移动距离 $L_{ff,c}$的铝带段实测入口厚度；

（3）计算前馈 AGC 输出的附加辊缝或轧制力调节量：

$$\Delta S_{ff} = k_{ff,S}\Delta H_{en,c}\frac{CM}{CG} \tag{5.4}$$

$$\Delta F_{ff} = k_{ff,F}\Delta H_{en,c}CM \tag{5.5}$$

式中 ΔS_{ff}——前馈 AGC 输出的辊缝附加量；

$k_{ff,S}$——前馈 AGC 的输出辊缝调节因子；

ΔF_{ff}——前馈 AGC 输出的轧制力附加量；

$k_{ff,F}$——前馈 AGC 的输出轧制力调节因子；

CG——轧机刚度系数；

CM——轧件塑性系数。

（4）计算前馈 AGC 对轧机入口动态转矩的补偿量。当前馈 AGC 进行辊缝调节时，必然造成轧机入口速度随着辊缝减小（增大）而增大（减小），为了保持恒定的开卷张力，必须对入口动态转矩进行补偿。

$$a_{ff} = k_{ff,a}\frac{\partial}{\partial t}\left(V_{en}\frac{\Delta H_{segn,en}}{H_{ref}}\right) \tag{5.6}$$

式中 a_{ff}——前馈 AGC 对动态转矩补偿的加速度附加量；

$k_{ff,a}$——前馈 AGC 对动态转矩补偿的调节因子。

5.2.3　前馈 AGC 控制效果

图 5.3 所示为采用第 1 机架前馈 AGC 消除来料厚度偏差的典型效果。入口厚度在 40s 出现了大幅波动，最大厚度偏差达到了 5%，此时前馈 AGC 针对该厚度波动给出了相应的辊缝调节量，使出口厚度偏差维持在了 ±1% 以内，取得了良好的控制效果。

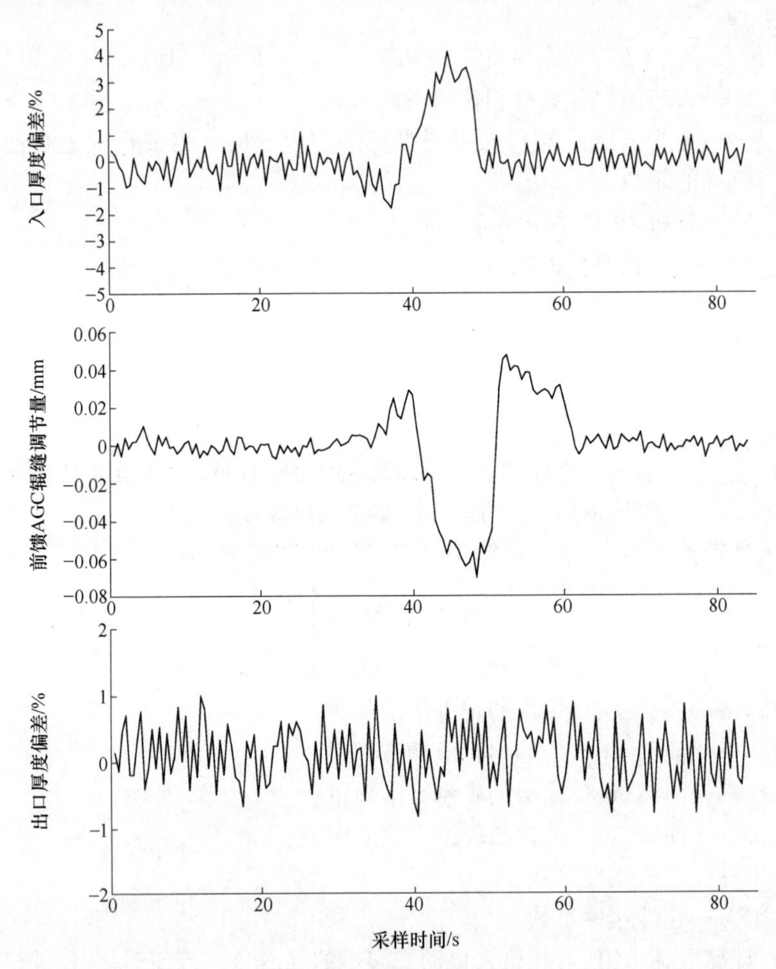

图 5.3　前馈 AGC 典型控制效果

5.3　监控 AGC 控制

监控 AGC 基于轧机出口测厚仪检测的厚度偏差对轧制出口厚度进行实时监控，计算出出口厚度偏差和消除此厚度偏差应施加的辊缝调节量。其目的是为了减小出口厚度偏差，获得良好的产品厚度精度。监控 AGC 的控制系统原理如图 5.4 所示。

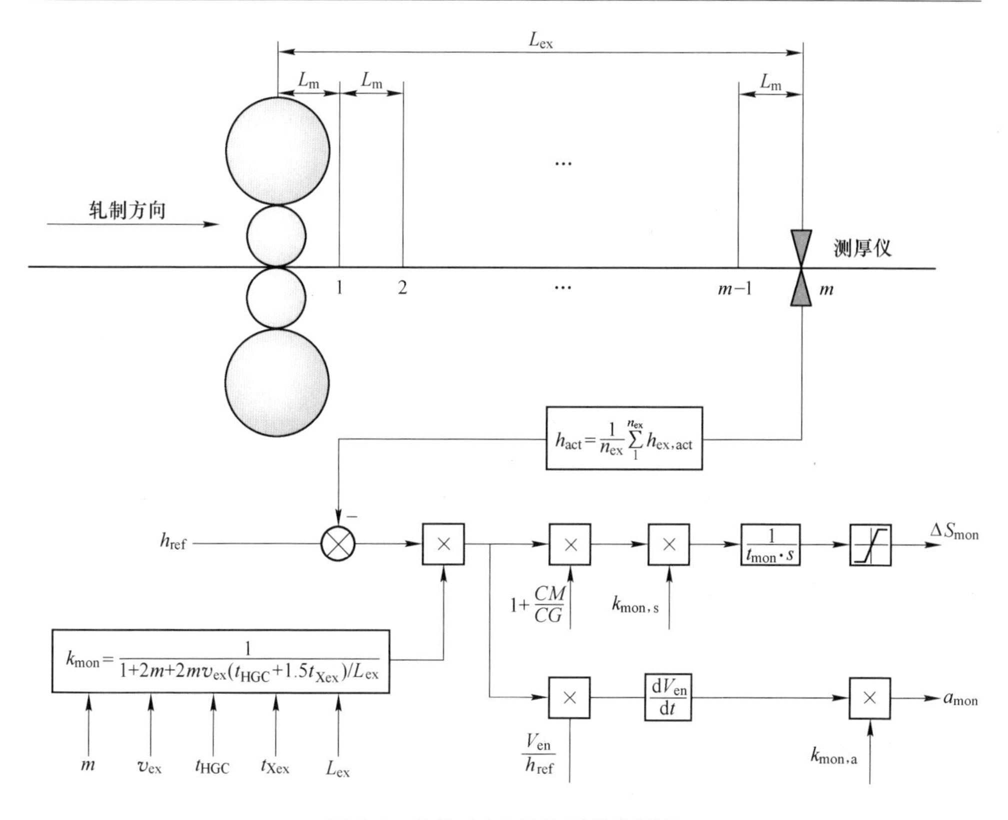

图 5.4　监控 AGC 的控制系统原理

5.3.1　常规 Smith 预估监控 AGC 控制

（1）计算轧机出口厚度偏差：

$$h_{act} = \frac{1}{n_{ex}}\sum_{1}^{n_{ex}} h_{ex,act} \tag{5.7}$$

$$\Delta h_{ex,c} = h_{ref} - h_{act} \tag{5.8}$$

式中　h_{act}——监控 *AGC* 使用的出口实际厚度；

$h_{ex,act}$——轧机出口测厚仪测得的实际厚度；

n_{ex}——取平均值的轧机出口厚度采样点个数；

h_{ref}——轧机出口设定厚度；

$\Delta h_{ex,c}$——用于监控 AGC 控制输出的出口厚度偏差。

（2）监控 AGC 的增益计算。将出口测厚仪到辊缝之间的距离 L_{ex} 分为长度为 L_m 的 m 段，对每一段的厚度偏差做一次控制输出。

$$k_{mon} = \frac{1}{1 + 2m + 2mv_{ex}(t_{HGC} + 1.5t_{Xex})/L_{ex}} \tag{5.9}$$

式中　k_{mon}——监控 AGC 厚度控制增益；

v_{ex}——轧机出口铝带的线速度；

t_{HGC}——轧机 HGC 系统响应时间；

t_{Xex}——出口测厚仪的响应时间。

（3）监控 AGC 的 Smith 预估器。监控 AGC 的 Smith 预估模型传递函数为 $G_{Smith}(s)$，以 $G_{Smith}(s)$ 传递函数模拟液压压下和测厚仪等环节的动态模型。

$$G_{Smith}(s) = \frac{a_{1,s} + a_{2,s}s}{b_{1,s} + b_{2,s}s} \tag{5.10}$$

式中　s——拉普拉斯算子；

$a_{1,s}, a_{2,s}, b_{1,s}, b_{2,s}$——监控 AGC 的 Smith 预估器调试参数。

Smith 预估器各可调参数的初值来自离线的最优降阶模型，并根据现场调试情况最终确定，可调参数与压下－厚度有效系数、液压压下环节及测厚仪环节的响应时间等相关。

（4）监控 AGC 的控制器。监控 AGC 一般采用纯积分控制器，由于监控 AGC 系统是一个纯滞后系统，如果积分时间选择不合适将导致系统的稳定性降低，过渡过程特性变坏，甚至会引起系统振荡。

一般可以认为积分时间 t_{mon} 是轧制速度 v 的函数，积分时间随着轧制速度的增大而减小：

$$t_{mon} = \begin{cases} a_{v1} - b_{v1}v, & v \leqslant c_{v1} \\ a_{v2}/v + b_{v2}, & c_{v1} < v \leqslant c_{v2} \\ a_{v3} - b_{v3}v, & v > c_{v2} \end{cases} \tag{5.11}$$

式中，a_{v1}、a_{v2}、a_{v3}、b_{v1}、b_{v2}、b_{v3}、c_{v1}、c_{v2} 为监控 AGC 积分时间的调试参数，取正值。

各可调参数的初值通过离线仿真获取，现场调试时根据实际情况进行相应的参数修正。

（5）计算监控 AGC 输出的附加辊缝或轧制力调节量：

$$\Delta S_{mon} = \frac{1}{t_{mon}} k_{mon} k_{mon,S} \frac{CG + CM}{CG} \int \Delta h_{ex,c} \tag{5.12}$$

$$\Delta F_{mon} = \frac{1}{t_{mon}} k_{mon} k_{mon,F} CM \int \Delta h_{ex,c} \tag{5.13}$$

式中　ΔS_{mon}——监控 AGC 输出的辊缝附加量；

$k_{mon,S}$——监控 AGC 的输出辊缝调节因子；

ΔF_{mon}——监控 AGC 输出的轧制力附加量；

$k_{mon,F}$——监控 AGC 的输出轧制力调节因子。

（6）计算监控 AGC 对轧机入口动态转矩的补偿量。当监控 AGC 进行辊缝调节时，必然造成轧机入口速度随着辊缝减小（增大）而增大（减小），为了保持恒定的开卷张力，必须对入口动态转矩进行补偿。

$$a_{\text{mon}} = k_{\text{mon,a}} \frac{\partial}{\partial t}\left(V_{\text{en}} \frac{\Delta h_{\text{ex,c}}}{h_{\text{ref}}} \right) \tag{5.14}$$

式中 a_{mon}——监控 AGC 对动态转矩补偿的加速度附加量；

$k_{\text{mon,a}}$——监控 AGC 对动态转矩补偿的调节因子。

5.3.2 监控 AGC 控制效果

图 5.5 所示为监控 AGC 的典型控制效果。入口厚度整体存在较大的趋势性

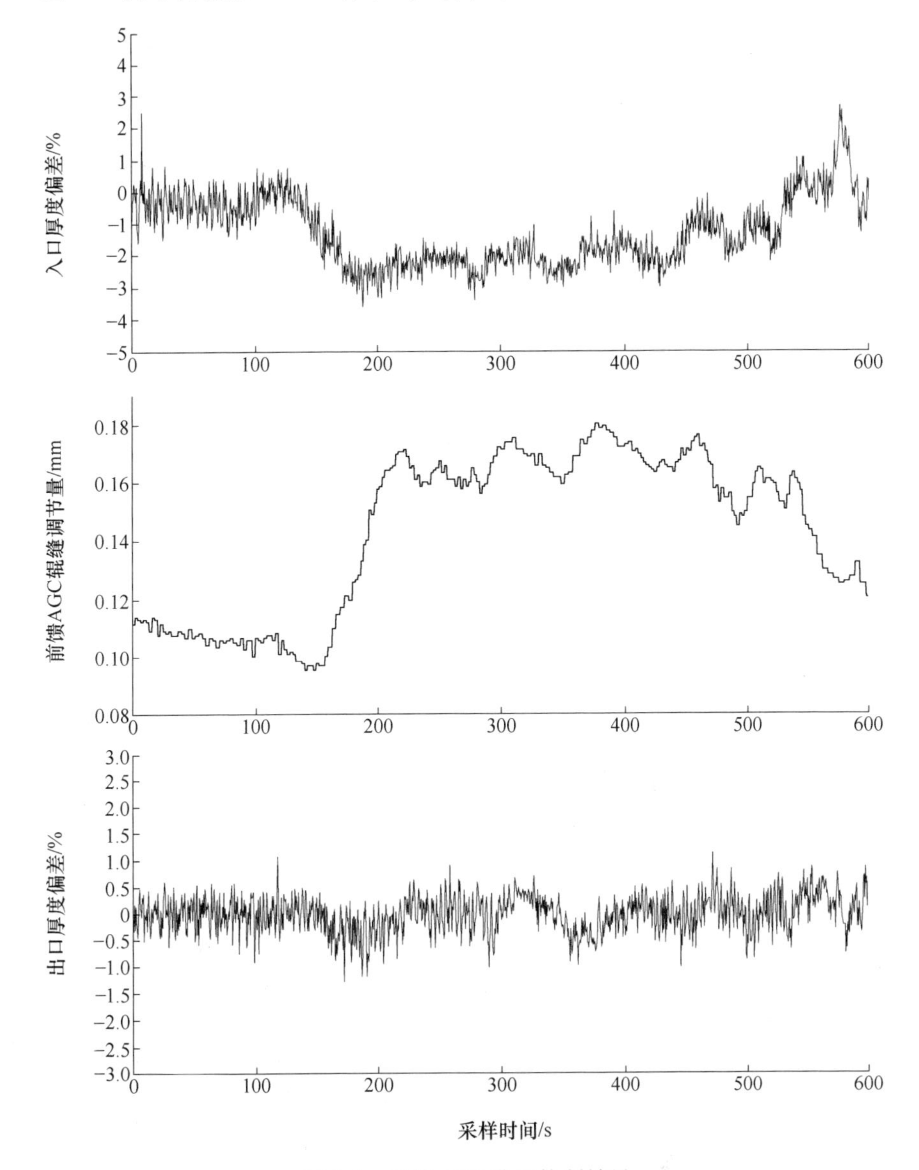

图 5.5 监控 AGC 典型控制效果

厚度波动，整个过程中的波动超过了 ±3%，监控 AGC 给出了与厚度波动相同趋势的厚度调节量，基本消除了入口厚度的趋势性偏差，使出口厚度偏差维持在 ±1%，取得了良好的控制效果。

5.4　厚度计 AGC 控制

5.4.1　厚度计 AGC 控制原理

厚度计 AGC 是压力 AGC 的一种，厚度计 AGC 以轧机作为“测厚仪”，根据轧机弹跳方程计算出口厚度。厚度计 AGC 利用辊缝和轧制力增量信号，依据轧机弹跳方程估计出口厚度偏差，然后综合考虑轧机压下效率，最终对辊缝进行相应调节以消除出口厚度偏差。

厚度计 AGC 的控制框图如图 5.6 所示。

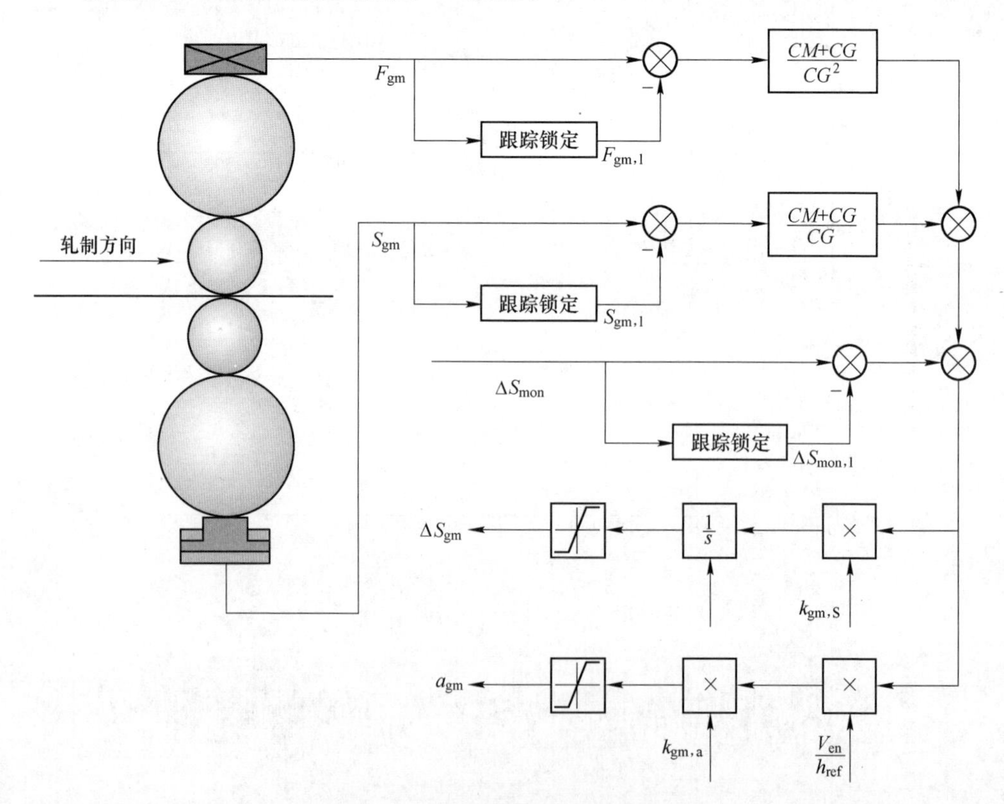

图 5.6　厚度计 AGC 控制框图

（1）计算轧机出口厚度锁定值。在正常轧制 1s 后连续对铝带采样 2m，记录每次采样得到的实际辊缝值和实际轧制力并计算其平均值，作为锁定辊缝和锁定轧制力，并依据轧机弹跳方程计算得到轧机出口厚度锁定值：

$$h_{gm,l} = S_l + \frac{F_l - F_0}{CG} \tag{5.15}$$

式中 $h_{gm,l}$——厚度计 AGC 的出口厚度锁定值，mm；
S_l——厚度计 AGC 的锁定辊缝，mm；
F_l——厚度计 AGC 的锁定轧制力，kN；
F_0——轧机的辊缝调零轧制力，kN。

（2）计算轧机出口实际厚度。根据轧制过程中的实际辊缝和实际轧制力，计算轧机出口实际厚度为：

$$h_{gm} = S_{gm} + \frac{F_{gm} - F_0}{CG} \tag{5.16}$$

式中 h_{gm}——厚度计 AGC 的出口厚度计算值，mm；
S_{gm}——厚度计 AGC 计算过程中使用的实际辊缝，mm；
F_{gm}——厚度计 AGC 计算过程中使用的实际轧制力，kN。

（3）计算厚度计 AGC 控制器的厚度控制量：

$$\Delta h_{gm} = h_{gm,l} - h_{gm} = (S_l - S_{gm}) + \frac{F_l - F_{gm}}{CG} \tag{5.17}$$

式中 Δh_{gm}——厚度计 *AGC* 控制输出的出口厚度偏差，mm。

（4）计算厚度计 AGC 输出的附加辊缝：

$$\begin{aligned}\Delta S_{gm} &= k_{gm,S}\frac{CG + CM}{CG}\int \Delta h_{gm} \\ &= k_{gm,S}\frac{CG + CM}{CG}\int\left[(S_l - S_{gm}) + \frac{F_l - F_{gm}}{CG}\right]\end{aligned} \tag{5.18}$$

式中 ΔS_{gm}——厚度计 AGC 输出的辊缝附加量，mm；
$k_{gm,S}$——厚度计 AGC 的输出辊缝调节因子。

（5）计算厚度计 AGC 对轧机入口动态转矩的补偿量：

$$a_{gm} = k_{gm,a}\frac{\partial}{\partial t}\left(V_{en}\frac{\Delta h_{gm}}{h_{gm,l}}\right) \tag{5.19}$$

式中 a_{gm}——厚度计 AGC 对动态转矩补偿的加速度附加量，m/s^2；
$k_{gm,a}$——厚度计 AGC 对动态转矩补偿的调节因子。

5.4.2 轧制力偏心滤波

轧辊偏心是由于轧辊形状或者轧辊轴承形状不规则引起的一种高频干扰，将直接使铝带出口厚度发生周期性变化，并且会导致厚度计 AGC 系统产生错误的辊缝调节量，导致出口厚度偏差增大。如图 5.7a 所示，轧辊偏心导致实际辊缝增大 e_{gm}，轧机弹性曲线由 *AC* 变为 *BD*，轧件塑性曲线 *AB* 保持不变。由于辊缝的变化使轧制力减小 ΔF_{gm}，并最终导致出口厚度增大 $\Delta h_{e,gm}$。图 5.7b 所示为厚度计 AGC 投入时现场实测的轧辊偏心对轧机出口厚度的影响曲线。入口厚度偏差较小，轧制后出口厚度偏差被放大，出现了周期性的波动。

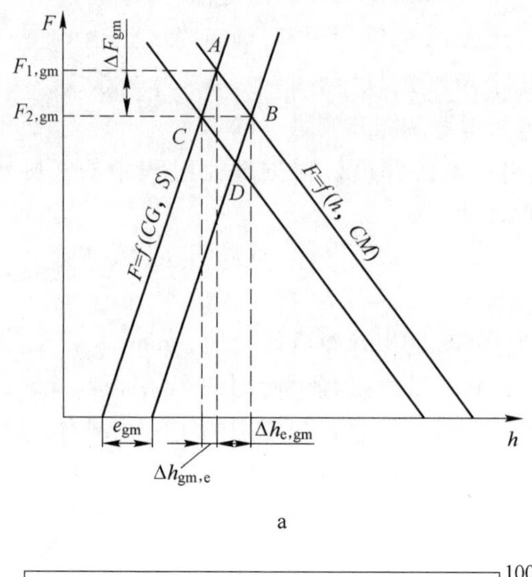

a

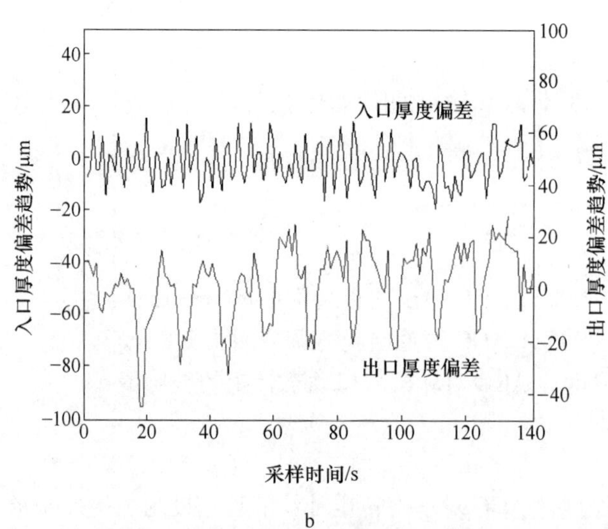

b

图 5.7　轧辊偏心对厚度计 AGC 的影响

a—理论分析；b—现场实际曲线

用来检测轧辊位置的位置传感器由于安装位置的限制，不能反映轧辊偏心对辊缝的影响，而压力传感器能够检测到轧制力变化，从而导致控制系统认为图 5.7a 中轧机弹性曲线 AC 保持不变，而轧件塑性曲线由 AB 变为 CD，由此计算得到出口厚度减小 $\Delta h_{gm,e}$，最终产生一个错误的辊缝调节量。因此，如果投入厚度计 AGC，必须对轧辊偏心进行处理。

通过主电机上安装的光电编码器，可以计算出支撑辊旋转一周发出的脉冲数 N_e，把支撑辊一周平均分为 J_e 个单元，则轧制过程中每个单元对应的脉冲数为 N_e/J_e，对每个单元的轧制力采样平均。开辟一个长度为 J_e+1 的移位寄存器 $B(0)$，$B(1)$，…，$B(J_e-1)$，$B(J_e)$，当一个单元的轧制力平均值计算结束之后，把寄存器中原有的值顺次前移，并把新取得的轧制力平均值寄存到 $B(J_e)$。这样，$B(0)$ 和 $B(J_e)$ 对应的就是同一单元在支撑辊旋转两周分别采得的轧制力平均值，它们的差值即为辊缝调节等带来的轧制力变化。

轧辊偏心起主导作用的基波分量可近似为正弦（余弦）波，考虑到正弦（余弦）波一个周期的平均值为零，可对支撑辊旋转一周的过程求轧制力总体平均值 F'_{gm}，这样就能消除轧辊偏心对轧制力造成的周期性扰动。

$$F'_{gm} = \begin{cases} \sum_{i=0}^{n_e-1} B(i)/n_e, & n_e < J_e \\ \sum_{i=0}^{J_e-1} B(i)/J_e, & n_e \geqslant J_e \end{cases} \tag{5.20}$$

式中　n_e——已经轧过的样本单元数。

轧制力偏心滤波后的轧制力 F_{gm} 为：

$$F_{gm} = F'_{gm} + \beta_e[B(J_e) - B(0)] \tag{5.21}$$

式中　β_e——轧制力偏心滤波调试因子。

这样，偏心滤波后的轧制力就既滤掉了轧辊偏心的干扰，不会再导致厚度计 AGC 产生错误的辊缝调节量，又有效反映了辊缝调节的作用。

5.4.3　与监控 AGC 的相关性

由于诸多因素的影响，厚度计 AGC 的锁定厚度 $h_{gm,1}$ 和出口设定厚度 h_{ref} 之间一般都会存在偏差，当出口实际厚度 h 处于这两个厚度之间时，必然导致厚度计 AGC 和监控 AGC 向着不同的方向调节辊缝，使得厚度偏差消除缓慢甚至不能消除。如图 5.8 所示，厚度计 AGC 和监控 AGC 出现了反向调节的现象，导致这两种厚度控制方式都达到了各自的辊缝调节限幅值，最终都起不到应有的调节作用。

为了避免上述情况的发生，在计算厚度计 AGC 的锁定厚度时，综合考虑锁定过程中的实际出口厚度偏差，使厚度计 AGC 和监控 AGC 的厚度基准保持一致，则厚度计 AGC 的厚度偏差控制量为：

$$\Delta h'_{gm} = (S_{gm,1} - S_{gm}) + \frac{F_{gm,1} - F_{gm}}{CG} + \Delta h_{ex,1} \tag{5.22}$$

式中　$\Delta h'_{gm}$——考虑出口实际厚度偏差时的厚度计 AGC 控制量，mm；

$\Delta h_{ex,1}$——厚度计 AGC 锁定过程中的实际出口厚度偏差，mm。

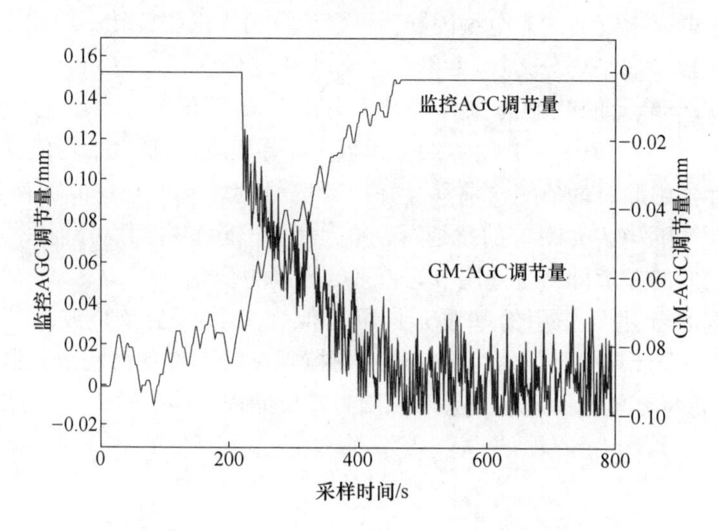

图 5.8　厚度计 AGC 和监控 AGC 反向调节

如果来料厚度有趋势性的增大或减小，最终厚度计 AGC 和监控 AGC 都会调节辊缝使其减小或增大，这样就产生了重复调节，影响了出口厚度精度甚至会导致整个系统振荡。为此，从厚度偏差 $\Delta h'_{gm}$ 中减掉当前监控 AGC 的厚度偏差调节量 $\Delta h_{ex,c}$，即监控 AGC 投入时，厚度计 AGC 需要修正的厚度偏差 Δh_{gm} 为：

$$\Delta h_{gm} = (S_{gm,1} - S_{gm}) + \frac{F_{gm,1} - F_{gm}}{CG} + \Delta h_{ex,1} - \Delta h_{ex,c} \tag{5.23}$$

从而得到厚度计 AGC 的辊缝调节量 ΔS_{gm} 为：

$$\begin{aligned}\Delta S_{gm} &= k_{gm,S}\frac{CG + CM}{CG}\left[(S_{gm,1} - S_{gm}) + \frac{F_{gm,1} - F_{gm}}{CG} + \Delta h_{ex,1} - \Delta h_{ex,c}\right] \\ &= k_{gm,S}\left\{\frac{CG + CM}{CG}\left[(S_{gm,1} - S_{gm}) + \frac{F_{gm,1} - F_{gm}}{CG}\right] + (\Delta S_{mon,1} - \Delta S_{mon})\right\}\end{aligned} \tag{5.24}$$

5.5　厚度控制的辅助功能

5.5.1　轧机刚度实时计算

一般情况下，认为无铝带状态下轧机刚度为轧制力的函数。在轧制力闭环下低速转动轧机，给定最大轧制力的 10% ~90%，记录整个过程中的辊缝和轧制力实际值。无铝带状态下轧机刚度系数为：

$$CG_0 = -\frac{\partial F}{\partial S} \tag{5.25}$$

式中　CG_0——无铝带状态下轧机刚度系数，即轧机原始刚度系数，kN/mm；

$\frac{\partial F}{\partial S}$——刚度测试过程中，实际轧制力对实际辊缝的偏微分，kN/mm。

当辊缝中有铝带存在时，如果铝带宽度小于轧辊宽度，预加轧制力后两侧将有部分轧辊不能接触，造成辊系挠曲增大，从而降低了轧机刚度。轧制过程中实时轧机刚度系数为：

$$CG = CG_0 - CG_0 \frac{B_R - B}{B_R - B_{min}} k_{CG} \tag{5.26}$$

式中 CG——轧制过程中实时轧机刚度系数，kN/mm；

B_R——轧辊的宽度，mm；

B——辊缝中的实际轧件宽度，mm；

B_{min}——最小轧件宽度，mm；

k_{CG}——轧件宽度对实时轧机刚度的影响因子。

5.5.2 轧件塑性系数实时计算

轧制过程中计算的轧件塑性系数为：

$$CM_0 = \frac{F}{2\Delta h} \tag{5.27}$$

式中 CM_0——轧制过程中计算得到的轧件塑性系数，kN/mm；

F——轧制过程中实际中轧制力，kN；

Δh——轧件的绝对压下量，mm。

冷轧时由于铝带较薄较硬，因此接触弧中单位压力较大，使轧辊在接触弧处产生压扁现象，因而加长了接触弧的实际长度。所以冷轧过程中轧辊的压扁现象不容忽略，考虑轧辊压扁后轧件的塑性系数为：

$$CM = \frac{CM_0}{CHCM_0/B + 1} \tag{5.28}$$

式中 CH——希区柯克常数，一般为（2.2～2.7）$\times 10^{-8}$ m^2/N。

5.5.3 轧制效率补偿

轧制效率补偿是用来减小由于轧制速度变化引起摩擦状态变化对轧制过程中出口厚度的影响。随着轧制速度的增加使大量润滑液被吸入辊缝，从而改善了辊缝处的摩擦状态并降低了轧制力，由弹跳方程可知，出口厚度将随着轧制速度的增加而减小。为了减小轧制速度对出口厚度的影响，就需要对轧制速度造成的轧制效率变化进行补偿。

一般情况下，轧制速度在 7m/s 以上时将建立起良好的摩擦状态，设理想摩擦状态下的轧制力为 100%，则相同出口厚度各个轧制速度下的实际轧制力的百分比近似于图 5.9 所示曲线。

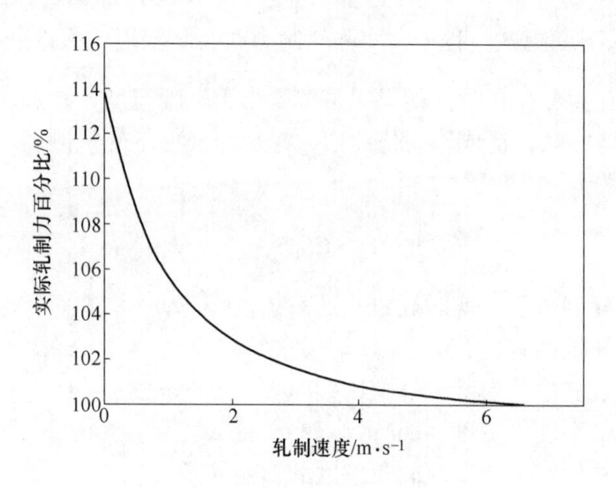

图 5.9　基于轧制速度的轧制力曲线

在现场调试过程中，针对不同系列的合金进行轧制测试，可得到类似图 5.9 所示基于轧制速度的摩擦状态曲线。轧制过程中辊缝和轧制力补偿量分别为：

$$\Delta S_{rf} = -k_{rf,S}\frac{F(2-\eta_{rf}/100)\eta_{rf}/100}{CG} \tag{5.29}$$

$$\Delta F_{rf} = -k_{rf,F}F(2-\eta_{rf}/100)\eta_{rf}/100 \tag{5.30}$$

式中　ΔS_{rf}——轧制效率补偿输出的辊缝附加量，mm；

$k_{rf,S}$——轧制效率补偿的输出辊缝调节因子；

η_{rf}——相对于理想摩擦状态下，各个轧制速度的轧制力百分比，%；

ΔF_{rf}——轧制效率补偿输出的轧制力附加量，kN；

$k_{rf,F}$——轧制效率补偿的输出轧制力调节因子。

5.6　轧辊偏心补偿

5.6.1　轧辊偏心控制原理

轧辊偏心的存在会导致轧制力及辊缝的周期性波动，从而导致出口厚度波动；尤其是在铝箔坯料厚度已经较薄且厚度波动已经较小时，在造成厚度波动的诸多因素中，轧辊偏心是最主要原因之一。所以，要想轧制出高精度的铝箔坯料，必须考虑增加抑制轧辊偏心影响的措施。

轧辊偏心控制系统框图如图 5.10 所示，其基本原理是对包含轧辊偏心周期分量的信号进行分析，估算出偏心信号的频率、幅值、相角参数，然后与适当的控制增益相乘后得到相应的偏心补偿量。将轧辊偏心补偿量直接反向后附加到辊缝控制系统的控制基准上，从而实现对轧机辊缝的补偿，以最大程度地减小轧辊

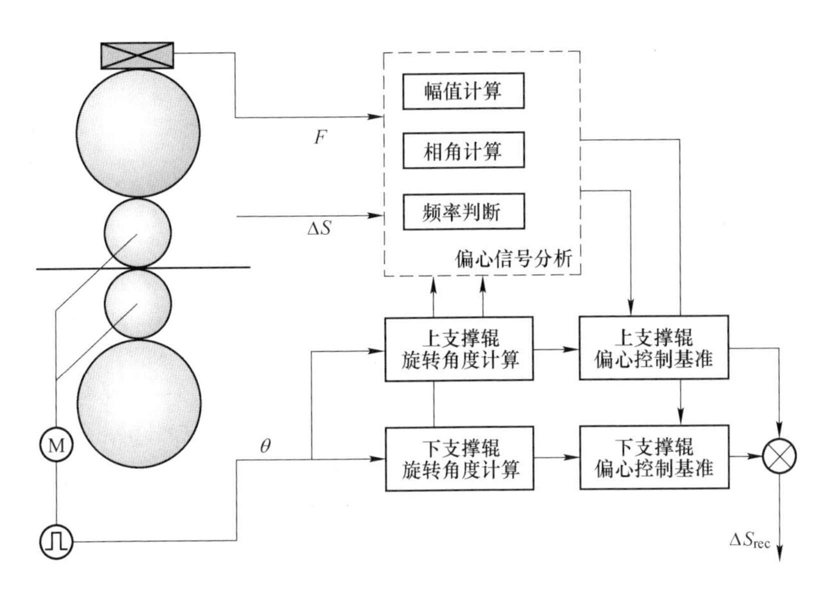

图 5.10 轧辊偏心控制系统框图

偏心对出口厚度的影响。由于支撑辊直径是工作辊直径的 2～3 倍，支撑辊偏心相对工作辊偏心要大得多，因此轧辊偏心对带材厚度产生影响的主要因素为支撑辊偏心。

5.6.1.1 支撑辊旋转角度的计算

轧辊旋转角度可通过安装在工作辊电机轴上的编码器获得，结合轧辊直径计算可知被补偿轧辊的旋转角度。轧辊角度计算公式如下：

$$\Phi_{bur,rad} = Pl_{wr} \times 2\pi \frac{1}{Gr} \frac{1}{N_{wr,pls}} \frac{D_{wr}}{D_{bur}} \tag{5.31}$$

式中 $\Phi_{bur,rad}$——支撑辊旋转角度，rad；

Pl_{wr}——工作辊电机轴上编码器的实际脉冲数；

Gr——工作辊传动减速比；

$N_{wr,pls}$——工作辊电机轴上编码器每周的脉冲数；

D_{wr}——工作辊直径，mm；

D_{bur}——支撑辊直径，mm。

5.6.1.2 实际轧制力数据处理

从实际轧制力中减去实际辊缝变化引起的轧制力变化，就可以得到轧辊偏心引起的轧制力变化量：

$$F_{rec} = F - 2\Delta F_{bend} - \frac{CGCM}{CG + CM}(\Delta S_{agc} + \Delta S_{man}) \tag{5.32}$$

式中　F_{rec}——轧辊偏心引起的轧制力变化，kN；

F——实际轧制力，kN；

ΔF_{bend}——弯辊力变化，kN；

ΔS_{agc}——AGC 系统输出的辊缝调节量，mm；

ΔS_{man}——手动干预辊缝调节量，mm。

5.6.1.3　轧制力存储区处理

在程序中开辟 3 个缓存区，将支撑辊旋转一周的 ΔF_{rec} 存储到缓存区 3 中。在支撑辊旋转半周时计算缓存区 1 和缓存区 2 中轧制力数据对应的幅值和相角，用于支撑辊下周旋转的控制输出计算。在支撑辊旋转一周之后把各个缓存区顺次前移。轧辊偏心引起的轧制力变化存储过程如图 5.11 所示。

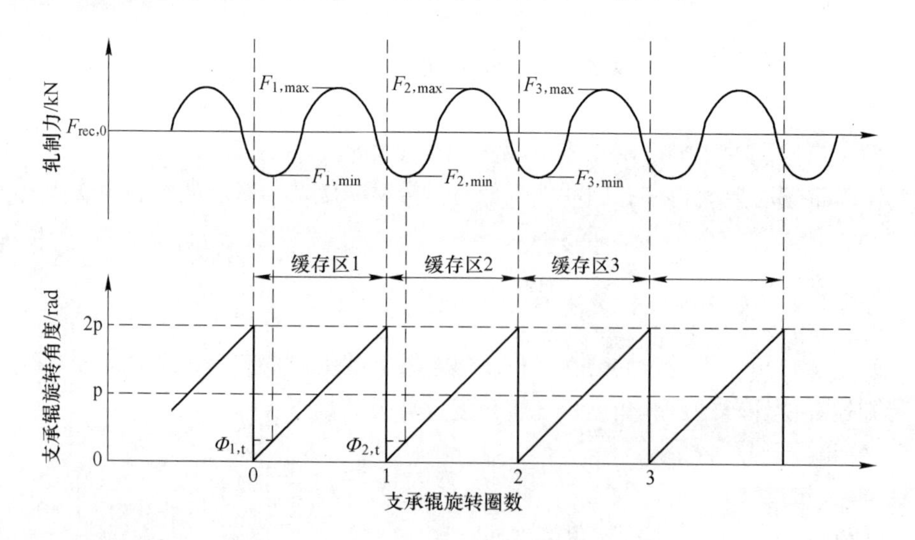

图 5.11　轧辊偏心控制数据存储示意图

5.6.1.4　幅值和相角的计算

使用缓存区 1 和缓存区 2 中的轧制力数据计算轧辊偏心控制的幅值和相角。每个支撑辊对应的轧辊偏心幅值为：

$$A_{rec} = \frac{(F_{1,max} + F_{2,max})/2 - (F_{1,min} + F_{2,min})/2}{4} \tag{5.33}$$

式中　A_{rec}——轧辊偏心引起的轧制力变化幅值，kN；

$F_{1,max}$——缓存区 1 中的最大轧制力，kN；

$F_{1,\min}$——缓存区 1 中的最小轧制力，kN；

$F_{2,\max}$——缓存区 2 中的最大轧制力，kN；

$F_{2,\min}$——缓存区 2 中的最小轧制力，kN。

上下支撑辊对应的轧辊偏心控制相角 $\Phi_{t,rec0}$ 和 $\Phi_{b,rec0}$ 分别为：

$$\Phi_{t,rec0} = \frac{\Phi_{1,t} + \Phi_{2,t}}{2} \tag{5.34}$$

$$\Phi_{b,rec0} = \frac{\Phi_{1,b} + \Phi_{2,b}}{2} \tag{5.35}$$

式中 $\Phi_{1,t}$，$\Phi_{2,t}$——缓存区 1 和缓存区 2 中最小轧制力对应的下支撑辊角度，rad；

$\Phi_{1,b}$，$\Phi_{2,b}$——缓存区 1 和缓存区 2 中最小轧制力对应的上支撑辊角度，rad。

5.6.1.5 轧辊偏心频率判断

将缓存区中的轧制力进行数据重排，使得缓存区内的轧制力数据相对于支撑辊旋转角度以正弦方式存储于缓存区中。分别计算支撑辊旋转前半周和整周的轧制力平均值为 $F_{rec,180}$ 和 $F_{rec,360}$，如果 $F_{rec,180}$ 与 $F_{rec,360}$ 的差值大于设定阈值则认为轧辊偏心为一次偏心，否则认为轧辊偏心为二次偏心。

5.6.1.6 轧辊偏心控制输出

对于一次偏心和二次偏心的控制输出分别为：

$$\Delta S_{rec} = -k_{rec,S}[A\cos(\Phi_{t,rec} - \Phi_{t,rec0}) + A\cos(\Phi_{b,rec} - \Phi_{b,rec0})]\frac{CG + CM}{CGCM} \tag{5.36}$$

$$\Delta S_{rec} = -k_{rec,S}[A\cos(2\Phi_{t,rec} - \Phi_{t,rec0}) + A\cos(2\Phi_{b,rec} - \Phi_{b,rec0})]\frac{CG + CM}{CGCM} \tag{5.37}$$

式中 ΔS_{rec}——轧辊偏心控制输出的辊缝附加量，mm；

$k_{rec,S}$——轧辊偏心控制的输出辊缝调节因子。

5.6.2 轧辊偏心控制效果

图 5.12 所示为轧辊偏心补偿前后的控制效果图，测试时轧制速度为 222.8m/min，工作辊辊径为 418.11mm，支撑辊辊径为 1117.78mm。图 5.12c 所示为未投入轧辊偏心控制时的频谱幅值曲线，1.06Hz 处支撑辊一次偏心造成的出口厚度波动高达 0.36%。图 5.12d 所示为投入轧辊偏心控制时的频谱幅值曲线，支撑辊一次偏心造成的出口厚度波动减小到了 0.08%，出口厚度偏差有了较大水平的提高。

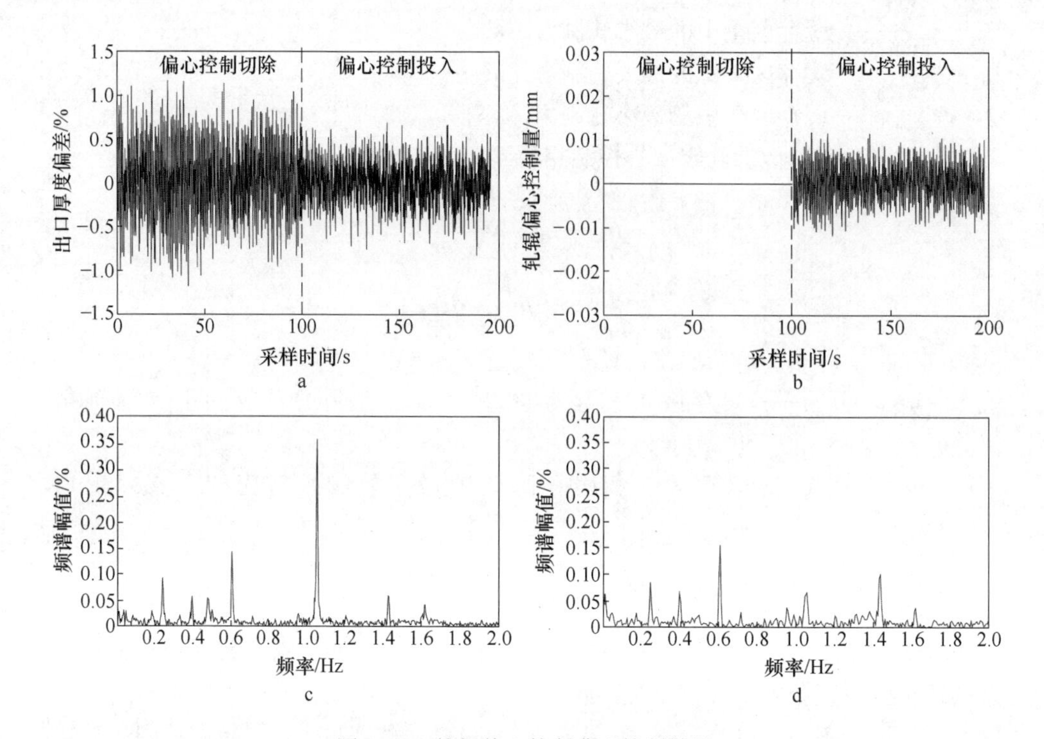

图 5.12　轧辊偏心控制典型控制效果

a—出口厚度偏差曲线；b—轧辊偏心控制量曲线；c—偏心控制切除时频谱；d—偏心控制投入时频谱

6 铝合金箔轧厚度控制

铝箔厚度偏差的大小，直接反映了铝箔生产企业的轧机装备控制水平和轧制技术水平。对于相同重量的铝箔，较小的厚度偏差或成品铝箔负公差将提高铝箔产品的使用面积。为了获得更小的铝箔厚度偏差或负公差，必须在铝箔轧制过程中对其厚度进行合理有效的控制。

6.1 铝箔厚度控制系统概述

根据某铝加工企业 1850mm 铝箔轧机仪表配置和厚度控制精度要求，设计的厚度控制系统主要包含以下功能：（1）轧制力监控 RF-AGC；（2）张力监控 TNS-AGC；（3）速度监控 SPD-AGC；（4）厚度优化控制 OPT-AGC；（5）目标厚度自适应控制 TAD。

由于铝箔厚度较小，轧机一般都工作在轧制力模式下，根据选择的厚度监控系统，AGC 的输出调节量分别为轧制力、开卷张力和轧制速度。对于 AGC 控制环节内部涉及的信号滤波、控制限幅和调节量极性校正等环节本章不做赘述。某 1850mm 铝箔机组厚度控制总体框图如图 6.1 所示。

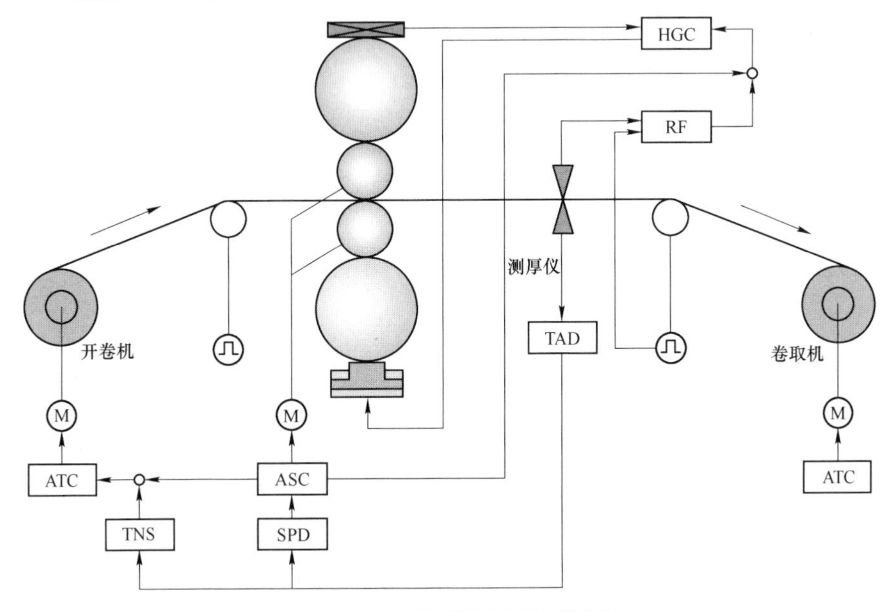

图 6.1 铝箔轧机厚度控制框图

6.2 轧制力监控 AGC 控制

6.2.1 轧制力监控 AGC 控制原理

铝箔粗轧时，工作辊两端还没有压靠，轧制力的大小对铝箔厚度变化仍起到主要作用。轧制力监控 AGC 基于轧机出口测厚仪 Xex 检测到的厚度偏差对轧制力进行相应调节，以获得良好的出口厚度精度。轧制力监控 AGC 的控制系统原理如图 6.2 所示。

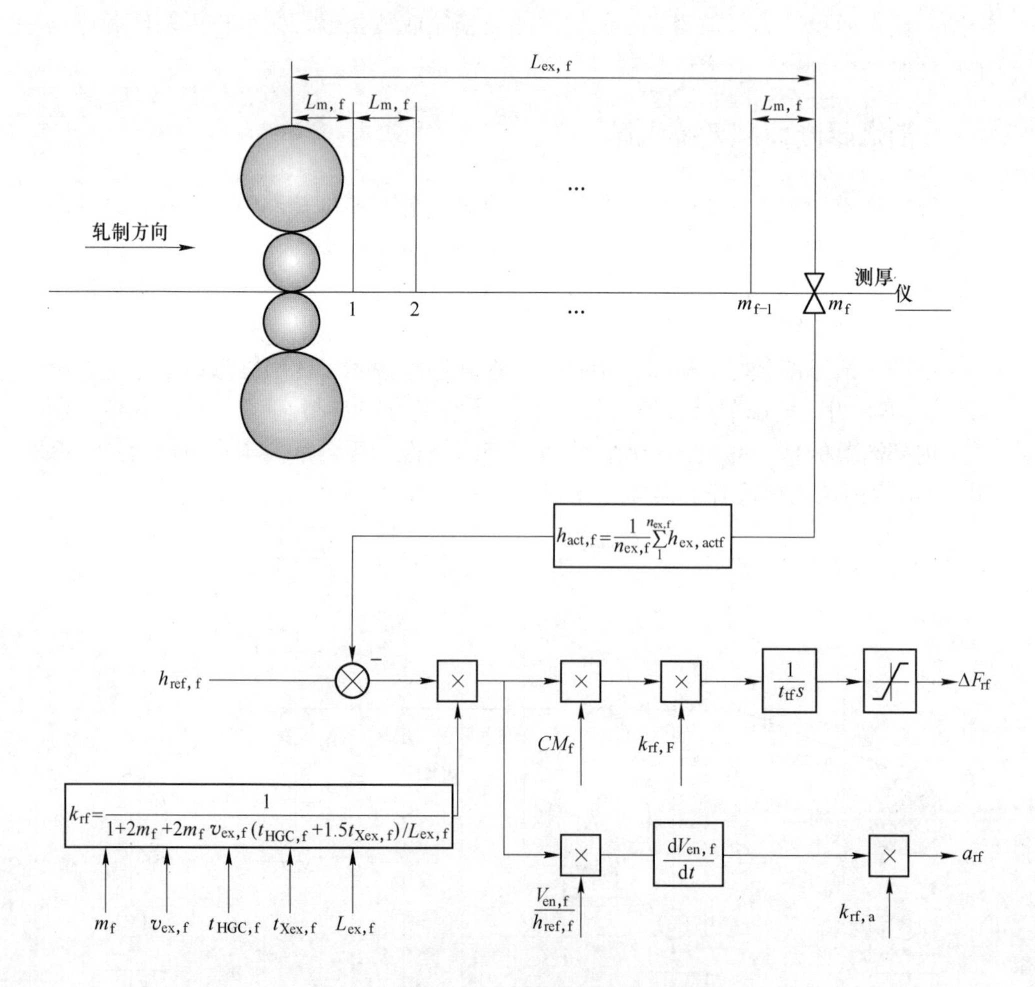

图 6.2 轧制力监控 AGC 的控制系统原理

轧制力监控 AGC 的控制原理与 5.3.1 节的内容类似，包含增益计算、Smith 预估控制和对入口动态转矩补偿等环节，在此不再赘述。

6.2.2 轧制力监控 AGC 控制效果

图 6.3 所示为轧制力监控 AGC 的典型效果曲线。轧制速度升高到 300m/min 以上后，轧制力监控 AGC 投入。由于出口厚度存在较大偏差，轧制力调节量迅速增大 50t 将出口厚度偏差快速控制到允许范围内。在整个稳定轧制的过程中，出口厚度偏差基本维持在 ±1% 以内。

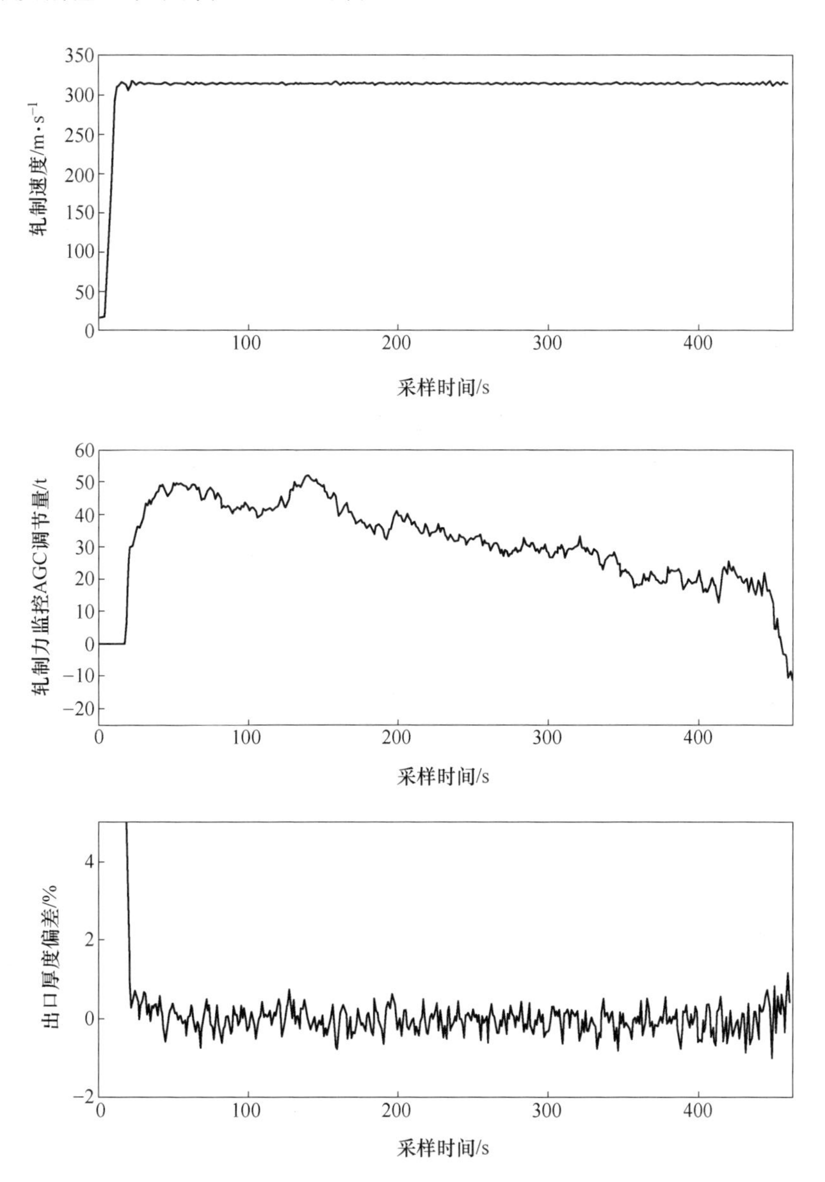

图 6.3 轧制力监控 AGC 典型控制效果

6.3　张力监控 AGC 控制

6.3.1　张力监控 AGC 控制原理

当铝箔厚度在 0.10 ~ 0.15mm 以下时，轧辊的两端已经基本压靠，轧制过程处于极限压延状态，辊缝或轧制力对控制出口厚度的作用已经很小。张力监控 AGC 基于轧机出口测厚仪 Xex 检测到的厚度偏差对开卷张力进行相应调节，以获得良好的出口厚度精度。张力监控 AGC 的控制系统原理如图 6.4 所示。

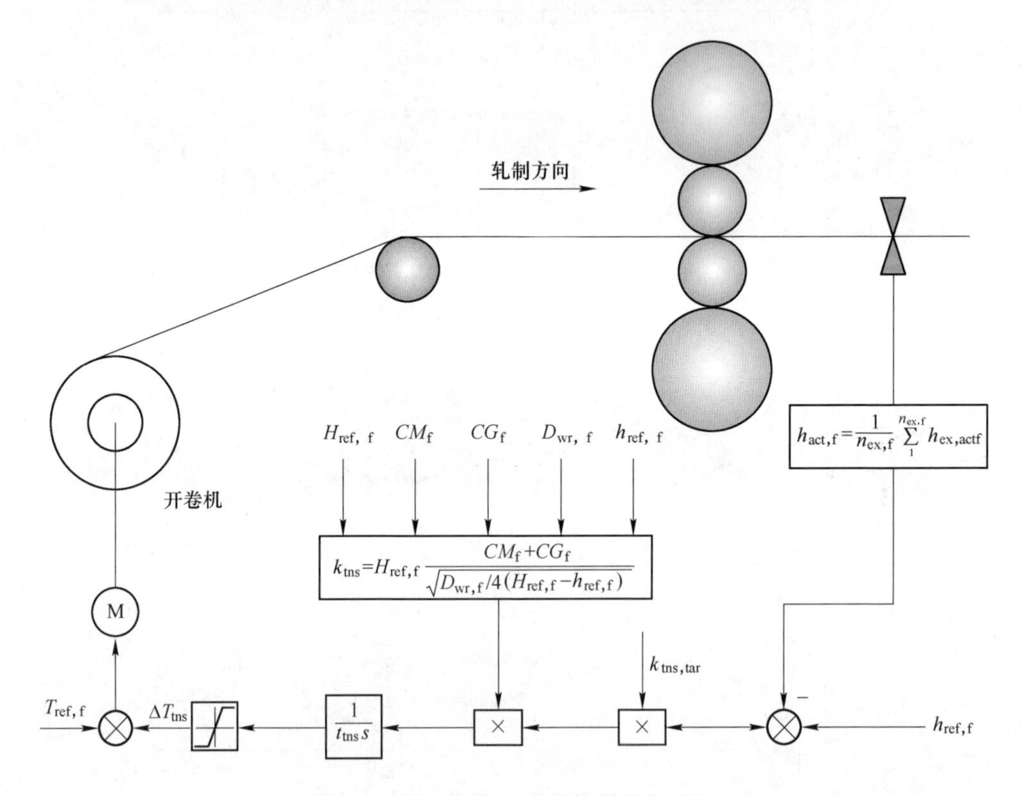

图 6.4　张力监控 AGC 的控制系统原理

（1）张力监控 AGC 的增益计算。开卷张力对铝箔出口厚度的影响比较复杂，与入口厚度、轧制压下量、工作辊直径等都有关系。

$$k_{tns0} = H_{ref,f}\frac{CM_f + CG_f}{\sqrt{D_{wr,f}/4(H_{ref,f} - h_{ref,f})}} \tag{6.1}$$

式中　k_{tns0}——张力监控 AGC 厚度控制增益；

$H_{ref,f}$——轧机入口铝箔厚度设定值，mm；

CM_f——铝箔的塑性系数，kN/mm；

$D_{wr,f}$——铝箔轧机工作辊直径，mm。

（2）张力监控 AGC 的 Smith 预估器。张力监控 AGC 的 Smith 预估模型传递函数为 $G_{Smith,t}(s)$，以 $G_{Smith,t}(s)$ 传递函数模拟开卷传动和测厚仪等环节的动态模型：

$$G_{Smith,t}(s) = \frac{a_{1,t} + a_{2,t}s}{b_{1,t} + b_{2,t}s} \tag{6.2}$$

式中，$a_{1,t}$、$a_{2,t}$、$b_{1,t}$、$b_{2,t}$为张力监控 AGC 的 Smith 预估器调试参数。

Smith 预估器各可调参数的初值来自离线的最优降阶模型，并根据现场调试情况最终确定，可调参数与张力－厚度有效系数、开卷传动环节及测厚仪环节的响应时间等相关。

（3）张力监控 AGC 的控制器。张力监控 AGC 一般采用纯积分控制器，与轧制力监控 AGC 类似，认为积分时间 t_{tns}是轧制速度 v_f 的函数，积分时间随着轧制速度的增大而减小：

$$t_{tns} = \begin{cases} a_{v1,t} - b_{v1,t}v_f, & v_f \leqslant c_{v1,t} \\ a_{v2,t}/v_f + b_{v2,t}, & c_{v1,t} < v_f \leqslant c_{v2,t} \\ a_{v3,t} - b_{v3,t}v_f, & v_f > c_{v2,t} \end{cases} \tag{6.3}$$

式中，$a_{v1,t}$、$a_{v2,t}$、$a_{v3,t}$、$b_{v1,t}$、$b_{v2,t}$、$b_{v3,t}$、$c_{v1,t}$、$c_{v2,t}$为张力监控 AGC 积分时间的调试参数，取正值。

各可调参数的初值通过离线仿真获取，现场调试时根据实际情况进行相应的参数修正。

（4）轧机刚度系数和轧件塑性系数的实时获取。轧机刚度系数和轧件塑性系数的实时计算已在 5.5.1 和 5.5.2 节中做了详细描述，在此不再赘述。

（5）计算张力监控 AGC 输出的附加张力调节量：

$$\Delta T_{tns} = \frac{1}{t_{tns}} k_{tns,tar} H_{ref,f} \frac{CM_f + CG_f}{\sqrt{D_{wr,f}/4(H_{ref,f} - h_{ref,f})}} \int \Delta h_{ex,cf} \mathrm{d}t \tag{6.4}$$

式中 ΔT_{tns}——张力监控 AGC 输出的开卷张力附加量，kN；

$k_{tns,tar}$——张力监控 AGC 的自适应调节因子。

6.3.2 张力自适应调节

张力监控 AGC 对于出口厚度控制具有快速、灵敏的特点，但张力的调节量受到稳定轧制条件的限制，过大的张力调节或张力波动极易造成铝箔断带。由于原料厚度波动或控制器调节不当，容易导致附加张力调节量和出口厚度的振荡。如图 6.5 所示，铝箔原料厚度 0.04mm，出口厚度 0.02mm，轧制速度 630m/min，开卷张力和出口厚度出现了大幅振荡。

通过对张力监控 AGC 自适应因子的调节，可避免由于原料厚差或控制不当

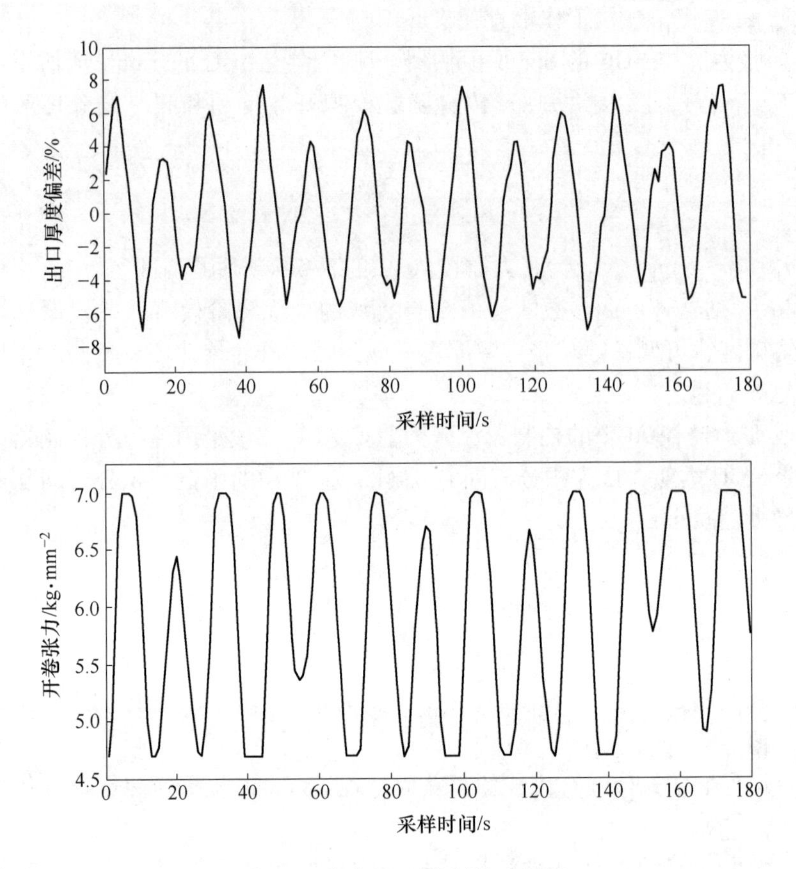

图 6.5　张力 AGC 控制输出振荡

造成的张力振荡现象。自适应因子与出口厚度偏差相关，当出口厚度偏差出现振荡时，应快速减小自适应因子消除振荡；当出口厚度偏差相对稳定后，应缓慢增大自适应因子以加快系统的响应速度。图 6.6 所示为张力监控 AGC 典型控制效果图。

在出口铝箔长度阈值内，如果系统检测到开卷张力分别大于张力上限和小于张力下限一次，则认为张力监控 AGC 系统正在振荡。此时自适应因子为：

$$k_{tns,tar} = 1/[(1-\alpha_{tar,dec})/k_{tns,tarp} + \alpha_{tar,dec}k_{tns,dec}] \tag{6.5}$$

式中　$k_{tns,tar}$——张力监控 AGC 自适应调节因子；

$\alpha_{tar,dec}$——张力监控 AGC 自适应下行调节因子；

$k_{tns,tarp}$——上周期的张力监控 AGC 自适应调节因子；

$k_{tns,dec}$——张力监控 AGC 自适应下行调节增益常数，大于自适应因子的初值。

当系统检测到开卷张力和出口铝箔厚度逐渐稳定下来之后，逐步增大自适应调节因子：

$$k_{tns,tar}=1/[(1-\beta_{tar,inc})/k_{tns,tarp}+\beta_{tar,inc}k_{tns,tar0}] \tag{6.6}$$

式中　$\beta_{tar,inc}$——张力监控 AGC 自适应上行调节因子，小于下行调节因子 $\alpha_{tar,dec}$；

$k_{tns,tar0}$——张力监控 AGC 自适应因子的初值。

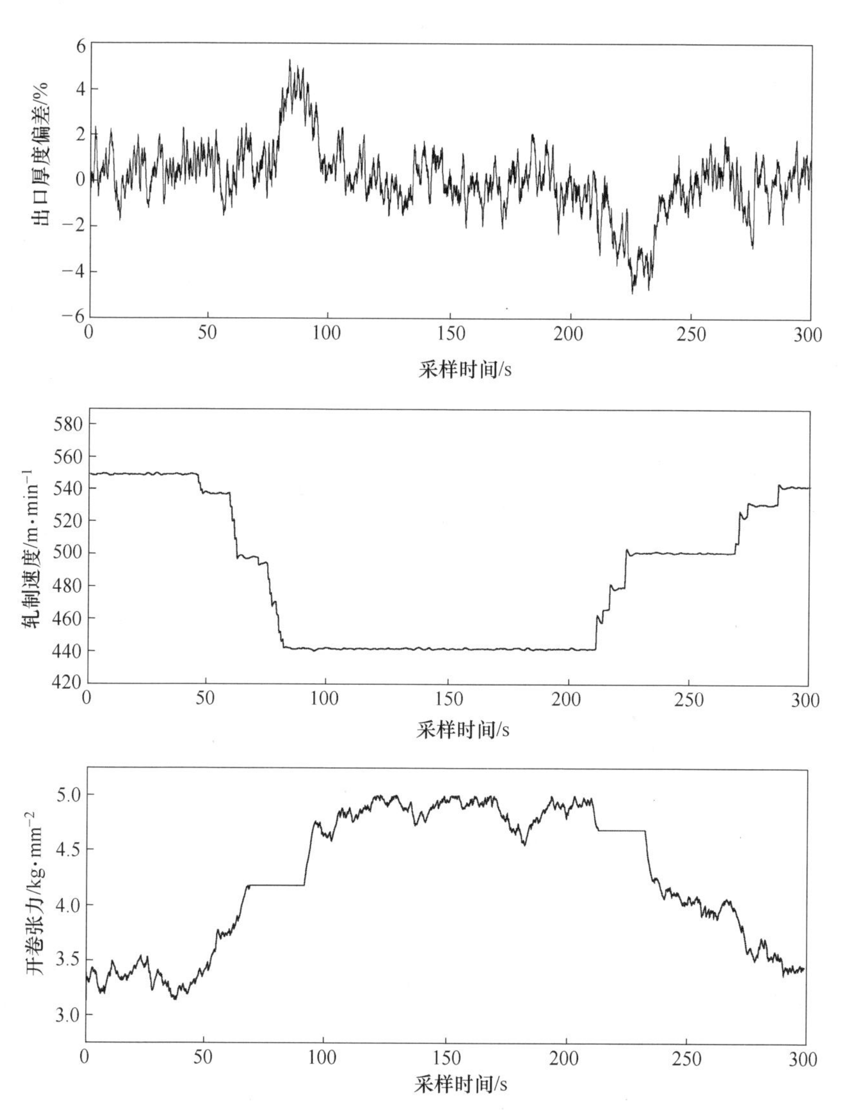

图 6.6　张力监控 AGC 典型控制效果

6.4　轧制速度 AGC 控制

轧制速度 AGC 的基本原理是铝箔轧制时的速度效应。在其他轧制条件不变的情况下，铝箔厚度随着轧制速度的升高而变薄的现象称为速度效应。对于速度效应机理的解释还有待于更深入的研究，一般认为产生速度效应的原因有以下三个方面。

（1）工作辊和铝箔之间的摩擦状态发生变化。随着轧制速度的提高，润滑油带入量的增加使油膜变厚，轧辊和铝箔之间的摩擦系数减小，铝箔厚度随之减薄。

（2）轧机本身的变化。采用圆柱形轴承的轧机，随着轧制速度的升高，辊颈会在轴承中浮起，因而使两根相互作用而受载的轧辊向相互压紧的方向移动，铝箔厚度随之减薄。

（3）铝箔在轧制过程中的软化。随着轧制速度的提高，轧制变形区的温度升高，据计算变形区的铝箔温度可以上升到200℃，相当于进行了一次中间恢复退火。因而引起铝箔在轧制过程中的软化现象，铝箔变形抗力降低，铝箔厚度也随之减薄。

6.4.1　轧制速度 AGC 控制原理

在铝箔厚度较小时，轧制速度 AGC 也是厚度控制的重要手段。轧制速度 AGC 基于轧机出口测厚仪 Xex 检测到的厚度偏差对轧制速度进行相应调节，以获得良好的出口厚度精度。在其他厚度控制方式投入时，为了减小轧制速度升降对铝箔厚度的影响，对加速度进行在线修正，并输出开卷张力或轧制力的速度前馈补偿。轧制速度 AGC 的控制系统原理如图 6.7 所示。

轧制速度 AGC 很少独立进行控制，一般都是作为轧制力监控 AGC 和张力监控 AGC 的优化控制器。轧制速度 AGC 采用纯积分控制器，根据不同的合金类型、铝箔厚度和轧制速度范围选择不同的控制增益，其最终的轧制速度输出为：

$$\Delta v_{spd} = \frac{1}{t_{spd}} k_{spd} \int \Delta h_{ex,cf} \mathrm{d}t \tag{6.7}$$

式中　Δv_{spd}——轧制速度 AGC 输出的轧制速度附加量，m/s；

t_{spd}——轧制速度 AGC 的积分时间常数，s；

k_{spd}——轧制速度 AGC 的输出轧制速度调节因子。

6.4.2　轧制加速度控制

在铝箔轧制过程中，轧制速度的增减对铝箔厚度的影响非常严重。对于 0.1mm 以下的铝箔，以穿带速度轧制时铝箔的出口厚度一般大于目标厚度，在到达目标厚度之前必须大幅度升高轧制速度；在大幅度的升速过程中，轧机出口铝箔将迅速减薄，如果一直保持大加速度升高轧制速度容易造成出口厚度的超调，严重时甚至会发生断带。

为了避免加速过程中厚度超调，应根据铝箔出口厚度偏差调整轧机的加速度。在厚度偏差大于5%时，可以较大的加速度升速；在厚度偏差在5%和目标

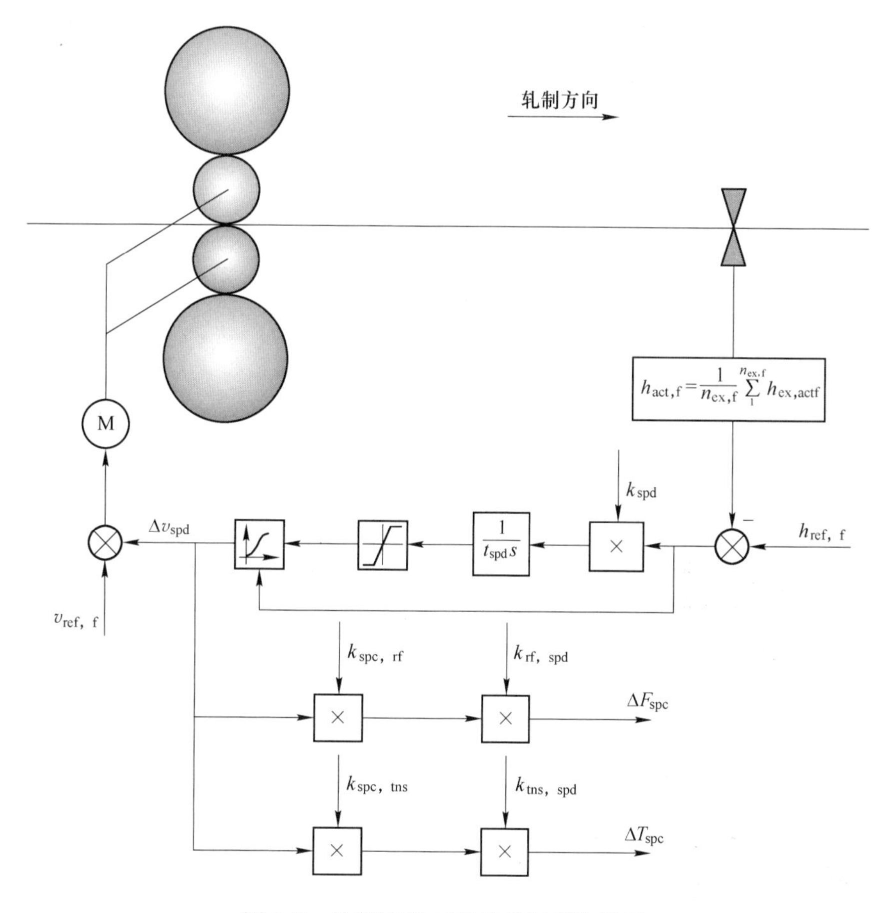

图 6.7　轧制速度 AGC 的控制系统原理

厚度之间时，加速度应基于厚度偏差减小到一个较小的加速度：

$$a_{spd}=\frac{\Delta h_{ex,cf}}{\Delta h_{acc,nom}}a_{sym} \tag{6.8}$$

式中　a_{spd}——轧制升速加速度输出，m/s^2；

$\Delta h_{acc,nom}$——轧制加速度计算的标称厚度偏差，mm；

a_{sym}——轧机传动系统正常加速度，m/s^2。

图 6.8 所示为轧制加速度控制的典型控制效果曲线。图 6.8a 为未投入加速度控制时的升速过程，随着轧制速度的大幅度升高厚度偏差出现了超调，在升速过程结束之后厚度偏差才逐渐调整到目标范围内。图 6.8b 为投入加速度控制时的升速过程，轧制速度升高到厚度偏差小于 5% 后，轧制速度的升速加速度开始逐渐减小；在出口厚度到达目标厚度后，轧制速度以较小的加速度升速，过程中厚度偏差一直维持在目标范围内。

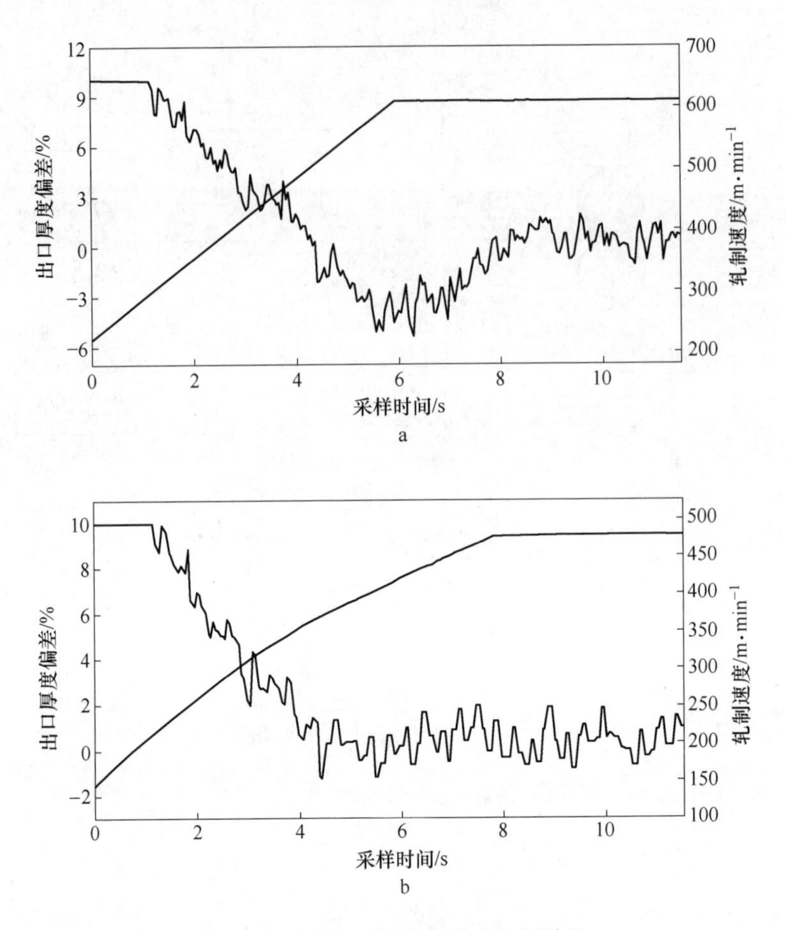

图 6.8 轧制加速度控制典型控制效果

6.4.3 速度前馈控制

正常轧制过程中，轧制速度的升降必然造成出口铝箔厚度的变化。为了减小速度变化对厚度的影响，在设定速度变化的同时应给出开卷张力或轧制力的前馈控制附加量。

对于不同合金系列和不同厚度的铝箔，轧制力、开卷张力和轧制速度对出口厚度的影响有较大差别。为了提高速度前馈控制的精度，在轧制过程中实时计算不同厚度调节方式对厚度的影响因子，可获得更为精确的速度前馈控制因子：

$$\frac{\partial F}{\partial v}=\frac{\partial h}{\partial v}\bigg/\frac{\partial h}{\partial F}$$

$$\frac{\partial T}{\partial v}=\frac{\partial h}{\partial v}\bigg/\frac{\partial h}{\partial T} \tag{6.9}$$

式中 $\frac{\partial F}{\partial v}$——速度前馈轧制力控制因子，kN/(m/s)；

$\frac{\partial h}{\partial v}$——轧制速度对出口厚度的影响因子，mm/(m/s)；

$\frac{\partial h}{\partial F}$——轧制力对出口厚度的影响因子，mm/kN；

$\frac{\partial T}{\partial v}$——速度前馈开卷张力控制因子，kN/(m/s)；

$\frac{\partial h}{\partial T}$——开卷张力对出口厚度的影响因子，mm/kN。

进而得到轧制速度前馈控制的输出量为：

$$\Delta F_{\text{spd,ff}} = k_{\text{rf,ff}} \Delta v_{\text{ff}} \frac{\partial F}{\partial v}$$

$$\Delta T_{\text{spd,ff}} = k_{\text{tns,ff}} \Delta v_{\text{ff}} \frac{\partial T}{\partial v} \tag{6.10}$$

式中 $\Delta F_{\text{spd,ff}}$——速度前馈轧制力输出的轧制力附加量，kN；

$k_{\text{rf,ff}}$——速度前馈轧制力的控制调节因子；

Δv_{ff}——速度前馈控制的速度控制量，m/s；

$\Delta T_{\text{spd,ff}}$——速度前馈开卷张力输出的开卷张力附加量，kN；

$k_{\text{tns,ff}}$——速度前馈张力的控制调节因子。

如果出口铝箔厚度小于目标厚度同时速度降低，或者出口铝箔厚度大于目标厚度同时速度升高，速度前馈控制将不会输出控制量。

6.5 厚度控制中的优化控制

在上述的三种厚度控制方式单独投入时，如果出口铝箔厚度出现了较大的变化需要较大的控制输出，而每种控制方式都不可能无限制进行调节。因而在选择了一种厚度控制方式作为主控制器之后，必须再选择另外一种厚度控制方式作为优化控制器。在主控制器的控制输出达到其上下限时，优化控制器将进行相应的反向控制，把主控制器的控制输出恢复到合理的范围之内。厚度控制中的优化控制见表 6.1。

表 6.1 厚度优化控制

项 目	轧制力监控 AGC	张力监控 AGC	轧制速度 AGC
厚度优化方式	速度优化	速度优化/轧制力优化	轧制力优化
上限超出	升高速度	升高速度/增大轧制力	增大轧制力
正常范围	轧制力调厚	张力调厚	速度调厚
下限超出	降低速度	降低速度/减小轧制力	减小轧制力

6.5.1 轧制力优化控制

轧制力优化控制主要用于铝箔的粗中轧道次，对于这些道次开卷张力或轧制速度是主要的厚度控制方式，轧制力优化控制用来保证开卷张力和轧制速度在合理的范围之内。下面以张力监控 AGC 为厚度控制主控制器对轧制力优化控制进行分析。

（1）当出口铝箔厚度有较大偏差时，轧制力优化控制首先消除厚差。当出口厚度过薄并且开卷张力小于张力中值时，减小轧制力以增大出口厚度；当出口厚度过厚、开卷张力大于张力中值并且速度优化控制未运行时，增大轧制力以减小出口厚度。当出口厚度过厚时，升高轧制速度是厚度优化控制的首选，当轧制速度接近上限并且出口厚度持续过厚时再增加轧制力。

（2）当出口铝箔厚度处于允许范围内时，轧制力优化控制用来维持开卷张力在合理范围内。当开卷张力小于优化控制下限时，减小轧制力以增大开卷张力；当开卷张力大于优化控制上限时，增大轧制力以减小开卷张力。在增减轧制力的同时，就对开卷张力进行相应的前馈控制输出，以减小优化控制过程对出口厚度的影响，获得更好的厚度控制精度。

对于极薄的铝箔，由于轧制力对出口厚度的影响很小，使用轧制力优化控制调节开卷张力和出口厚度的效果不明显，这时就需要使用速度优化控制。

6.5.2 速度优化控制

速度优化控制是铝箔轧制中主要的优化控制器，可以应用于铝箔轧制的各个道次。速度优化控制可保证轧制力和轧制速度在合理的范围之内。下面以张力监控 AGC 为厚度控制主控制器对速度优化控制进行分析。

（1）当出口铝箔厚度有较大偏差时，速度优化控制首先消除厚差。当出口厚度过薄并且开卷张力小于张力中值时，降低轧制速度以增大出口厚度；当出口厚度过厚、开卷张力大于张力中值时，升高轧制速度以减小出口厚度。

（2）当出口铝箔厚度处于允许范围内时，速度优化控制可维持开卷张力在合理范围内。当开卷张力小于优化控制下限时，降低轧制速度以增大开卷张力；当开卷张力大于优化控制上限时，升高轧制速度以减小开卷张力。在速度升降的同时，对开卷张力进行相应的前馈控制输出，以减小优化控制过程对出口厚度的影响，获得更好的厚度控制精度。

对于箔轧某道次，开卷张力的上下极值分别为 T_{ul} 和 T_{ll}，则速度优化控制相关的开卷张力阈值为：

$$T_{ul,opt} = T_{ll} + \alpha_{tul,opt}(T_{ul} - T_{ll}) \tag{6.11}$$

$$T_{ul,fin} = T_{ul,opt} - \beta_{t,opt}(T_{ul,opt} - T_{ll,opt}) \tag{6.12}$$

$$T_{ll,opt} = T_{ll} + \alpha_{tll,opt}(T_{ul} - T_{ll}) \tag{6.13}$$

$$T_{ll,fin} = T_{ll,opt} + \beta_{t,opt}(T_{ul,opt} - T_{ll,opt}) \tag{6.14}$$

式中 $T_{ul,opt}$——启动速度优化控制的开卷张力上限值，kN；

$\alpha_{tul,opt}$——开卷张力上限优化调节因子；

$T_{ul,fin}$——结束速度优化控制的开卷张力上限值，kN；

$\beta_{t,opt}$——开卷张力合理范围调节因子；

$T_{ll,opt}$——启动速度优化控制的开卷张力下限值，kN；

$\alpha_{tll,opt}$——开卷张力下限优化调节因子；

$T_{ll,fin}$——结束速度优化控制的开卷张力下限值，kN。

速度优化控制的目标是让开卷机张力工作在阈值 $T_{ll,fin}$ 和 $T_{ul,fin}$ 之间，既能够保证合适的轧制速度，同时在任何方向上也留有足够的开卷张力控制范围。如果开卷张力大于上限值 $T_{ul,opt}$，则速度优化控制开始升速，直到开卷张力小于上限值 $T_{ul,fin}$ 为止；如果开卷张力小于下限值 $T_{ll,opt}$，则速度优化控制开始降速，直到开卷张力大于下限值 $T_{ll,fin}$ 为止。图 6.9 所示为速度优化控制调节开卷张力的典型效果图。为了保证良好的出口厚度，开卷张力持续减小并最终达到启动速度优化控制的开卷张力下限值 $T_{ll,opt}$，速度优化控制降低轧制速度，将开卷张力增大到结束速度优化控制的开卷张力下限值 $T_{ll,fin}$。

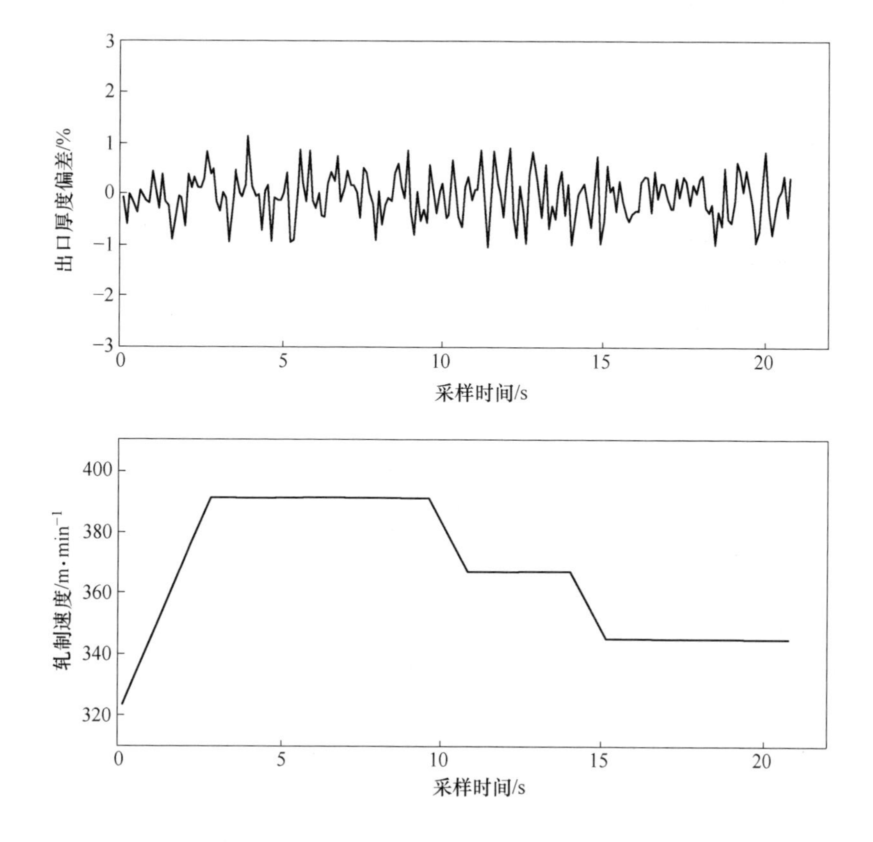

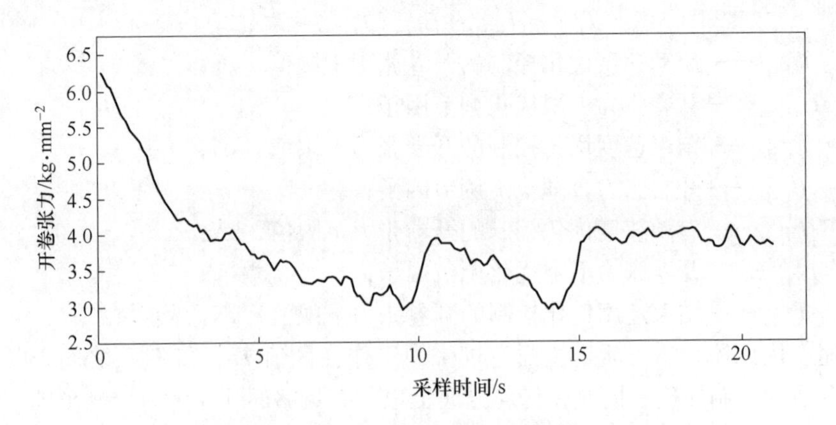

图 6.9　速度优化控制典型控制效果

6.6　产量最大化控制

为了提高产量，获得最大的经济效益，本节提出目标厚度自适应控制和速度最佳化控制。

6.6.1　目标厚度自适应控制

铝箔的销售一般分为按长度或按重量销售。就铝箔厚度而言，只要铝箔厚度公差在客户要求范围内即可，而实际能够达到的厚度控制精度一般都高于客户的厚度精度要求。因此，当厚度精度保持在客户要求范围内时，可以将目标厚度调节到其中的任一个偏差极限，即为目标厚度自适应控制。

如果铝箔以重量销售，那么应该增加其目标厚度，原料相同的情况下减少铝箔的轧制长度，从而减少轧制时间，这就是“重量最优化控制”。如图 6.10 所示，当厚度控制精度趋于稳定后，根据当前实际厚度偏差的上限和客户能够接受的厚度上限对厚度目标值进行修正：

$$h_{w,opt} = h_{w,optp} + \alpha_{w,opt}(h_{cus,ul} - h_{act,ul}) \tag{6.15}$$

式中　$h_{w,opt}$——重量最优化控制修正后的目标厚度值，mm；

$h_{w,optp}$——前一控制周期重量最优化控制修正后的目标厚度值，mm；

$\alpha_{w,opt}$——重量最优化控制的目标厚度修正因子；

$h_{cus,ul}$——客户可以接受的成品厚度上限，mm；

$h_{act,ul}$——滤波后的当前实际厚度最大值，mm。

如果铝箔以长度销售，那么应当减小其目标厚度，在原料相同的情况下增加铝箔的轧制长度，也就增加了铝箔产量，这就是“长度最优化控制”。如图 6.11 所示，当厚度控制精度趋于稳定后，根据当前实际厚度偏差的下限和客户能够接

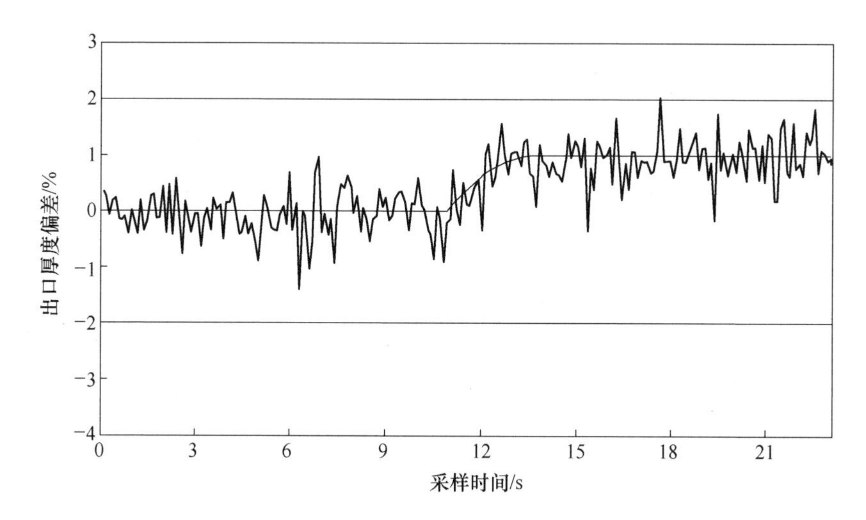

图6.10　重量最优化典型控制效果

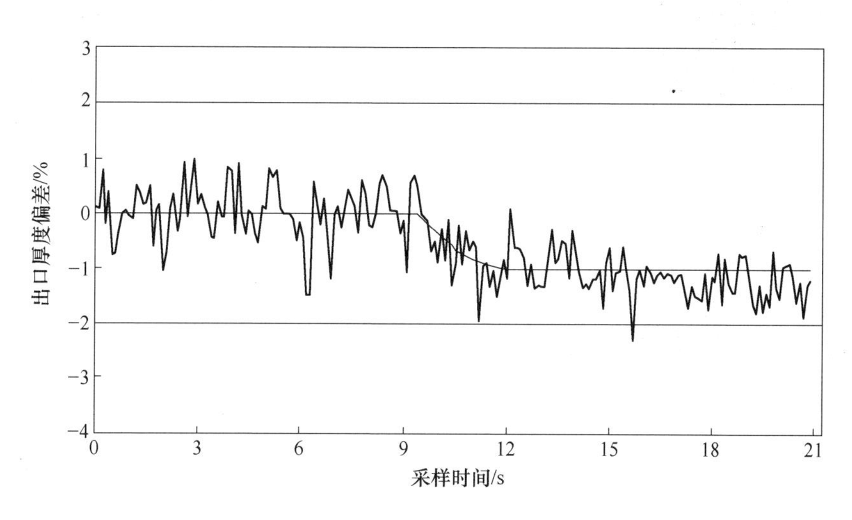

图6.11　长度最优化典型控制效果

受的厚度下限对厚度目标值进行修正：

$$h_{l,opt}=h_{l,optp}+\alpha_{l,opt}(h_{cus,ll}-h_{act,ll})\tag{6.16}$$

式中　$h_{l,opt}$——长度最优化控制修正后的目标厚度值，mm；

$h_{l,optp}$——前一控制周期长度最优化控制修正后的目标厚度值，mm；

$\alpha_{l,opt}$——长度最优化控制的目标厚度修正因子；

$h_{cus,ll}$——客户可以接受的成品厚度下限，mm；

$h_{act,ll}$——滤波后的当前实际厚度最小值，mm。

通过目标厚度自适应控制，可有效地减少轧制时间、增加铝箔产量，为铝箔生产企业创造更大的经济效益。

6.6.2 速度最佳化控制

为了获得更大的铝箔产量，生产企业总是希望轧机以可能的最大速度运行。出口铝箔厚度精度相对稳定之后，通过系统监视开卷张力、轧制力、电机功率和铝箔板形等现场轧制状态，在条件允许的情况下直接或间接升高轧制速度以获得最大的产量，这就是速度最佳化控制。在速度最佳化控制的同时，出口铝箔厚度偏差由主控制器进行调节。

采用轧制力监控 AGC 或张力监控 AGC 作为厚度控制主控制器时，在开卷张力和轧制力不超限的情况下，可设置较小的斜坡缓慢升高轧制速度，同时前馈开卷张力或轧制力减小，其控制原理与轧制速度 AGC 中的速度前馈控制类似。

采用轧制速度 AGC 作为厚度控制主控制器时，在开卷张力和轧制力不超限的情况下，可设置较小的斜坡缓慢降低开卷张力或轧制力，同时前馈控制输出轧制速度升高：

$$\Delta v_{\mathrm{spd,m}} = k_{\mathrm{spd,m}} \Delta T_{\mathrm{spd,m}} \frac{\partial v}{\partial T}$$

$$\Delta v_{\mathrm{spd,m}} = k_{\mathrm{spd,m}} \Delta F_{\mathrm{spd,m}} \frac{\partial v}{\partial F} \tag{6.17}$$

式中 $\Delta v_{\mathrm{spd,m}}$——速度最佳化控制输出的轧制速度附加量，m/s；

$k_{\mathrm{spd,m}}$——速度最佳化控制调节因子；

$\Delta T_{\mathrm{spd,m}}$——速度最优化控制的开卷张力调节量，kN；

$\frac{\partial v}{\partial T}$——开卷张力前馈轧制速度控制因子，m/(s · kN)；

$\Delta F_{\mathrm{spd,m}}$——速度最优化控制的轧制力调节量，kN；

$\frac{\partial v}{\partial F}$——轧制力前馈轧制速度控制因子，m/(s · kN)。

7 板形控制理论与技术

7.1 板形基础理论

7.1.1 板形的基本概念

所谓板形，直观地说是指板带箔材的翘曲程度；其实质是指轧后板带箔材沿宽度方向上（纵向）内部残余应力的分布。板形实际上包含板带箔材横截面几何形状（轮廓）和在自然状态下板带箔材的平直度两个方面，因此要定量描述“板形”会涉及这两个方面的多项指标。定量地表示板形，既是生产中衡量板形质量的需要，也是研究板形问题和实现板形自动控制的前提条件。

7.1.2 断面轮廓形状

实际的板带箔材板廓形状千差万别，但在工程实践中可以用凸度、楔形、边部减薄及局部高点 4 个指标对板廓的基本形状进行概括。在一般情况下，除板带箔材边部以外，板廓形状在大部分区域内具有二次曲线的特征，而在边部一段区域，带材厚度急剧减小。轧机在板带箔材的生产过程中往往产生挠曲变形的现象，该现象的发生通常对轧件的二次曲线形状造成一定的影响，常规的做法是采用凸度对与产生挠曲变形对应的部位进行定量表示。

在轧件的边部区域，经常存在轧件厚度急速变薄的状况，板带箔材横向约束减弱和工作辊压扁增强均对这种状况有促进的作用，可通过边部减薄对这种轧件厚度急速变薄的状况进行定量表示。如果轧制过程中轧机的两侧压下不均匀，轧后板带箔材还会表现出整体形状的楔形。图 7.1 所示为板带箔材板廓示意图。

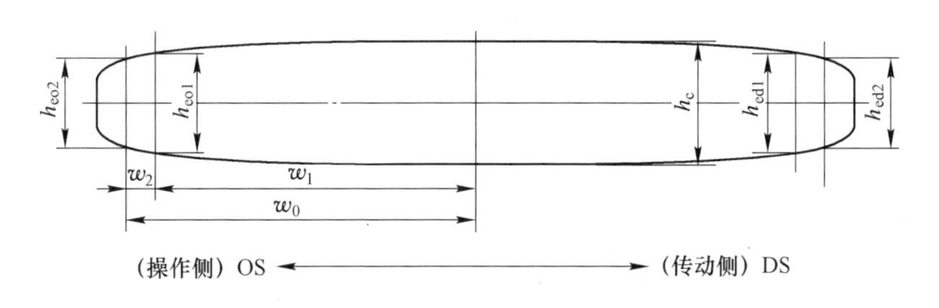

图 7.1 板带箔材板廓示意图

凸度、楔形、边部减薄及局部高点的具体定义如下。

7.1.2.1 凸度

凸度定义为在宽度中点处厚度与两侧边部标志点平均厚度之差：

$$CR = h_{c} - \frac{h_{ed1} + h_{eo1}}{2} \tag{7.1}$$

式中 CR——带材凸度，mm；

h_{ed1}——传动侧的标志点厚度，mm；

h_{eo1}——操作侧的标志点厚度，mm；

h_{c}——带材宽度方向中心点的厚度，mm。

7.1.2.2 楔形

楔形，即板带箔材操作侧与传动侧标志点厚度之差：

$$CT = h_{ed1} - h_{eo1} \tag{7.2}$$

7.1.2.3 边部减薄

边部减薄是指板带箔材与轧辊接触处的轧辊压扁，在板边由于过渡区造成的带材边部减薄：

$$E = \frac{h_{eo1} + h_{ed1}}{2} - \frac{h_{eo2} + h_{ed2}}{2} \tag{7.3}$$

式中 E——边部减薄量，mm；

h_{ed1}——传动侧的标志点厚度，mm；

h_{eo1}——操作侧的标志点厚度，mm；

h_{ed2}——传动侧边部减薄区外侧厚度，mm；

h_{eo2}——操作侧边部减薄区外侧厚度，mm。

7.1.2.4 局部高点

局部高点是指横截面上局部范围内的厚度凸起。

7.1.3 平直度的表示方法

冷轧板带箔材生产中轧机的入口和出口一般要施加比较大的张力。在外张力作用下，板带箔材横向的张应力分布将表现出与其横向相对长度差分布规律相同的曲线形态。因此，测量板带箔材在轧机中的出口张应力分布是实现平直度测量的一条可行之路，并具有理论上的严谨性。根据测量方式的不同，平直度可有不同的表示方法。

7.1.3.1 相对长度差表示法

相对长度差表示法就是取一段轧后的板带箔材，将其沿横向裁成若干纵条并平铺，用板带箔材横向不同点上相对长度差 $\Delta L/L$ 来表示。其中 L 是所取基准点的轧后长度，ΔL 是其他点相对基准点的轧后长度差，如图 7.2 所示。相对长度差也称为板形指数 ρ_v，$\rho_v = \Delta L/L$。

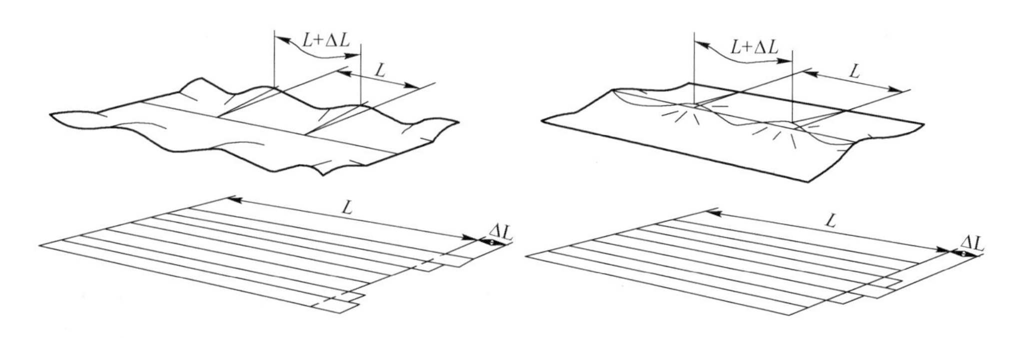

图 7.2 板带箔材纤维示意图

板形没有统一的国际单位，各国采用的度量单位并不相同。我国一般采用 I 作为板形单位。一个 I 单位相当于长度差 10^{-5}。轧后带材翘曲是由于边部或中部较大的延伸而产生严重边浪或中浪。一般定义 I 为负时是边浪，I 为正时是中浪。

7.1.3.2 波形表示法

在翘曲的板带箔材上测量相对长度求长度差很不方便，所以人们采用了更为直观的方法，即以翘曲波形来表示平直度，称为波浪度 d_v。将板带箔材切取一段置于平台之上，如将其最短纵条视为一直线，最长纵条视为一正弦波，则如图 7.2 所示，可将板带箔材的波浪度表示为：

$$d_v = \frac{R_v}{L_v} \times 100\% \tag{7.4}$$

式中 d_v——波浪度,%；

R_v——波高，mm；

L_v——波长，mm。

这种方法直观，易于测量，所以现场多采用这种方法。

设在图 7.3 中与长为 L_v 的直线部分相对应的曲线部分长为 $\Delta L_v + L_v$，并认为曲线按正弦规律变化，则可利用线积分求出曲线部分与直线部分的相对长度差。波浪度与相对长度差间的关系如式（7.5）所示：

$$\frac{\Delta L_v}{L_v} = \frac{\pi^2}{4} \times d_v^2 \tag{7.5}$$

因此波浪度可以作为相对长度差的代替量。只要测出板带箔材的波浪度，就可求出相对长度差。

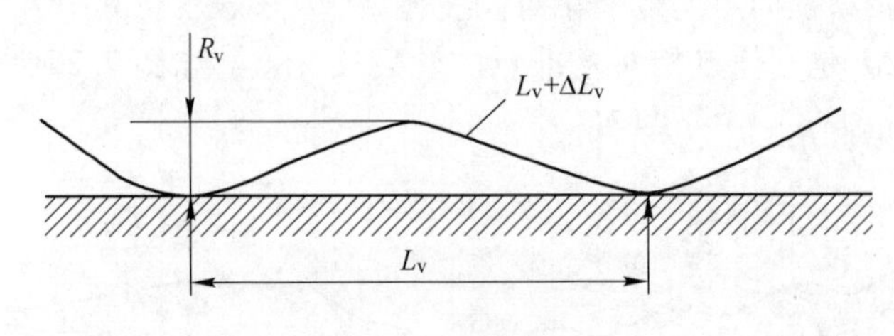

图 7.3　波高和波长

7.1.3.3　残余应力表示法

板带箔材平直度不良实质上是由其内部残余应力横向分布不均造成的，所以在理论研究和板形控制中用板带箔材内部的残余应力表示板形更能反映问题的实质。一般将板带箔材内部残余应力表示为其横向相对位置的函数，x 是所研究点距离板带箔材中心的距离，B 是宽度。经验表明，要精确表示残余应力分布，需要用四次函数，而在凸度设定及前馈控制时一般为了简化，只用二次函数，即：

$$\sigma(x)=\sigma_{\mathrm{T}}\left(\frac{2x}{B}\right)^2+C \tag{7.6}$$

式中　$\sigma(x)$ ——距板带箔材中心为 x 的点处发生的残余应力，MPa；

C——常数，MPa；

σ_{T}——平直度参数，它可以由理论分析确定，MPa。

理论研究表明，σ_{T} 与下列参数有关

$$\sigma_{\mathrm{T}}=f(\tau_{\mathrm{b}},\tau_{\mathrm{f}},h_0,h,v,C_{\mathrm{w}},C_{\mathrm{b}},F) \tag{7.7}$$

式中　τ_{b}，τ_{f}——前、后张应力，MPa；

h_0，h——轧前、轧后厚度，mm；

C_{w}，C_{b}——工作辊、支承辊的凸度，mm；

v——轧制速度，m/s；

F——液压弯辊力，kN。

7.1.3.4　张应力差表示法

当使用剖分式张力辊平直度测量仪时，获得的结果为实测板带箔材宽度方向上的张应力分布（其积分值为总张力），而张应力的不均匀分布将会导致内应力的存在。因此张应力不均匀分布形态实质上反映了内应力的分布形态。设实测张应力为 $\tau_{\mathrm{f}}(x)$，而 $\Delta\tau(x)$ 为：

$$\Delta\tau(x)=\tau_{\mathrm{f}}(x)-\tau_{\mathrm{fm}} \tag{7.8}$$

则

$$\Delta\tau(x)=E\rho_{\mathrm{w}}(x)\times10^5 \tag{7.9}$$

式中　τ_{fm}——宽度方向上的平均张应力，MPa；

$\rho_w(x)$——相对长度差。

7.1.4　板形缺陷的类型

板带箔材在不受张力作用时表面的翘曲程度被称为平直度。翘曲是由于板带箔材宽度方向上各处延伸不均造成内部存在残余应力。由于在轧制过程中前后将施以较大张力，因此轧制时从表面上一般不易看出翘曲、起浪等现象，但当取一定长度的成品板带箔材，自然地放在平台上（无张力）时，常可看到板带箔材的翘曲。冷轧板带箔材常见的板形缺陷如图7.4所示。

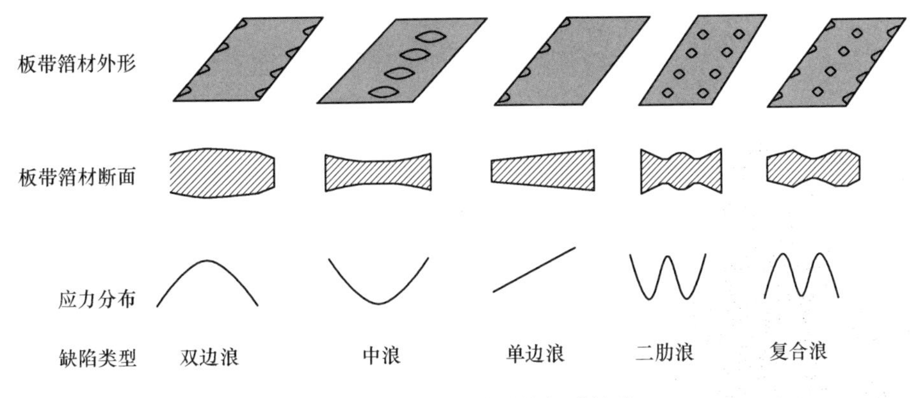

图7.4　冷轧板带箔材的板形缺陷

根据是否有外观浪形产生，平直度缺陷又可被分为潜在缺陷和表观缺陷。具有潜在缺陷的板带箔材表面虽然保持平直，但其内部受到残余内应力的作用，如果将板带箔材沿纵向切分使内应力得到释放，板带箔材宽度方向上的不均就会表现出来。对于具有外在平坦度缺陷的板带箔材，宽度方向上的长度差是显而易见的。

7.2　板形的影响因素

有载辊缝的形貌必须与板带箔材断面形貌保持匹配，才能保证板形质量。影响有载辊缝形貌的因素很多，主要可归纳为张力、轧制力波动、轧辊凸度变化、轧辊的弹性压扁以及来料厚度分布等。

7.2.1　来料厚度分布

来料厚度分布对板带箔材板形的影响也很大。在辊缝形状一定的情况下，来料凸度的变化、厚度不均匀以及来料出现楔形，都会导致出口板带箔材产生一定的板形缺陷。

在辊缝形状一定的情况下，沿辊缝宽度方向上，板带箔材厚度较大的部分会产生更大压下量，导致更多的纵向延伸，因此，板带箔材厚度分布不均对板形控制的影响可以通过其局部压下量和延伸量之间的关系来说明。

例如某卷板带箔材宽度方向上存在厚度较大的纵条，在轧制过程中，将该卷板带箔材沿长度方向划分为若干段，每段平均压下量为 Δh_i，导致的纵向延伸为 Δl_i，考虑轧制过程中板带箔材两向受压应力，一向受拉应力，忽略宽展，则由体积不变原理可得：

$$\Delta l_i = \frac{\Delta h_i}{h_i - \Delta h_i} l_i \tag{7.10}$$

式中　Δl_i——第 i 段板带箔材轧后的伸长量，m；
i——沿板带箔材长度方向划分的段序号；
l_i——第 i 段板带箔材的长度，m；
h_i——第 i 段板带箔材的平均厚度，m；
Δh_i——第 i 段板带箔材轧后的压下量，m。

同理，该段板带箔材沿宽度方向上厚度较大的纵条伸长量为：

$$\Delta l_i' = \frac{\Delta h_i'}{h_i' - \Delta h_i'} l_i \tag{7.11}$$

式中　$\Delta l_i'$——第 i 段板带箔材沿宽度方向上厚度较大的纵条的伸长量，m；
h_i'——第 i 段板带箔材沿宽度方向上厚度较大的纵条的平均厚度，m；
$\Delta h_i'$——第 i 段板带箔材沿宽度方向上厚度较大的纵条的压下量，m。

由于轧机辊缝是连续的曲线形貌，且辊缝刚度分布均匀，因此沿宽度方向上厚度较大的纵条必然比其他区域有更大的相对压下量，即 $\frac{\Delta h_i'}{h_i' - \Delta h_i'} > \frac{\Delta h_i}{h_i - \Delta h_i}$，故沿宽度方向上厚度较大的纵条必然比其他区域有更长的伸长。

在轧制力作用下，轧后沿宽度方向上厚度较大的纵条相比其他区域伸长量的增加为：

$$\Delta L_i = \left(\frac{\Delta h_i'}{h_i' - \Delta h_i'} - \frac{\Delta h_i}{h_i - \Delta h_i} \right) l_i \tag{7.12}$$

式中　ΔL_i——第 i 段板带箔材沿宽度方向上厚度较大的纵条比其他区域增加的伸长量，m。

从式（7.12）可以看出，只要某处的板带箔材有较大的相对压下量，就会有相应的比其他区域伸长的增加量，整个板带箔材长度方向上的伸长增加量为：

$$\Delta L = \sum_{i=1}^{N} \Delta L_i = \sum_{i=1}^{N} \left(\frac{\Delta h_i}{h_i - \Delta h_i} - \frac{\Delta h_i'}{h_i' - \Delta h_i'} \right) l_i \tag{7.13}$$

式中　ΔL——板带箔材宽度方向上厚度较大的纵条在整个板带箔材长度内增加的总伸长量，m；

N——板带箔材长度方向划分的板带箔材段数。

从式（7.13）可以看出，由于沿板带箔材长度方向上的纵向延伸是一个累加值，故沿宽度方向上的来料厚度不均造成的相对压下量不均对板带箔材的纵向延伸不均会造成很大影响。虽然沿板带箔材长度方向上的每一小段板带箔材在宽度方向上的厚度不均对该段板带箔材的延伸产生的影响不大，但是在整个板带箔材长度范围内这种影响是累计的，当这种延伸差的累积达到一定程度，就会导致板带箔材出现浪形。假设轧后一卷板带箔材长3000m，入口板带箔材厚度为1mm，而沿板带箔材宽度方向上某个纵条的板带箔材厚度为1.002mm，且沿板带箔材长度范围内该纵条厚度一致，则经过轧制后，出口板带箔材厚度为0.8mm。由于该纵条较其他区域厚，使该处的轧辊有较大的弹跳量和压扁量，故该纵条板带箔材厚度并不能跟出口板带箔材厚度保持一致，假设其出口厚度为0.801mm，则相比其他区域有0.001mm的压下量增加，代入式（7.13）可得该纵条会比其他区域的板带箔材延伸量增加2.778m。可见，很小的厚度分布不均也会导致板带箔材伸长量最终出现较大的不均，且随着板带箔材长度的增加，这种延伸不均更加突出。

7.2.2 轧制力波动

板带箔材在轧辊的压力作用下产生塑性变形，在轧制力的作用下，轧辊会发生挠曲变形。轧制力越大，轧辊的挠曲变形越严重，导致板带箔材边部的厚度与中心处的厚度差越大，板带箔材的正凸度越大。从板形控制的角度看，可以将轧制力的大小和板形之间的关系形象地描述如下：轧制力减小，相当于增加一个正弯辊力，板形有从边浪向中浪过渡的趋势，过渡的趋势取决于轧制力减小的幅度；反之，轧制力增大，板形有从中浪向边浪过渡的趋势。轧制过程中，轧制力受到板带箔材的变形抗力、来料厚度、摩擦系数以及入口出口张力分布等诸多因素的影响，某些因素的变化会引起轧制力的变化。同时由于轧辊热膨胀、轧辊磨损等无法准确预知因素的影响，为了保证轧后厚度精度，AGC系统需要不断地调整辊缝，也会导致轧制力在很大的范围内发生变化。轧制力的变化会影响到轧辊的弹性变形，也就是影响轧辊的挠曲程度，从而影响所轧板带箔材的板形。

7.2.3 轧辊压扁

轧辊在轧制力的作用下发生弹性压扁，这种弹性压扁状况既会发生在轧辊之间，也会发生在工作辊与板带箔材之间。弹性压扁的存在，会直接影响辊缝的形状，进而对板形产生影响。

在轧件宽度与工作辊辊面宽度之比较小的情况下，无论辊间的接触压扁，还是变形区出口侧工作辊压扁，其最大值均位于辊面的中部，并从中部朝两端部逐渐减小。这种分布与轧辊的弹性挠曲变形叠加起来，会加剧辊缝正凸度的增大，不利于板带箔材板形的控制，并加剧边部减薄。如果增加板带箔材宽度，情况则朝有利于板形控制的方向发展，因为随着宽度比的增大，端部压扁值逐渐增加，当宽度比达到一定程度时，轧辊压扁最大值会出现在两端部。轧辊压扁这种分布能够补偿由于轧辊弹性变形造成的轧件边部压下过大，有利于使轧件厚度沿宽度方向上均匀分布。

7.2.4　轧辊凸度变化

造成轧辊本身凸度发生变化的因素主要有轧辊热凸度和轧辊磨损。金属塑性变形会产生热量，金属与轧辊的摩擦也会产生热量，这些热量一部分被冷却水带走，另一部分滞留在轧辊里，使轧辊产生热变形，偏离原来设计的辊形，使轧辊辊形成一定的热凸度。热凸度使得轧辊的凸度增加，这与正弯辊力的功能是一致的。工作辊辊形的变化将直接导致辊缝形状的改变，进而影响轧机的出口板带箔材板形质量。影响轧辊热凸度的主要因素很多，主要有轧制速度、冷却液的换热能力、轧制力、轧制摩擦系数和冷却液的温度。一般而言，由于轧辊边部区域较中部区域散热快，因此，轧辊的热凸度通常使轧辊中部热膨胀较大，两边热膨胀较小。

在轧机机型确定的情况下，辊形是影响板形控制的最直接、最活跃的因素，轧辊磨损辊形是轧辊服役过程中影响轧辊辊形变化的重要因素。轧辊磨损会直接影响轧辊的初始凸度，从而与热凸度、机械凸度和轧辊的弹性变形一同影响板凸度和板形。与热凸度和轧辊的弹性变形相比，磨损凸度具有更多的不确定性和难以控制性，且磨损一旦出现，便不可恢复，不能在短期内加以改变。

7.2.5　张力

在轧制过程中，施加张力是调整板形、保证轧制过程顺利进行的重要手段。20 世纪 70 年代末，意大利的 M. Borghesi 首次提出用改变后张力的方法改善板形。他们研究了各种输入张力对板形的影响，当输入张力的横向分布形式由均匀到抛物线变化时，输出的张应力分布由抛物线形变化到均匀分布，即板形由边浪变到平直，由此可见张力对板形的影响。户泽等人的研究则指出，辊缝中的金属流动受所加外张力的影响较显著。张力对轧辊的热凸度、轧制力分布以及金属横向流动都会产生影响。既然可以通过改变张力来改善板形，那么如果张力控制不好，也会导致板形缺陷的产生。

国内的刘华等研究了张力对大宽厚比铝箔板形的影响，张小平等进行了张力对板形影响的实验研究，这些研究结果表明增大张力可以减小金属的横向流动，有利于板形控制。因此，在生产中为了促进板带箔材均匀变形，保证板形质量，应在设备允许的条件下，优先采用大张力轧制工艺。

7.3 板形控制技术

板形控制的实质就是改变轧制过程中有载辊缝的形状，因此，凡是能改变轧机有载辊缝的手段，例如改变轧辊弹性变形和改变轧辊原始凸度的方法，均可作为改善板形的手段。工艺上，通过改善热轧来料的原始凸度、设定初始辊缝、改变轧制规程以及调整张力分布等方法控制板形，已经取得了一定的效果，但是有的方法响应速度慢，不能实现实时调整。因此人们更多地是从设备上考虑，通过改进设备来获得对板形的控制。现阶段利用设备方法的主要板形控制技术有压下倾斜、液压弯辊、轧辊窜辊、轧辊交叉技术、特殊辊形轧辊技术以及轧辊分段冷却技术等。

7.3.1 原始辊形设计技术

无论采用什么样的新设备、新工艺、新技术，正确合理的原始辊形都是获得良好板形的基本条件。同时，原始辊形设计也是一种重要的、有效的板形调节手段，合理的辊形可以缓解辊间接触压力的不均匀分布状况，减少轧制过程中的磨损或者均匀化磨损，直接降低成本，同时减少不良产品率，提高板形质量。

合理的原始辊形，配合轧制过程中正确的控制和调整，才能使轧制过程顺利进行，满足变形的相似原理，即在轧机两个工作辊之间形成的辊缝与原料的轮廓形状相匹配。受轧辊受力后产生的挠度、工作辊辊身温差造成的热膨胀、工作辊的弹性压扁、合金种类、道次压下量等诸多变形条件的影响，工作辊的原始辊形应根据轧制力引起辊身中部与边部的挠度差、轧辊的弹性压扁量、轧辊热膨胀造成的热凸度等因素的代数和来确定。

铝箔冷轧过程中，轧辊基本弧度曲线的有两种：抛物线型曲线（图 7.5a）和正弦/余弦曲线（图 7.5b）。抛物线型曲线与轧辊挠度曲线相近，对板形控制较为有利；正弦/余弦型曲线其起始部位相对抛物线型曲线来说较为平缓，有利于消除或改善肋部波浪，改变正弦/余弦曲线角度可以消除或改善肋部不同部位的波浪，正弦/余弦曲线常用角度为 72°。

有学者认为抛物线型曲线适用于辊身长度为 1600mm 以下的轧机，正弦/余弦型曲线适用于辊身长度 1600mm 以上的轧机，轧辊曲线角度的选择，企业可根据自身设备情况、工艺习惯决定。但不管选用哪一种曲线，辊形角度均应以辊身长度的中点使曲线左右两边对称。同时因加工材料不同、道次加工率不同，轧制力不同，产生的变形热不同，造成轧辊的热膨胀不同，工作辊采用一种固定的原始辊形是无法满足这一要求的，必须根据不同的合金、不同的原始板形、不同的宽度、不同的加工率磨制不同凸度的辊形，根据实践经验，箔轧工作辊凸度约为 0.03 ~0.08mm。

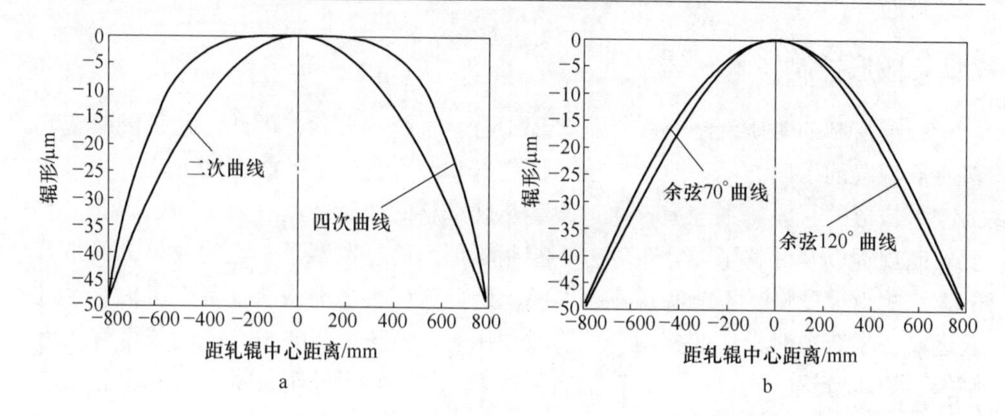

图 7.5　工作辊辊形曲线

a—多项式曲线；b—余弦曲线

7.3.2　液压弯辊技术

20 世纪 60 年代之后液压弯辊技术逐渐发展起来，成为改善板形最有效和最基本的方法，其原理是通过液压弯辊系统对工作辊或中间辊（六辊轧机）端部施加一可变的弯曲力，通过改变轧辊弯曲状态，使轧辊瞬时凸度量在一定范围内迅速地变化，实现凸度控制，以校正板带箔材的板形。

液压弯辊结构简单、响应速度快、能连续进行调整、板形控制效果明显以及便于与其他控制手段相结合等优点，使其便于实现板形调整的自动化，广泛应用于现代化带材和箔材冷轧生产过程中。但由于需给轧机、轧辊轴承和轧辊本身增加附加载荷，因而影响了轧机能力的充分发挥。

按照弯辊力作用部位，弯辊通常可以分为工作辊弯辊、中间辊弯辊（六辊轧机）和支撑辊弯辊；按照弯辊力作用面，弯辊可以分为垂直面（VP）弯辊和水平面（HP）弯辊；根据弯辊力作用方向，还可以分为正弯辊和负弯辊。液压弯辊的形式如图 7.6 所示。

在宽幅箔材轧制过程中，由于工作辊辊径小，使其长径比较大，理论计算和实践检验均证实了工作辊弯辊会使接触力沿辊身改变呈“M”形，弯辊力控制效果无法深入到工作辊轴向的中间部位。

7.3.3　轧辊窜辊技术

轧辊窜辊是另一项重要的板形控制技术，早在 20 世纪 50 年代就被应用于二十辊的森吉米尔轧机第一排中间辊上。但将其作为板形控制的手段，则是在 1972 年日立公司推出的 HC 轧机之后。HC 轧机通过中间辊的窜辊消除了四辊轧机中工作辊和支撑辊在板宽以外的接触，工作辊弯曲不再受到这部分的阻碍，因而液

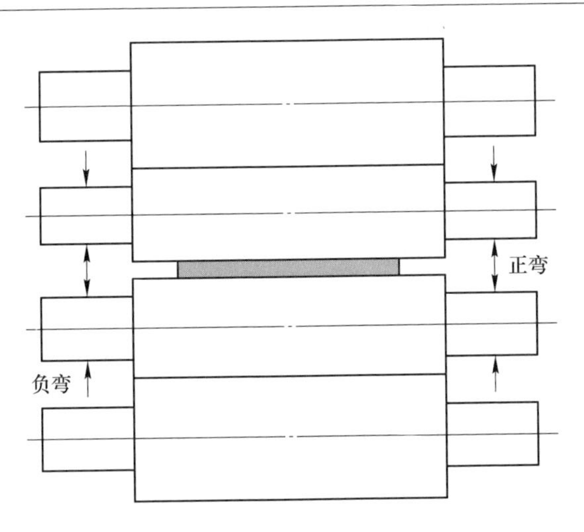

图 7.6 轧辊弯辊控制

压弯辊本身的板形控制能力明显增强。中间辊窜辊技术的实现，使轧机的板形控制能力产生了一个飞跃，其在扩大板带箔材凸度控制范围、改变轧机刚度、实现自由程序轧制、消除辊间有害接触弯矩对工作辊的影响、改善边部减薄的状况等方面均取得了显著效果。

如今，窜辊技术已得到了广泛的应用，如 CVC、UCMW 轧机、锥形工作辊窜辊轧机 T-WRS（Taper Work Roll Shifting Mill）等。典型六辊轧机轧辊窜辊示意图如图 7.7 所示。

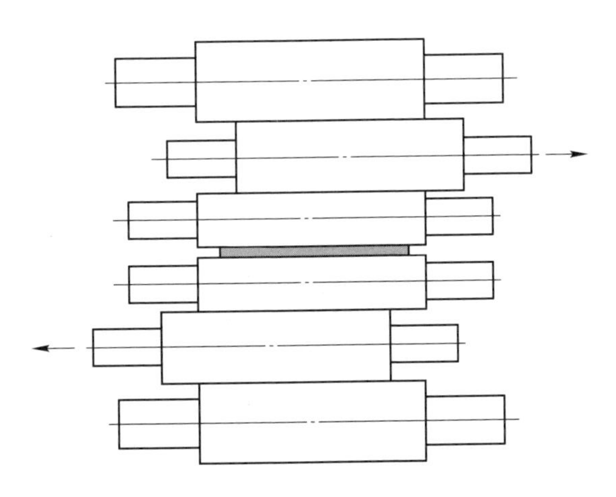

图 7.7 轧辊窜辊控制

7.3.4 辊系压下倾斜技术

辊系压下倾斜技术的原理是对轧机两侧的压下装置进行同步控制，通过在轧辊两侧施加不同的压下量，使辊缝呈楔形以消除板带箔材非对称板形缺陷，如“单边浪”“镰刀弯”等。如图 7. 8 所示，压下倾斜具有操作简单、结构简单和响应速度快等特点，广泛应用于四辊、六辊冷轧带材和箔材生产过程中。

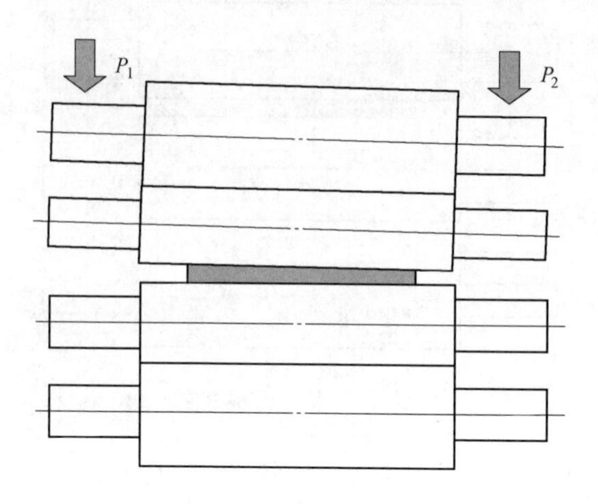

图 7. 8　轧辊倾斜控制

7. 3. 5　工作辊分段冷却技术

工作辊分段冷却控制是通过控制工作辊热轧凸度实现板形控制的方法。将冷却系统沿工作辊轴向划分为与板形测量段相对应的若干区域，每个区域安装若干个对应的冷却液喷嘴。控制各个区域冷却液喷嘴打开和关闭的数量和时间，通过调节沿辊身长度冷却液流量的分布来改变轧辊温度的分布，从而调节热凸度的大小和分布，达到改变辊缝形状控制板形的目的。图 7. 9 所示为工作辊分段冷却控制示意图。

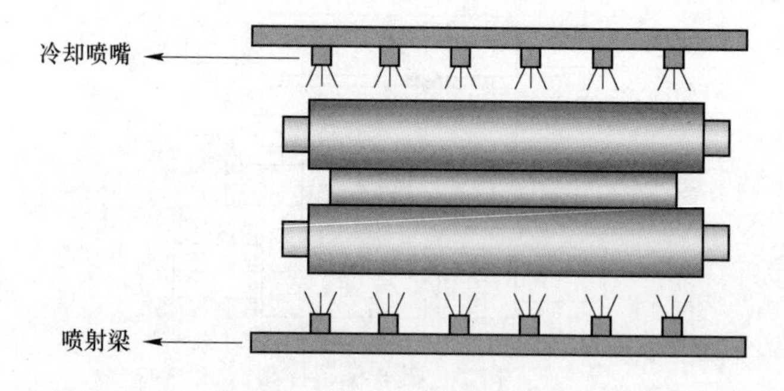

图 7. 9　工作辊分段冷却控制

工作辊分段冷却过程中，一般会发出向指定的测量段喷洒润滑液和冷却剂的指令，进而对该测量段上的轧辊热膨胀进行控制，最终达到调节不同的测量段上轧辊凸度的效果，每个冷却区的控制都可以单独进行。在指定的冷却测量段上的冷却设定值需要通过数学模型计算，主要考虑的因素为轧辊分段冷却量。同时，该冷却量应与测量段上的板带箔材张力一一对应。在实际板带箔材的生产中，必须让所有冷却区域的基本冷却量不为零，该基本冷却量为最大冷却量的1/3。

下级控制装置首先接收在每个测量段上的冷却输出，其中冷却输出为基本冷却量与冷却量设定值共同作用的结果，最后控制阀被控制装置关闭或打开指定的时间。在板带箔材轧制过程中，轧件变形及轧件与轧辊摩擦产生的热量会使轧辊发生不均匀热膨胀，轧辊的分段冷却技术就是对轧辊分段喷射冷却液，使每段轧辊上的热凸度按照要求发生变化，以控制板带箔材相应段纵向上的伸长率。

采用分段冷却来调节热凸度，还可补偿一小部分轧辊的磨损量，但存在调节范围小、功能不稳定，尤其是存在响应速度慢的缺点，因此仅仅依靠这种缓慢而又不准确的调温控制法，显然不能满足对板形质量的要求。

7.3.6 轧辊液压胀形技术

1974 年日本住友公司开发出了一种凸度可变轧辊，称为 VC 轧辊（variable crown roll system）或液压胀形轧辊。液压胀形轧辊由芯轴与辊套组成，如图 7.10 所示。该轧辊在芯轴与辊套之间设有液压腔，高压液体经高速旋转的高压接头由芯轴进入液压腔。在高压液体的作用下，辊套外胀，产生一定的凸度。调整液体压力的大小，可以连续改变辊套凸度，迅速校正轧辊的弯曲变形，一方面对高压液体起密封作用，另一方面在承受轧制载荷时传递所需的扭矩，并保证轧辊的整体刚度。

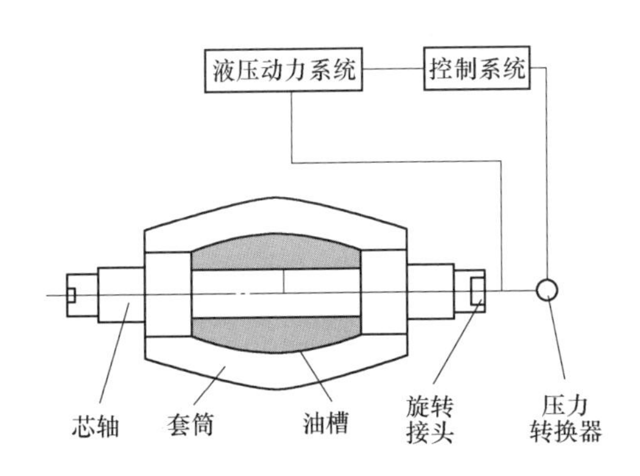

图 7.10 VC 轧辊

DSR 轧辊（dynamic shape roll）是法国 CLECIM 公司开发的一种轧辊，由旋转辊套、固定芯轴及调控两者之间相对位置的 7 个液压缸组成，如图 7.11 所示。7 个可伸缩压块液压缸透过承载动静压油膜调控旋转辊套的挠度及其对工作辊辊身各处的支持力度（即辊间接触压力），进而实现对辊缝形状的控制。DSR 技术通过直接控制辊间接触压力分布可以使轧机实现低横刚度的柔性辊缝控制、低凸度高横刚度的刚性辊缝控制以及辊间接触压力均布控制的控制思想，但同一时间 DSR 技术只能实现其中的一种控制思想。

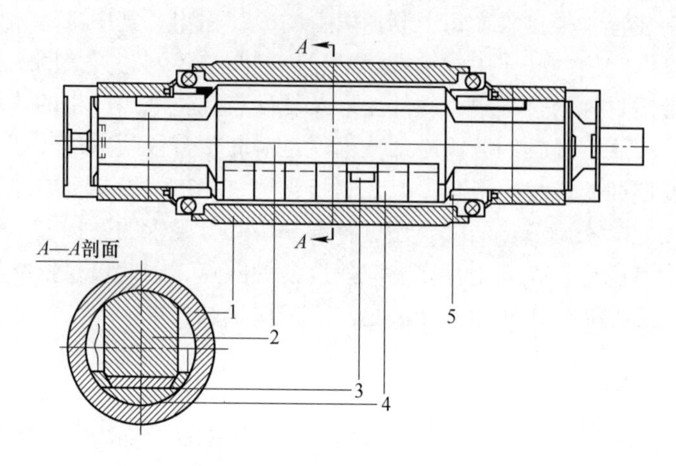

图 7.11　DSR 轧辊

1—辊套；2—固定梁；3—柱赛缸；4—推力垫；5—浮动推力轴承

采用液压胀形技术的轧辊能更为方便地改变沿轧辊的凸度分布，是一种非常灵活的板形控制方法，但是由于采用了液压方式，使得轧辊的结构变得复杂，维护困难。

8　板形自动控制系统

8.1　板形控制系统

完整的板形控制系统包括三部分，即板形预设定系统、板形前馈控制系统以及板形闭环反馈控制系统。

板形预设定控制是在板带箔材进入辊缝前，预先设置板形调控机构的调节量并输出到执行机构；预设定系统一般都集成于过程自动化的数学模型中，作为一个子系统来处理；预设定值是反馈控制的起始点、初始值，它的合理与否将影响反馈控制调整实际板形达到目标值的时间及板形控制的效果。

板形前馈控制就是使弯辊力随轧制力的变化做出相应的补偿性调整，以消除轧制力变化对板形造成的不良影响；轧制力前馈控制一般由设定系统计算出相应的前馈系数，然后在基础自动化中执行相应的运算和控制。

板形闭环反馈控制是根据目标板形与实测板形间的偏差，利用在线数学模型计算获得板形调控机构的调节量然后输出到执行机构；板形闭环反馈式控制系统比较复杂，包括大量的计算处理，对实时性要求也非常高，集成在基础自动化系统中。

8.1.1　板形预设定控制

板带箔材进入轧机辊缝前，需要预先设置板形调控机构的控制量，这是板形预设定控制的主要任务。而且从板带箔材头部进入辊缝直到建立稳定轧制的一段时间内，板形反馈控制功能尚未投入，此时也需要预设定值来保证这段板带箔材的板形质量，因此预设定控制的精度关系到每一卷板带箔材的废弃长度，即影响到板带箔材的成材率。预设定是否准确会影响反馈控制调整板形达到目标值的收敛速度和收敛精度。

在最初的板形控制实践中，人们采用静态负荷分配或动态负荷分配对轧制规程进行优化，以达到板形设定控制的目的。由于轧制规程设定中可调节因素仅为机架间负荷分配，且设定计算结果需要同时保证板带箔材的出口厚度，因此这种板形设定方法的调节范围较小。

伴随着新的板形控制技术的出现，设定模型逐渐从轧制规程设定模型中解脱出来，能够独立成为一个控制系统。由于以基础板形理论为基础的计算模型的精度有限，理论计算结果和实际控制效果误差较大，后来又发展出了许多基于模型自学习、模糊算法、神经网络等的人工智能板形预设定计算方法。人工智能算法可以在理论计算的基础上提高模型精度，但大部分情况下仍需要这些理论计算提供初始参数。因此，不断发展和完善的板形理论基础是提高板形预设定控制水平的关键因素。

现代轧机的板形控制手段一般都有两个或两个以上，因此设定计算必须考虑这些调控手段如何搭配以实现最佳的板形控制。设定值计算的基本过程为：根据板形调控手段的数量和各自特点，确定设定计算的先后顺序或称优先权；根据各调控手段的优先级，按照选定的初值，具有高优先级的先进行计算，对辊缝凸度进行调节；当调节量达到极限值，但辊缝凸度没有达到要求且还有控制手段可调时，剩下的偏差则由具有次优先级的调控手段进行调节，以此类推，直至辊缝凸度达到要求或再没有调节机构可调为止。

各调节机构优先级的选取，一般根据两个原则。第一个原则是响应慢的、灵敏度小的、轧制过程中不可动态调节的调节机构先调。这是因为在轧制过程中，操作工或者闭环反馈控制系统还要根据来料和设备状态的变化情况，动态调节板形调控手段，因此希望响应快、灵敏度大的调节机构的设定值处于中间值，这样在轧制过程中可调节的余量最大。反之，如果响应快的先调，当调节量达到极限值时再进入下一个调控手段的计算，这样当在轧制过程中还需要进一步调节，就只能调节响应慢的调节机构，会影响调节的速度和效率。第二个原则是轧制过程中也就是板带箔材运行过程中不能调节的手段先调，其原因与第一条原则相似。

8.1.2　单机架六辊不可逆带材轧机板形实时控制策略

某1250mm单机架六辊不可逆冷轧机的板形实时控制系统采用的是板形闭环反馈控制结合轧制力前馈控制的策略。板形调节机构有工作辊弯辊、中间辊正弯辊、中间辊窜辊、轧辊倾斜、轧辊分段冷却。轧制力前馈控制用来补偿轧制力波动引起的辊缝形状的变化，整个板形控制系统的策略结构如图8.1所示。

现代板带轧机的板形调控手段一般都有两个或两个以上，因此闭环反馈控制必须考虑这些调控手段如何搭配以实现最佳的板形控制。反馈控制的策略就是根据板形调控手段的数量和各自的特点，确定对于这些板形调控手段如何分配板形偏差。该轧机采用接力方式的板形闭环控制策略，该方式首先确定不同的控制层次，在每个控制层次中，如果有不止一个板形调控手段，那么还要根据各调控手段的优先级，对具有较高优先权的先进行调节。

接力方式的具体控制过程为：首先根据板形实测值和设定的目标值计算板形误差，通过采用一定的数学方法确定各板形控制执行机构的调节量。本层次调节

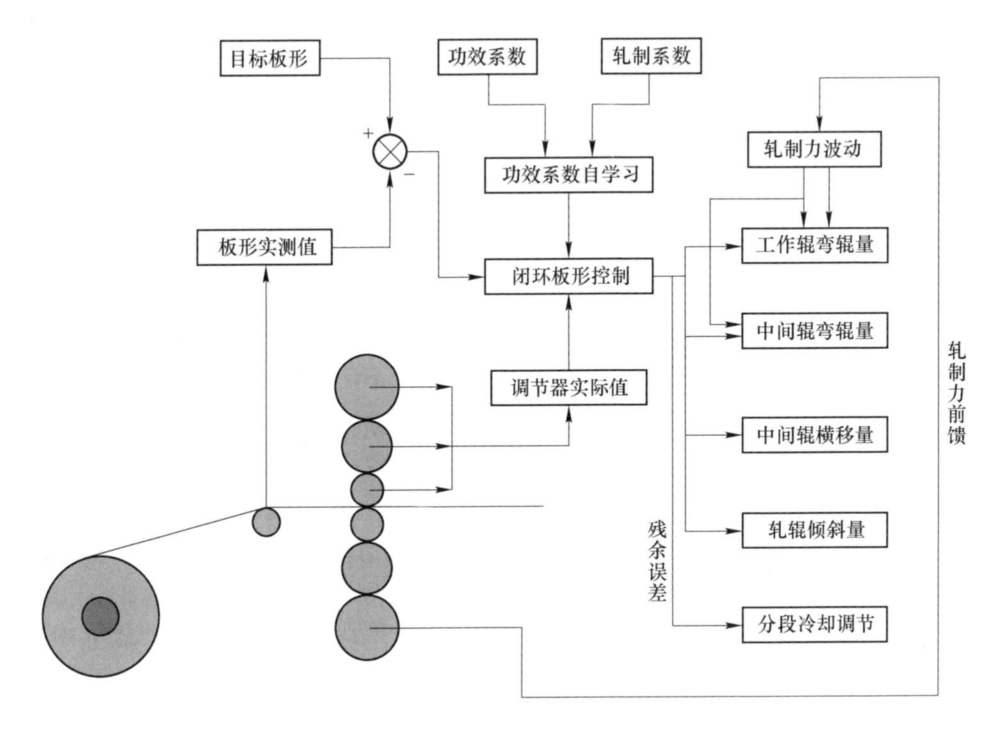

图 8.1　六辊轧机板形控制系统策略结构

量计算结束后，按接力控制的顺序开始计算下一个控制层次的调节量，此时板形误差需作更新，即要从原有值中减去由上次计算得到的调节量消除的部分，并在新的板形误差基础上进行下一层次调节量的计算。

在同一个控制层次中，如果有两种或两种以上的板形调控手段的效果相似，在按照优先权的顺序只调节一种。当高优先权的板形控制执行机构的调节量达到极限值，但板形误差还没有到达要求且还有控制手段可调时，剩下的板形误差则由具有次优先权的执行机构进行调节，以此类推，直到板形误差达到要求或再没有可以调节的执行机构为止。

同一层次中各板形控制执行机构优先权的确定，按照响应快、灵敏度大的执行机构先调的原则。这是因为闭环反馈控制是实时控制过程，必须在最短的时间内达到最佳的调节效果，保证控制的响应速度。

对于该轧机而言，调控手段有轧辊倾斜、工作辊弯辊、中间辊弯辊、中间辊窜辊、乳化液分段冷却等 5 种，采用接力方式时，它们的优先顺序如下：

第一层次：轧辊倾斜；

第二层次：工作辊弯辊、中间辊弯辊、中间辊窜辊（按优先权顺序排列）；

第三层次：乳化液分段冷却。

综合考虑上述因素，本节选用以下控制策略：

（1）板凸度的控制安排在开始两道次进行，而板形控制着重在后几道次进行；

（2）以中间辊窜辊作为板形控制的粗调手段，在中间辊位置确定之后，根据目标板形的要求设定中间辊弯辊力和工作辊弯辊力的最佳值；

（3）尽量降低工作辊弯辊力，考虑到对工作辊轴承及工作辊和中间辊使用寿命的影响，工作辊弯辊力越小越好。

8.1.3　单机架四辊不可逆箔材轧机板形实时控制策略

某单机架四辊不可逆箔材轧机的板形实时控制系统采用的是板形闭环反馈控制结合轧制力前馈控制的策略。该单机架四辊不可逆箔材轧机板形仪采用气动轴承板形仪，板形调节机构有工作辊弯辊、传动侧和操作侧轧制力控制、轧辊分段冷却，其中轧制力控制有两种模式，分别为压力控制和位置控制模式。轧制力前馈控制用来补偿轧制力波动引起的辊缝形状的变化。

板形控制策略的具体实施过程是：首先计算实测板形和目标板形之间的偏差，通过在板形偏差和各板形调节机构调控功效之间同时进行最优计算，确定各个调节机构的调节量，经 PID 控制器后得到最终的执行机构调节量。残余的平直度偏差通过工作辊喷淋冷却系统进行控制，整个板形控制系统的策略结构如图 8.2 所示。

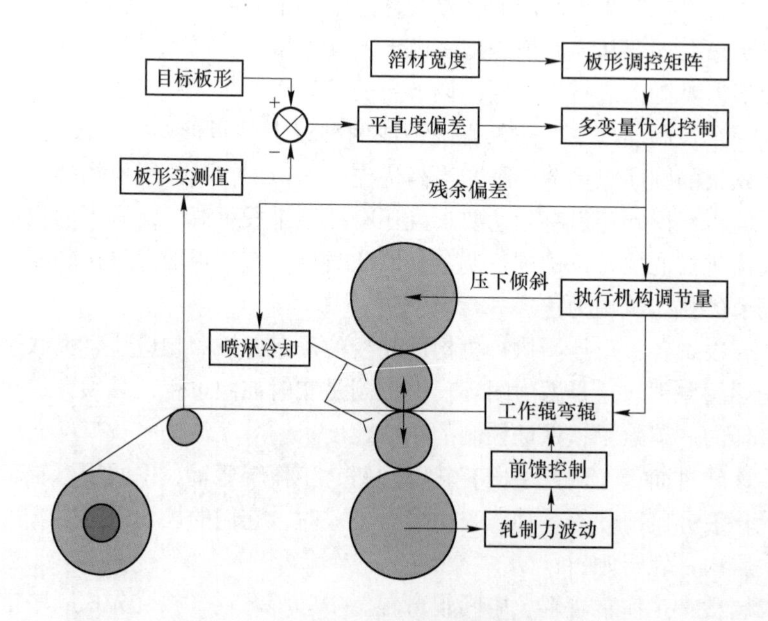

图 8.2　四辊轧机板形控制系统策略结构

8.2 板形目标曲线设定

板形目标曲线是板形控制的目标，控制时，将实际的板形曲线控制到标准曲线上，尽可能消除两者之间的差值。它的作用主要是补偿板形测量误差、补偿在线板形离线后发生变化、有效控制板凸度以及满足轧制及后续工序对板形的特殊要求等。设定板形目标的主要作用是满足下游工序的需求，而不是仅仅为了获得轧机出口处的在线完美板形。在板形控制系统的消差性能恒定情况下，板形目标曲线的设定是板形控制的重要内容。

8.2.1 板形目标曲线的确定原则

板形目标曲线的设定随设备条件（轧机刚度、轧辊材质、尺寸）、轧制工艺条件（轧制速度、轧制压力、工艺润滑）及产品情况（尺寸、材质）的变化而不同，总的要求是使最终产品的板形良好，并降低边部减薄。制定板形目标曲线的主要原则如下：

（1）目标曲线的对称性。板形目标曲线在轧件中心线两侧要具有对称性，曲线要连续而不能突变，正值与负值之和相等。

（2）板形板凸度综合控制原则。轧件的板形和板凸度（横向厚差）两种因素相互影响、相互制约。在板形控制中，不能一味地控制板形而牺牲对板凸度的要求，板带箔材的凸度也是衡量最终产品质量的重要指标。凸度控制在前几道次进行，板形控制在后几道次进行。

（3）补偿附加因素对板形的影响。主要考虑温度补偿、卷取补偿及边部补偿，消除这些因素对板形测量造成的影响，以及减轻边部减薄。

（4）满足后续工序的要求。板形目标曲线的制定需要考虑后续工序对板带箔材板形以及凸度的要求，如对“松边”及“紧边”等工艺的要求。

8.2.2 板形目标曲线的设定策略

当来料和其他轧制条件一定时，一定形式的板形目标曲线不但对应着一定的板形，而且对应着一定的凸度。选用不同的板形目标曲线，将会得到不同的板形和凸度。板形目标曲线对凸度的控制主要体现在前几个道次。通常，前几个道次板带箔材较厚，不易出现轧后翘曲变形，且此时板带箔材在辊缝中横向流动现象相对明显，因此充分利用这一工艺特点，选用合适的板形目标曲线，既可达到控制凸度的目的，又不会产生明显的板形缺陷。此外，板形目标曲线还可以用来保持中间道次的比例凸度一致。

根据轧制工艺及后续工序对带材板形的要求，板形目标曲线的制定方案是：给定来料板凸度，前三个道次以轧后板带箔材不失稳为限制条件，即以保证轧后板带箔材不发生翘曲为前提条件，尽量减小凸度；后两个道次集中控制板形，使成品板带箔材尽可能具有较好的板形。

板形目标曲线是由各种补偿曲线叠加到基本板形目标曲线上形成的。基本板形目标曲线根据后续工序对板带箔材板形的要求由过程计算机计算得到，然后传送给板形控制计算机。板带箔材凸度改变量的计算以其不发生屈曲失稳为条件，保证在对凸度控制的同时，不会产生轧后瓢曲现象。补偿曲线主要是为了消除板形辊表面轴向温度分布不均匀、板带箔材横向温度分布不均匀、板形辊挠曲变形、板形辊或卷取机几何安装误差、板带箔材卷外廓形状变化等因素对板形测量的影响。与基本板形目标曲线不同，补偿曲线在板形控制基础自动化中完成设定。

8.2.3　基本板形目标曲线

基本板形目标曲线的设定以轧后板带箔材失稳判别模型为依据，充分考虑来料凸度以及后续工序对板带箔材板形的要求，代表了生产者期望的轧制结束时的板带箔材张应力分布。确定基本板形目标曲线的形式为二次抛物线，由过程计算机计算抛物线的幅值，并传送给板形计算机。基本板形目标曲线的形式为：

$$\sigma_{\text{base}}(x_i) = \frac{A_{\text{base}}}{x_{\text{os}}^2} x_i^2 - \bar{\sigma}_{\text{base}} \tag{8.1}$$

式中　$\sigma_{\text{base}}(x_i)$——每个测量段处板带箔材张应力偏差的设定值，MPa；

A_{base}——过程计算机依据板带箔材板凸度的调整量以及板带箔材失稳判别模型计算得到的基本板形目标曲线幅值，其符号与来料形貌有关，MPa；

x_i——以板带箔材中心为坐标原点的各个测量段的坐标，带符号，操作侧为负，传动侧为正；

x_{os}——操作侧板带箔材边部有效测量点的坐标；

$\bar{\sigma}_{\text{base}}$——平均张应力，MPa。

8.2.4　板形目标曲线补偿

8.2.4.1　卷取形状补偿

卷形修正又称为卷形补偿，由于板带箔材横向厚度分布呈正凸度形状，随着轧制的进行，卷取机上板带箔材卷卷径逐渐增大，致使卷取机上板带箔材卷外廓沿轴向呈凸形或卷取半径沿轴向不等，这将导致板带箔材在卷取时沿横向产生速度差，使板带箔材在绕卷时沿宽度方向存在附加应力。卷取附加应力的计算公式为：

$$\sigma_{cshc}(x_i) = \frac{A_{cshc}}{x_{os}^2} \frac{d - d_{min}}{d_{max} - d_{min}} x_i^2 \tag{8.2}$$

式中 A_{cshc}——卷形修正系数，由过程计算机根据实际生产工艺计算得到，N/m^2；

d——当前卷取机卷径，m；

d_{min}——最小卷径，m；

d_{max}——最大卷径，m。

8.2.4.2 板带箔材横向温差补偿

轧制过程中，变形使板带箔材在宽度方向上的温度存在差异，它将引起板带箔材沿横向出现不均匀的横向热延伸，这反映为卷取张力沿横向产生不均匀的温度附加应力。如不修正其影响，尽管在轧制过程中将板带箔材应力偏差调整到零，仍不能获得具有良好平直度的板带箔材。这是因为当板带箔材横向温差较大时，板形辊在线实测板形与轧后最终实际板形并不相同，轧后板带箔材温差消失后，沿其横向原来温度较高的部分由于热胀冷缩的影响会产生回缩，从而影响板形控制效果。当板带箔材横向两点之间存在 Δt(℃) 的温差时，按照线弹性膨胀简化计算，可以得到产生的浪形为：

$$\frac{\Delta l}{l} = \frac{\Delta t \alpha l}{l} = \Delta t \alpha \tag{8.3}$$

式中 Δl，l——分别为板带箔材长度方向上的延伸差和基准长度，m；

α——板带箔材热膨胀系数，1/℃。

经过几个道次的轧制后，板带箔材产生了较大的变形量，导致板带箔材在宽度上有较大的温差，将影响最终的板形控制效果。为了消除板带箔材横向温差对轧后板形的影响，可以采用设定温度补偿曲线的方法。

由式（8.3）结合胡克定律可知温度附加应力表达式为：

$$\Delta\sigma_t(x) = kt(x) \tag{8.4}$$

式中 $\Delta\sigma_t(x)$——不均匀温度附加应力，N/m^2；

k——比例系数；

$t(x)$——温差分布函数，℃。

使用红外测温仪实测出机架出口板带箔材各部位温度后，通过曲线拟合可以确定其温度分布函数，如图 8.3 所示。经过数学处理后的温差分布函数为：

$$t(x) = ax^4 + bx^3 + cx^2 + dx + m \tag{8.5}$$

式中 a，b，c，d，m——分别为曲线拟合后的温差分布函数的系数；

x——板带箔材宽度方向坐标。

故用于抵消板带箔材横向温差产生的附加应力曲线为：

$$\sigma_t(x_i) = -2.5(ax_i^4 + bx_i^3 + cx_i^2 + dx_i + m) \tag{8.6}$$

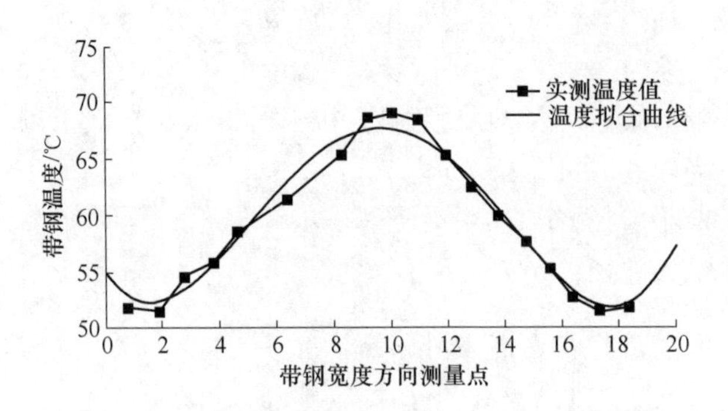

图 8.3　板带箔材温度实测值与温度拟合曲线

8.2.4.3　边部减薄补偿

冷轧板带箔材的横截面轮廓形状，除边部区域外，中间区域的断面大致具有二次曲线的特征。而在接近边部处，厚度突然迅速减小，形成边部减薄，就是生产中所说的边缘降，简称边降。边部减薄是板带箔材重要的断面质量指标，直接影响到边部切损的大小，与成材率有密切的关系。为了降低边部减薄，应制定边部减薄补偿方案，根据生产中边部减薄的情况，在操作侧和传动侧各选择若干个测量点进行补偿，操作侧补偿计算公式为：

$$\sigma_{os\_edge}(x_i) = \frac{A_{edge} + A_{man\_edge}}{(x_{os} - x_{os\_edge})^2}(x_i - x_{os\_edge})^2 \qquad (x_{os} \leqslant x_i \leqslant x_{os\_edge}) \tag{8.7}$$

式中　A_{edge}——边部减薄补偿系数，根据生产中出现的板带箔材边部减薄情况确定，由过程计算机计算得到，发送给板形计算机，N/m^2；

A_{man_edge}——边部减薄系数的手动调节量，这是为了应对生产中边部减薄不断产生变化设定的，由斜坡函数生成，并经过限幅处理，N/m^2；

x_{os_edge}——从操作侧第一个有效测量点起，最后一个带有边部减薄补偿的测量点坐标，它们都是整数。

则操作侧进行边部减薄补偿的测量点个数为：

$$n_{os} = |x_{os} - x_{os\_edge}| \tag{8.8}$$

传动侧的边部减薄补偿计算公式为：

$$\sigma_{ds\_edge}(x_i) = \frac{A_{edge} + A_{man\_edge}}{(x_{ds} - x_{ds\_edge})^2}(x_i - x_{ds\_edge})^2 \qquad (x_{ds\_edge} \leqslant x_i \leqslant x_{ds}) \tag{8.9}$$

式中　x_{ds_edge}——从传动侧第一个有效测量点起，最后一个带有边部减薄补偿的测量点坐标。

操作侧进行边部减薄补偿的测量点个数为：

$$n_{ds} = |x_{ds} - x_{ds\_edge}| \tag{8.10}$$

根据轧制工艺及生产中出现的边部减薄情况，一般使操作侧和传动侧边部补偿的测量点数目相同，即 $n_{os}=n_{ds}$。

8.2.5　板形目标曲线计算

实际用于板形控制的板形目标曲线是在基本板形目标曲线的基础上叠加补偿曲线和手动调节曲线形成的。具体方法是：首先计算各个有效测量点的补偿量及手动调节量的平均值，然后将各个测量点的补偿设定值减去该平均值得到板形偏差量，将板形偏差量叠加到基本目标板形曲线上即可得到板形目标曲线。各个有效测量点补偿量及手动调节量的平均值为：

$$\bar{\sigma} = \frac{1}{n}\sum_{i=1}^{n}\left[\sigma_{\mathrm{cshc}}(x_i) + \sigma_{\mathrm{t}}(x_i) + \sigma_{\mathrm{os\_edge}}(x_i) + \sigma_{\mathrm{ds\_edge}}(x_i)\right] \tag{8.11}$$

则伸长率形式的板形目标曲线为：

$$\lambda_{\mathrm{T}}(x_i) = \frac{10^5}{E}\left[\sigma_{\mathrm{base}}(x_i) + \sigma_{\mathrm{cshc}}(x_i) + \sigma_{\mathrm{t}}(x_i) + \sigma_{\mathrm{os\_edge}}(x_i) + \sigma_{\mathrm{ds\_edge}}(x_i) - \bar{\sigma}\right] \tag{8.12}$$

式中　$\lambda_{\mathrm{T}}(x_i)$——坐标 x_i 处测量段的板形目标值，I。

在板形控制系统中，与板形测量值的插值转换过程相同，为了简化数据处理过程，将各个有效测量点沿宽度方向插值为若干个特征点，然后计算每个特征点处的张应力设定值，作为板形控制的张应力分布的目标值。

8.2.6　板形目标曲线的设定

板形目标曲线设定计算可采用离线或在线的模式。离线模式指根据板带箔材的宽度、厚度、凸度规格，以及对后续加工的要求，如“松边轧制”“紧边轧制”等，经计算得到用于板形设定的系数；在线模式是指直接从板形控制系统中获取相关轧制过程数据，由板形控制系统的跟踪变量触发计算进程，计算的结果直接自动输入到板形控制系统的目标曲线设定程序中，实现板形目标曲线的在线自动设定。

实际生产应用过程中，通常根据机组规格和产品宽度范围，在系统内按照板形测量区数量设置若干基本板形目标曲线模式，如图 8.4 所示为某带材（图 8.4a）和箔材（图 8.4b）生产采用的基本板形目标曲线模式，其中带材设置了 3 种模式，箔材设置了 4 种模式。

将板形目标曲线的计算结果，转换为系统存储的基本板形目标曲线的系数，由操作工输入或系统自动设定基本板形目标曲线的系数，根据式（8.13）计算得到最终的板形目标曲线，再将其放缩到当前带材或箔材的宽度。

$$\boldsymbol{F}_{\mathrm{tgt}}(i) = \sum_{j=1}^{n}\boldsymbol{F}_{\mathrm{B}j}(i) \times C_j \tag{8.13}$$

式中 $\boldsymbol{F}_{\mathrm{tgt}}(i)$——板形目标曲线，I；

$\boldsymbol{F}_{\mathrm{B}j}(i)$——基本板形目标曲线模式，I；

C_j——基本目标板形曲线系数。

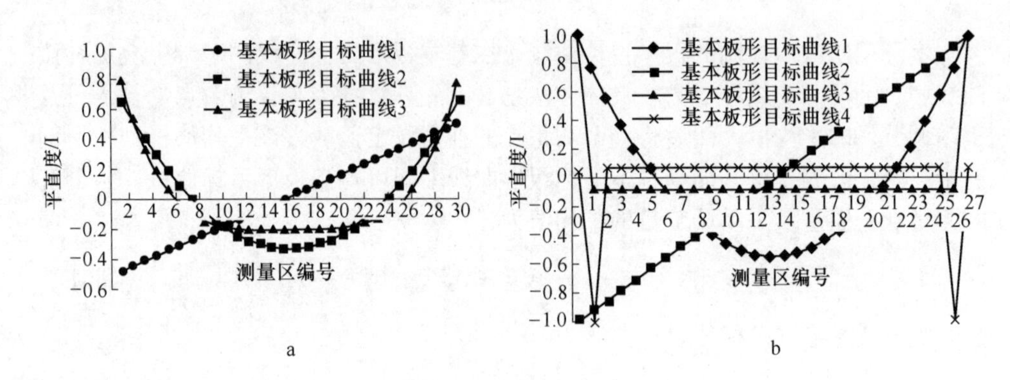

图 8.4 带材和箔材基本板形目标曲线模式

a—带材；b—箔材

如某箔材轧机，在生产宽度为 1072mm 的箔材时，常用的一组基本板形目标曲线模式的系数分别为 −23、0、0、−1，则其最终板形目标曲线如图 8.5 所示。

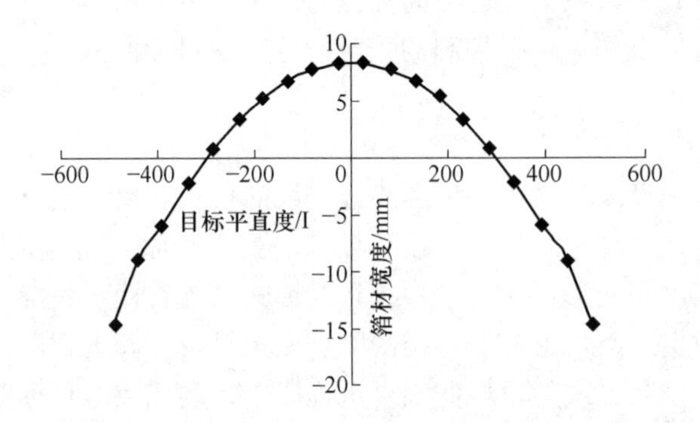

图 8.5 1072mm 箔材板形目标曲线

8.3 板形前馈控制

轧制过程中，受轧件厚度、凸度、变形抗力、摩擦系数、轧制速度和厚度控制等诸多因素的影响，从而导致轧制力在轧制过程中不断发生变化。轧制力的变化会影响轧辊的弹性变形，从而影响承载辊缝的形状和工作辊与带材接触压力分布，最终会影响轧件的板形。为了消除轧制力变化对板形造成的不良影响，最有效的方法就是使弯辊力随轧制力的变化做出相应的补偿性调整。通过改变弯辊力，补偿由于轧制力波动对工作辊与板带箔材接触压力分布造成的影响，通常简称为板形前馈控制。

弯辊力是平直度控制的主要手段，既用以抵消对称平直度偏差，同时也用以抵消轧制力波动对板形的不良影响。当板形反馈控制需要增加弯辊力，板形前馈控制需要增加弯辊力时；或者板形反馈控制需要减小弯辊力，板形前馈控制需要减小弯辊力时，启动弯辊力前馈控制。

在计算轧制力变化补偿量之前，需对实际轧制力进行平滑处理，以减少轧制力的测量误差，避免计算过程中出现大的轧制力波动。

8.3.1　前馈调节系数计算

根据轧制力波动平滑处理值、轧制力变化对有载辊缝压力分布影响向量和工作辊弯辊力控制对有载辊缝压力分布影响向量建立目标函数 $\varphi(\Delta F_B)$，如式（8.14）所示：

$$\varphi(\Delta F_B) = \sum_{i=1}^{n}[\Delta F_R eff_p(i) - \Delta F_B eff_B(i)]^2 \tag{8.14}$$

式中　i——板带箔材离散化编号，与轧件覆盖测量区数目对应；

$eff_p(i)$——单位轧制力对有载辊缝压力影响向量，N/N；

$eff_B(i)$——弯辊板形调控功效，N/N；

ΔF_R——轧制力波动平滑值，N；

ΔF_B——弯辊力补偿值，N。

对式（8.14）进行求最优化求解，使 $\varphi(\Delta F_B)$ 最小，则有：

$$\partial\varphi(\Delta F_B)/\partial\Delta F_B = 0 \tag{8.15}$$

求解方程可得用于补偿轧制力波动的工作辊弯辊的调节量 ΔF_B 或弯辊力的调节系数 α_F，如式（8.16）所示：

$$\alpha_F = \frac{\sum_{i=0}^{n}[eff_p(i)eff_B(i)]}{\sum_{i=0}^{n}eff_B(i)^2} \tag{8.16}$$

该调节系数表示补偿单位轧制力变化所需的控制手段的调节量。在得到各控制手段的调节系数之后，就可以根据轧制力变化的大小计算各控制手段的前馈控制量。其中，单位弯辊力对有载辊缝压力分布影响向量和单位轧制力对有载辊缝压力分布影响向量为模型设定参数。

8.3.2　前馈控制量计算

板形前馈控制模型弯辊力补偿量为：

$$\Delta F_B = \Delta F_R g\alpha_F \tag{8.17}$$

式中　g——前馈控制增益。

当轧机中板形调控手段为两个或超过两个时，还需要对不同调节手段的能力进行比较，以决定最佳的前馈控制手段。各板形调控手段补充轧制力变化的能力，不仅与该调控手段的调节速度有关，而且与该调控手段的影响系数与轧制力变化影响系数之间的相似程度有关。

8.4　板形闭环反馈控制

在稳定轧制工作条件下，目标板形与实测板形会产生偏差，可通过板形反馈控制系统计算消除这些偏差所需的板形控制手段的调节量，然后不断对轧机各板形调节机构发出调节指令，对板形执行机构进行动态实时调节，以达到消除板形偏差的目的。板形检测装置在生产中得到应用后，板形实时控制的主要方式就一直是板形闭环控制。期间，板形闭环控制模型大致经历了三个发展阶段：

第一阶段初始阶段，20 世纪 60 年代 ~ 70 年代为板形闭环反馈控制研究的初始阶段，由于这一时期板形检测技术尚不成熟，因此板形控制系统都具有控制思想简单、控制手段单一和控制精度不高等特点，具有代表性的是 ASEA 板形控制系统和 BISRA 板形控制系统。

这一时期的板形控制系统，一般都采用多项式形式对板形测量值作近似处理，这样做的主要原因在于板形测量的精度不足。采用多项式拟合可以减少测量误差带来的影响，同时可有效地减少信息量，使得板形控制计算可以由当时内存很少、运算速度很低的计算机完成。

第二阶段为发展阶段，这一时期的突出特点是对板形检测信息充分利用。模型中虽然也将板形偏差拟合为多项式进行处理，但认为板形测量是足够精确的。因此拟合计算后剩余的板形偏差仍被用于冷却调节量计算。第二阶段控制模型的应用进一步反映了板形控制在精确化方向的发展。

第三阶段发展了第二阶段的控制成果，控制模型中开始以功效系数表示板形控制手段的调节能力。这一阶段的板形闭环反馈控制采用的计算模型是基于最小二乘评价函数的板形控制策略。它以板形调控功效为基础。使用各板形调节机构的调控功效系数及板形辊各测量段实测板形值运用线性最小二乘原理建立板形控制效果评价函数，求解各板形调节机构的最优调节量。

8.4.1　板形检测技术

20 世纪 60 年代之后板形检测技术得到了迅速的发展，目前，国际上许多著名公司都研制开发出了各自的板形仪，如瑞典 ABB 公司、德国 SIEMENS 公司、德国 AEG 公司、法国 CLECIM 公司、英国 Loewy-Robertson 公司以及日本的三菱、川崎等。国内对板形仪的研究起步比较晚，直到 1991 年东北重型机械学院（今燕山大学）才研制出了我国第一台真正应用于工业生产的冷轧带材板形仪——磁弹变压器差动输出式板形仪。

板形检测装置种类繁多，按板形检测装置与板带箔材的关系划分，有接触式和非接触式。按其工作原理还可以分为测距法、测张法、电磁法、位移法、振动法、光学法、声波法、测温法、激振测频法等板形仪。

8.4.1.1 接触测张式板形仪

接触测张式板形仪具有测量精度高、测量信号可靠、抗干扰能力强等优点，但是也存在着造价高、备件昂贵、辊面磨损后必需重磨和标定、维护不便以及有可能划伤板带箔材表面等缺点。目前，普遍应用的接触测张式板形仪有 ABB 板形仪、PLANICIM 板形仪、VIDIMON 板形仪和 BFI 板形仪。

为了测量张应力分布，采用如图 8.6 所示的分段辊，该辊由若干独立的测量段装配在一起而成，每个测量段都可以测出作用在其上的径向压力。出口板带箔材经测量辊后产生一个包角 θ，在张应力 $\sigma(x)$ 的作用下，板带箔材对辊子产生径向压力 $F_n(x)$：

$$F_{\mathrm{n}}(x)=\sigma(x)\times 2\sin\frac{\theta}{2} \tag{8.18}$$

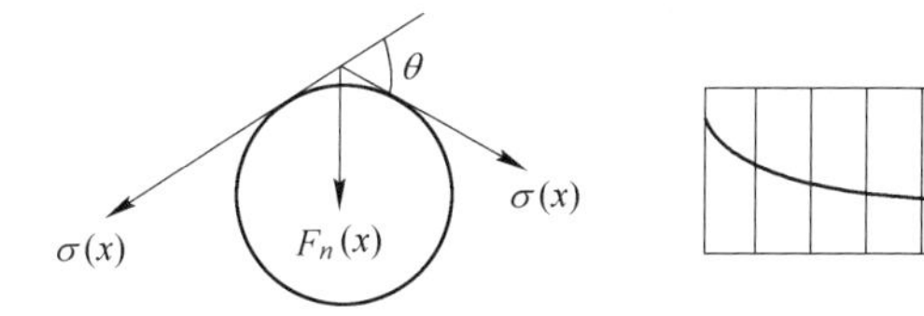

图 8.6 分段辊原理图

每个测量段可以独立测出该区段对应板带箔材作用于该辊上的正压力，这些压力沿横向的分布就是式（8.18）的 $F_n(x)$。

作用于板带箔材上的平均张应力为：

$$\bar{\sigma}=\frac{1}{B}\int_{-B/2}^{B/2}\sigma(x)\mathrm{d}x \tag{8.19}$$

式中 B——板带箔材宽度，mm。

作用于分段辊上的平均正压力：

$$F_{\mathrm{m}}=\frac{1}{B}\int_{-B/2}^{B/2}F_n(x)\mathrm{d}x \tag{8.20}$$

将式（8.18）代入式（8.20），得到：

$$F_{\mathrm{m}}=\frac{1}{B}\int_{-B/2}^{B/2}2\sin\frac{\theta}{2}\sigma(x)\mathrm{d}x=\frac{2\sin\frac{\theta}{2}}{B}\int_{-B/2}^{B/2}\sigma(x)\mathrm{d}x=2\sin\frac{\theta}{2}\bar{\sigma} \tag{8.21}$$

故有：

$$\frac{F_{\mathrm{m}}}{\overline{\sigma}} = \frac{F_n(x)}{\sigma(x)} \tag{8.22}$$

即：

$$\sigma(x) = \frac{\overline{\sigma}}{F_{\mathrm{m}}} F_n(x) \tag{8.23}$$

式（8.23）为分段辊径向正压力和板带箔材张应力之间的关系，是分段辊式接触测张板形检测装置的设计原理。

8.4.1.2 非接触式板形仪

非接触式板形仪在板形检测过程中不与板带箔材表面接触，不会划伤板带箔材表面，且具有硬件结构简单、造价低、易于维护、安装方便和使用寿命长等优点，因而受到了人们越来越多的重视。但非接触式板形仪检测信号为非直接信号，板形检测精度较接触式板形仪低，信号易失真，信号处理难度大。主要检测方法有激光法、振动法、温度法等。

A 光学式板形仪

具有代表性的光学式板形仪有采用激光三角法原理的 IRSID 激光板形仪、比利时冶金研究中心（CRM）的 Rometer 和 CSI 激光板形仪；由日本住友金属公司开发的采用光截面法原理的平直度测量仪以及由日本新日铁生产技术研究所开发的采用激光莫尔法原理的热轧带材板形测量仪。

B 测振式板形仪

测振式板形仪有日本钢管公司开发的带反馈放大式涡流测距仪的板形测量装置和德国 SIEMENS 公司开发的 SI-FLAT 板形仪等。

SI-FLAT 板形仪包含一个用于产生真空的风机、从风机到压力平衡罐的空气管道、速控调制器（偏心轮）、带有气孔和振幅测量传感器的传感器板、用于评估计算和传动控制的电气设备，如图 8.7 所示。

SI-FLAT 板形仪依据板带箔材的周期性振动，只要测量出板带箔材周期性振动时沿宽度方向板带箔材的振幅，也就知道了板带箔材沿宽度方向的张力分布。板带箔材周期性振动是由于板带箔材和传感器板之间空气的周期性振荡引起的，空气的周期性振荡是由一个偏心辊的转动（周期性的打开和关闭）产生的。传感器板位于轧制线下方 5mm 左右，通过非接触式涡流传感器测量板带箔材振幅。在风机上面有一个旋转的调节器，用来产生空气的正弦振动。调节器由可控的直流电机驱动。借助此方法，可以设定板带箔材振动频率，大约在 3 ~ 10Hz 之间，此频率是可以根据需要设定的。由于轧制过程中板带箔材本身会有振动，SI-FLAT 系统设定的频率必须低于有张力时板带箔材本身的振动频率。

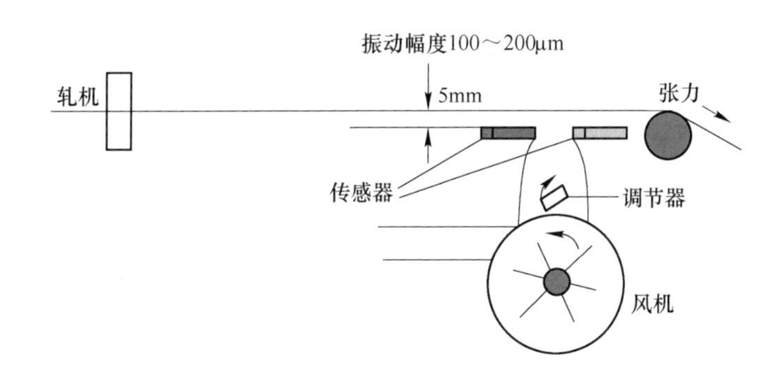

图 8.7　SI-FLAT 板形测量装置

测量信号被转化成数字信号后，通过光纤传送到电气室。控制装置得到测量值幅值的分布后，计算出平均幅值。平均幅值的倒数和单个测量值幅值的倒数之差就是板带箔材张力分布的相对值。使用从测量或设定得到的单位板带箔材张力，可以把这些相对值转换为绝对的板带箔材张力差。

8.4.2　板形模式识别

板形控制的目的是使得板形测量值与板形目标设定值一致。板形模式识别的主要任务就是把在线检测到的一组张应力分布离散值，经过一定的数学方法，映射为较少的几个特征参数，且具有如下特性：

（1）尽可能少的状态变量，数学表达简练；

（2）不丢失必要信息，特征参数能够全面反映原应力分布值决定的板形质量状态；

（3）特征参数便于计算机处理，满足控制上的要求。

目前采用较多的是基于最小二乘法的多项式回归解法和正交多项式回归解法，来处理这组离散的板形应力值。这种传统的板形模式识别方法会遇到无法确定逼近阶 n 的大小和逼近精度有限两个难题，用于具有多种板形调控手段的新一代高技术板带箔轧机上时不能满足实际的需要，制约了轧机板形控制能力的发挥，因而有必要采用新的模式识别方法。

目前在板形识别中使用较多的有两种新方法：模糊分类原理模式识别法和人工神经网络原理板形识别法。这两种方法克服了传统多项式线性最小二乘拟合原理板形识别方法的不足。

两种新方法完成一次识别所需的时间都很短，在预先以工艺原则选择基本模式时能考虑轧机的各种板形调控能力。人工神经网络原理板形识别法对实测信号具有一定的容错能力，而且由此导致的对主要模式成分的夸大和对次要模式成分的缩小，相当于一种智能调节器作用。与之相比较，模糊分类原理板形模式识别法的识别能力和精度不及前者，但它的模型简单实用、快速有效，能给出稳定的定量识别结果。

8.4.2.1　板形信号的一般多项式分解

将板形仪测得的离散信号，经过相应处理转化成各测量段上实际的板带箔材张应力后，再与板形目标设定值做差比较，得到板形偏差。通过一定的数学方法和数学模型把板形偏差回归成一个多项式，如式（8.24）所示：

$$\Delta\sigma(x_i) = a_0 + a_1 x_i + a_2 x_i^2 + a_3 x_i^3 + a_4 x_i^4 \tag{8.24}$$

式中　i——测量段编号；

x_i——板带箔材宽度归一化坐标；

$a_0 \sim a_4$——回归常数；

$a_1 x_i$——板形缺陷中线性部分分量；

$a_2 x_i^2$——板形缺陷中抛物线部分分量；

$a_3 x_i^3 + a_4 x_i^4$——高次板形缺陷分量。

从表 8.1 可以看出，对于一次板形缺陷或线性板形缺陷，即对于非对称性板带箔材断面形状的板形缺陷可以通过轧辊倾斜来消除；对于二次板形缺陷，即抛物线断面形状的板形缺陷可以通过工作辊弯辊和 CVC 辊窜辊消除；对于高次板形缺陷，可以通过工作辊分段冷却消除。

表 8.1　调节手段的物理意义

分量	形　状	物理意义	调节手段
$a_1 x$	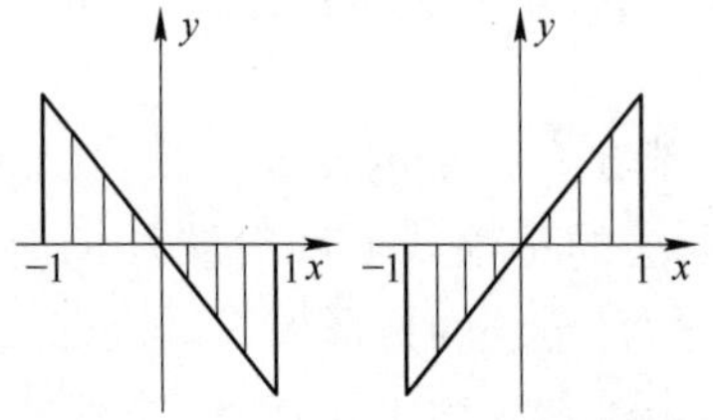 y; −1; 1 x; −1; 1 x	楔形	轧辊倾斜
$a_2 x^2$	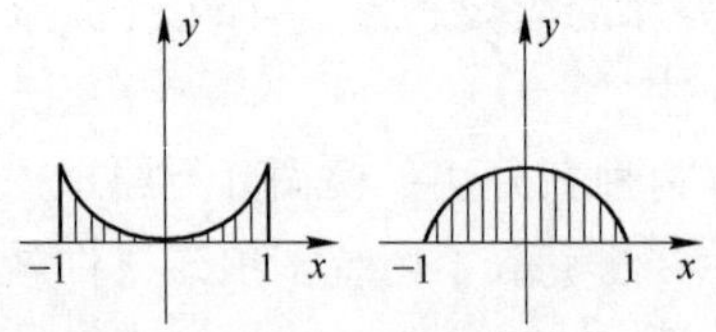 y; −1; 1 x; −1; 1 x	二次凸度	工作辊弯辊和 CVC 辊窜辊消除
$a_3 x^3 + a_4 x^4$	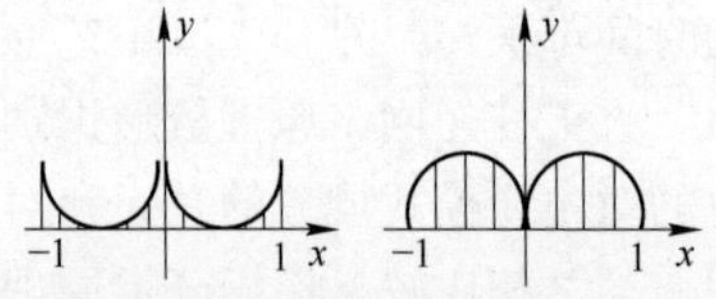 y; −1; 1 x; −1; 1 x	高次凸度	轧辊分段冷却

根据一组板形偏差 $(x_i, \Delta\sigma(x_i))$，利用最小二乘法原理求解系数 $a_0 \sim a_4$，列出的方程组如式（8.25）所示：

$$\begin{cases} \sum x_i^0 a_0 + \sum x_i^1 a_1 + \sum x_i^2 a_2 + \sum x_i^3 a_3 + \sum x_i^4 a_4 = \sum x_i^0 \Delta\sigma(x_i) \\ \sum x_i^1 a_0 + \sum x_i^2 a_1 + \sum x_i^3 a_2 + \sum x_i^4 a_3 + \sum x_i^5 a_4 = \sum x_i^1 \Delta\sigma(x_i) \\ \sum x_i^2 a_0 + \sum x_i^3 a_1 + \sum x_i^4 a_2 + \sum x_i^5 a_3 + \sum x_i^6 a_4 = \sum x_i^2 \Delta\sigma(x_i) \\ \sum x_i^3 a_0 + \sum x_i^4 a_1 + \sum x_i^5 a_2 + \sum x_i^6 a_3 + \sum x_i^7 a_4 = \sum x_i^3 \Delta\sigma(x_i) \\ \sum x_i^4 a_0 + \sum x_i^5 a_1 + \sum x_i^6 a_2 + \sum x_i^7 a_3 + \sum x_i^8 a_4 = \sum x_i^4 \Delta\sigma(x_i) \end{cases} \tag{8.25}$$

写成矩阵形式，即：

$$\begin{bmatrix} \sum x_i^0 & \sum x_i^1 & \sum x_i^2 & \sum x_i^3 & \sum x_i^4 \\ \sum x_i^1 & \sum x_i^2 & \sum x_i^3 & \sum x_i^4 & \sum x_i^5 \\ \sum x_i^2 & \sum x_i^3 & \sum x_i^4 & \sum x_i^5 & \sum x_i^6 \\ \sum x_i^3 & \sum x_i^4 & \sum x_i^5 & \sum x_i^6 & \sum x_i^7 \\ \sum x_i^4 & \sum x_i^5 & \sum x_i^6 & \sum x_i^7 & \sum x_i^8 \end{bmatrix} \begin{bmatrix} a_0 \\ a_1 \\ a_2 \\ a_3 \\ a_4 \end{bmatrix} = \begin{bmatrix} \sum x_i^0 \Delta\sigma(x_i) \\ \sum x_i^1 \Delta\sigma(x_i) \\ \sum x_i^2 \Delta\sigma(x_i) \\ \sum x_i^3 \Delta\sigma(x_i) \\ \sum x_i^4 \Delta\sigma(x_i) \end{bmatrix} \tag{8.26}$$

式（8.26）中，$\sum_{i=1}^{n}$ 简写成$\sum$ 。

对式（8.26）方程组可用高斯列主元消去法求解得到系数 $a_0 \sim a_4$。ABB 和 ASEA 的板形控制机构都广泛的采用了这种方法。

8.4.2.2 基于勒让德正交多项式的模式识别

对于一些具有复杂板形控制机构的轧机，普通的多项式分解已不能满足要求。例如对于六辊 UC 轧机，轧机具有工作辊正负弯辊、中间辊正负弯辊、中间辊窜辊、压下倾斜等多种板形控制手段。为排除各种板形控制手段的相互干扰，板形标准模式曲线选择勒让德多项式的一次、二次、四次多项式，对板形偏差进行分解如下：

$$\Delta\sigma(x_i) = C_0\phi_0(x_i) + C_1\phi_1(x_i) + C_2\phi_2(x_i) + C_3\phi_3(x_i) \tag{8.27}$$

式中 $\phi_0(x)$——$\phi_0(x) = 1$；

$\phi_1(x)$——$\phi_1(x) = x$，单侧边浪的板形归一化分布；

$\phi_2(x)$——$\phi_2(x) = \dfrac{1}{2}(3x^2 - 1)$，中浪和双边浪的板形归一化分布；

$\phi_3(x)$——$\phi_3(x) = \dfrac{1}{8}(35x^4 - 30x^2 + 3)$，四分浪和边中浪的板形归一化分布；

$C_0 \sim C_3$——勒让德多项式系数。

所选择的一次、二次和四次勒让德多项式对应的板形模式分别如图 8.8 中的模式 1、模式 2 和模式 3 所示。

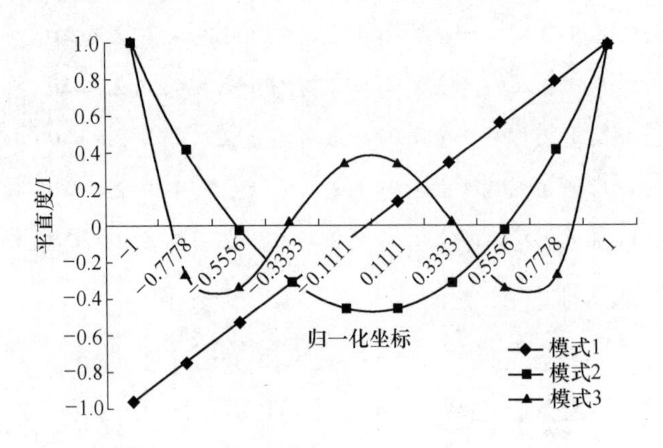

图 8.8　勒让德多项式基本形式

采用勒让德多项式进行模式识别，得到的 ϕ_1 项由轧辊倾斜控制；ϕ_2 项对于 UC 轧机来说一般由中间辊弯辊控制；ϕ_4 项由中间辊弯辊和工作辊弯辊共同控制，其余残余偏差由冷却水控制。

8.4.2.3　基于人工神经网络的板形模式识别

BP（back-propagation algorithm）网络是现在应用最为广泛的神经网络。它采用光滑活化函数，具有一个或多个隐层，相邻两层之间通过权值全连接。它是前传网络，即所处理的信息逐层向前流动。而当学习权值时，则是根据理想输出与实际输出的误差，由前向后逐层修改权值。BP 神经网络拓扑结构如图 8.9 所示。

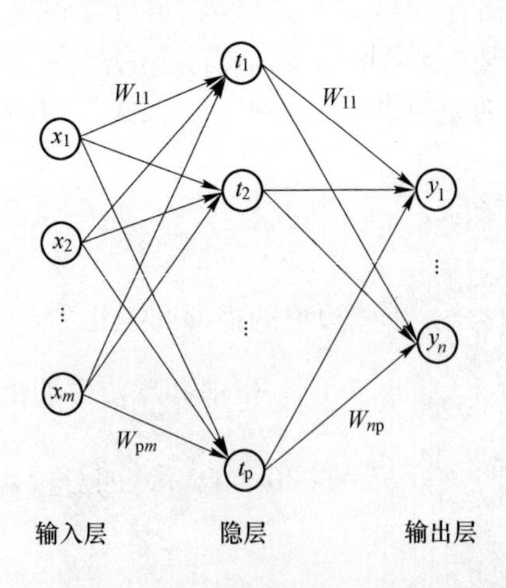

图 8.9　BP 网络拓扑结构

首先选定一个非线性光滑活化函数 g，则网络的实际输出为：

$$y_k = g\left(\sum_{j=1}^{p} W_{kj} g\left(\sum_{i=1}^{m} w_{ji} x_i\right)\right) \tag{8.28}$$

假设给定第 l 个样本输入向量 $x^l = (x_1^l, x_2^l, \cdots, x_m^l)^{\mathrm{T}}$，目标向量为 $o^l = (o_1^l, o_2^l, \cdots, o_n^l)^{\mathrm{T}}$，实际输出向量为 $y^l = (y_1^l, y_2^l, \cdots, y_n^l)^{\mathrm{T}}$，则可以定义误差函数：

$$E = \frac{1}{2}\sum_{l=1}^{q} \| o^l - y^l \|^2 = \frac{1}{2}\sum_{l=1}^{q}\sum_{k=1}^{n}\left\{o_k^l - g\left[\sum_{j=1}^{p} W_{kj} g\left(\sum_{i=1}^{m} w_{ji} x_i^l\right)\right]\right\}^2 \tag{8.29}$$

通常采用梯度下降法确定权值 W 和 w（即学习过程），以使误差函数 E 获得极小值。

基于 GA-BP 网络的板形模式识别模型，将遗传算法引入冷轧板带箔材生产中的板形模式识别，并设计了适于板形模式识别的遗传算法。遗传算法的设计涉及 5 个因素：编码机制、初始种群的设定、适应度函数的设计、遗传算子的设计、控制参数的设定。其中适应度函数的设计对于应用遗传算法解决特定问题十分重要，一般适应度函数应根据要解决的问题来确定。

对板形模式识别问题，可以认为板形缺陷是由确定的 6 种标准板形模式（如勒让德多项式所对应的左、右单边浪，中浪，双边浪，四分之一浪，边中复合浪）和高次板形构成，即：

$$\Delta\sigma_k = \sum_{i=1}^{6} k_i \Delta\sigma_i'(x_k) + \Delta\sigma_7'(x_k) \tag{8.30}$$

式中　$\Delta\sigma_7'(x_k)$——高次板形；

$\Delta\sigma_k(k=0,1,\cdots,n)$——归一化后的板形偏差值。

选择适应度函数为：

$$f = \max \frac{1}{\sum_{k=1}^{n} |\Delta\sigma_7'(x_k)|} \tag{8.31}$$

由于标准样本的个数是固定的，所以网络的输入节点不随板宽变化而变化，即网络结构可以不变。由于识别出的板形基本模式中不能同时存在左侧浪和右侧浪、中间浪和双边浪、四分浪和边中浪，采用了 3 个输出节点。在此基础上采用遗传算法全局优化网络的结构及初始权阈值，再用 BP 算法进行局部调整，使网络得到优化，便于达到全局最优。

GA-BP 网络识别方法克服了 BP 模型结构随机选择且易陷入局部极小的缺点，既实现了在宽幅板带箔材板宽变化的情况下神经网络结构形式不变的功能，又解决了神经网络拓扑机构的难确定性和权值训练的长时性问题。

8.4.3 多变量优化控制

传统板形控制模型主要是基于板形偏差模式识别和正交分解。板形调控功效是对板形调节效果的直接描述，对板形控制机构调节性能的认识不再局限于一次、二次和高次板形偏差的范畴，有利于充分发挥轧机板形控制能力，提高板形控制精度。

多变量最优化板形闭环反馈控制是基于采用板形调控功效矩阵对板形调节效果的直接描述，与模式识别控制中采用分解式系数描述板形控制效果有着本质的不同。通过多变量最优化模型计算板形执行机构调节量，能够最大程度发挥各板形执行机构消除板形偏差潜力。板形调控功效的准确界定对于多变量最优化闭环反馈控制模型的成功应用有着决定性作用。

8.4.3.1 多变量优化目标函数的建立

板形实测值和目标值之间产生的偏差，采用多变量最优化控制算法计算各机械执行机构调节量，可建立的目标函数 $\varphi(\Delta X)$ 如下：

$$\begin{cases}\varphi(\Delta \boldsymbol{X}) = \sum_{i=0}^{n}\left[\Delta F_{\text{Error}}(i)a - \sum_{j=0}^{n'} p(i,j)\Delta x_j\right]^2 \\ \Delta \boldsymbol{X} \quad \text{s.t.} \quad \boldsymbol{X}_{\min} \leqslant \Delta \boldsymbol{X} \leqslant \boldsymbol{X}_{\max}\end{cases} \tag{8.32}$$

式中 i——测量区编号，n 为轧件覆盖测量区数目；

j——板形控制执行机构编号，n'为板形控制执行机构数量；

$\Delta F_{\text{Error}}(i)$——第 i 个板形测量区域平直度偏差，I；

a——板形转化系数，将平直度偏差转化为压力偏差，N/I；

$p(i,j)$——板形调控功效，表示第 j 个板形执行机构对第 i 个测量区辊缝压力影响量，N/N；

Δx_j——第 j 个板形执行机构的调节量，N；

$\Delta \boldsymbol{X}$——执行机构调整量，$\boldsymbol{X}_{\min}$、$\boldsymbol{X}_{\max}$ 为调整量的上下限余量。

将其转化为二次型，并用矩阵的形式表示，如式（8.33）所示：

$$\begin{cases}\varphi(\Delta \boldsymbol{X}) = \dfrac{1}{2}\Delta \boldsymbol{X}^{\mathrm{T}}\boldsymbol{G}\Delta \boldsymbol{X} + \boldsymbol{B}^{\mathrm{T}}\Delta \boldsymbol{X} + C \\ \Delta \boldsymbol{X} \quad \text{s.t.} \quad \boldsymbol{E}\Delta \boldsymbol{X} \geqslant \boldsymbol{F}\end{cases} \tag{8.33}$$

用 Σ 代替 $\sum_{i=0}^{n}$，则有：

$$\boldsymbol{G} = \begin{bmatrix} \Sigma 2.0 eff_{i1} eff_{i1} & \Sigma 2.0 eff_{i1} eff_{i2} & \cdots & \Sigma 2.0 eff_{i1} eff_{in'} \\ \Sigma 2.0 eff_{i2} eff_{i1} & \Sigma 2.0 eff_{i2} eff_{i2} & \cdots & \Sigma 2.0 eff_{i2} eff_{in'} \\ \vdots & \vdots & \ddots & \vdots \\ \Sigma 2.0 eff_{in'} eff_{i1} & \Sigma 2.0 eff_{in'} eff_{i2} & \cdots & \Sigma 2.0 eff_{in'} eff_{in'} \end{bmatrix},$$

$$B = \begin{bmatrix} \sum -2.0e_{i1}\Delta F_{\text{Error}}(i) \\ \sum -2.0e_{i2}\Delta F_{\text{Error}}(i) \\ \vdots \\ \sum -2.0e_{in'}\Delta F_{\text{Error}}(i) \end{bmatrix},\ C = \sum(\Delta F_{\text{Error}}(i))^2,\ \Delta X = \begin{bmatrix} \Delta x_1 \\ \Delta x_2 \\ \vdots \\ \Delta x_{n'} \end{bmatrix},$$

$$E = \begin{bmatrix} -1 & 0 & \cdots & 0 & 0 \\ 0 & -1 & \cdots & 0 & 0 \\ \vdots & \vdots & \ddots & \vdots & \vdots \\ 0 & 0 & \cdots & 0 & -1 \\ 1 & 0 & \cdots & 0 & 0 \\ 0 & 1 & \cdots & 0 & 0 \\ \vdots & \vdots & \ddots & \vdots & \vdots \\ 0 & 0 & \cdots & 0 & 1 \end{bmatrix},\ F = \begin{bmatrix} x_1 - x_{1\max} \\ x_2 - x_{2\max} \\ \vdots \\ x_{n'} - x_{n'\max} \\ x_{1\min} - x_1 \\ x_{2\min} - x_2 \\ \vdots \\ x_{n'\min} - x_{n'} \end{bmatrix}。$$

式中 eff_{ij}——板形调控功效，I/N；

$x_{n'}$——第 n' 个板形执行机构的当前值，N；

$x_{n'\max}$，$x_{n'\min}$——第 n' 个板形执行机构调整量的上限和下限。

为了叙述方便，这里将式（8.33）采用矩阵二次规划问题写成式（8.34）的形式：

$$\begin{cases} \min & \frac{1}{2}\Delta X^{\mathrm{T}} G \Delta X + B^{\mathrm{T}}\Delta X \\ \text{s.t.} & E\Delta X \geqslant F \end{cases} \tag{8.34}$$

矩阵 G 为 $n' \times n'$ 对称矩阵，以 $K = \{1, 2, \cdots, 2n'\}$ 不等式约束的下标集合。

矩阵 G 根据板形调控功效计算得到，是正定的。此时，问题（8.33）为凸规划问题，ΔX 是式（8.33）的最优解的充分必要条件是，ΔX 和拉格朗日乘子 $\boldsymbol{\nu}^{\mathrm{T}} = [\nu_1, \nu_2, \nu_3, \cdots, \nu_{2n'}]$ 满足下列 Kuhn-Tucker 条件：

$$\begin{cases} G\Delta X + B - E\boldsymbol{\nu} = 0 \\ \boldsymbol{\nu}^{\mathrm{T}}(E\Delta X - F) = 0, \nu_i \geqslant 0, i \in K \end{cases} \tag{8.35}$$

式中 K——不等式约束的下标集合。

8.4.3.2 对偶法求解二次规划问题的基本思想

1983 年 Goldfarb 和 Adnani 提出了一个对严格凸度二次规划问题的有效方法，实质是用起作用约束集方法解二次规划问题，称为对偶法。因其达到最优解的计算量少、精度高，被认为是当前求解二次规划问题的最优算法之一。这里采用对偶法开发闭环反馈最优算法计算程序。

对于任意 ΔX，若有 $E\Delta X = F$ 成立的约束条件的子集，合称为 ΔX 的起作用集合。将起作用集合的下标记为集合 J，若集合 J 中向量是线性无关的，则称集

合 J 是独立的。

若 $\Delta\boldsymbol{X}$ 存在起作用约束集合的下标集合 J，且为式（8.33）的解，则成为 J- 最优解，满足 $K-T$ 条件，如式（8.36）所示：

$$\begin{cases}\boldsymbol{G}\Delta\boldsymbol{X}+\boldsymbol{B}-\boldsymbol{E}\boldsymbol{\nu}_{i\in J}=0\\ \boldsymbol{\nu}^{\mathrm{T}}(\boldsymbol{E}\Delta\boldsymbol{X}-\boldsymbol{F})=0,\nu_i\geqslant 0,i\in J\cap K\end{cases}\tag{8.36}$$

J-最优解不一定是原问题式（8.33）的解。若当 $i\notin J$ 时，$\nu_i=0$，则 J-最优解为原问题的解。

以 $\boldsymbol{E}_j$ 表示向量 $\boldsymbol{e}_i(i\in J)$ 组成的矩阵，则式（8.34）的目标函数梯度向量为：

$$\boldsymbol{g}(\Delta x)=\boldsymbol{G}\Delta\boldsymbol{X}+\boldsymbol{B}\tag{8.37}$$

将满足式（8.34）的拉格朗日乘子的向量记为 $\boldsymbol{\nu}_J(x)$，则式（8.36）可写为：

$$\boldsymbol{g}(\Delta x)-\boldsymbol{E}_J\boldsymbol{\nu}_J(x)=0\tag{8.38}$$

由式（8.38）可知：

$$\boldsymbol{\nu}_J(x)=\boldsymbol{E}_J^{-1}\boldsymbol{g}(\Delta x)\tag{8.39}$$

对偶法是生成独立的起作用集合 J 和对应的 J-最优解序列的方法。对偶法求解基本思路如下：

（1）式（8.34）为仅含有不等式约束的凸规划问题，于是初始的 J-最优解为：

$$\Delta\boldsymbol{X}=-\boldsymbol{G}^{-1}\boldsymbol{B}\tag{8.40}$$

（2）若初始的 J-最优解不是式（8.34）的解，则至少存在一个 s 满足：

$$\boldsymbol{u}_{\mathrm{s}}=\boldsymbol{E}\Delta\boldsymbol{X}-\boldsymbol{F}<0\tag{8.41}$$

式中　s——不满足不等式约束系数矩阵 $\boldsymbol{E}$ 中的系数下标。

从计算效率考虑，根据式（8.42）选择约束条件系数向量 $\boldsymbol{E}_{\mathrm{s}}$：

$$\boldsymbol{E}_{\mathrm{s}}(\Delta\boldsymbol{X})=\min\{\boldsymbol{U}(\Delta\boldsymbol{X})\}<0\tag{8.42}$$

式中　$\boldsymbol{E}_{\mathrm{s}}$——不等式约束系数矩阵 $\boldsymbol{E}$ 中下标 s 对应的约束条件系数。

（3）计算搜索向量 $\boldsymbol{Z}$。

8.4.3.3　对偶法求解板形控制机构调节参数的实现过程

（1）由数据库和板形仪分别读取板形调控功效和平直度偏差；根据式（8.32）计算矩阵 $\boldsymbol{G}$ 和 $\boldsymbol{B}$；

（2）计算无约束条件下式（8.33）的解。

1）将正定矩阵 $\boldsymbol{G}$ 进行 Cholesky 分解：

$$\boldsymbol{G}=\boldsymbol{L}\boldsymbol{L}^{\mathrm{T}}\tag{8.43}$$

式中　$\boldsymbol{L}$——下三角矩阵。

其中，初始时有 $\boldsymbol{Q}=\begin{bmatrix}1 & 0 & \cdots & 0\\ 0 & 1 & \cdots & 0\\ \vdots & \vdots & \ddots & \vdots\\ 0 & 0 & \cdots & 1\end{bmatrix}$。

2）无约束条件下的解 $\Delta\boldsymbol{X}$：

$$\Delta\boldsymbol{X}=-\boldsymbol{G}^{-1}\boldsymbol{B}=-(\boldsymbol{L}\boldsymbol{L}^{\mathrm{T}})^{-1}\boldsymbol{B} \tag{8.44}$$

（3）检验无约束条件下的解 $\Delta\boldsymbol{X}$ 是否满足不等式条件：

$$\boldsymbol{U}(\Delta\boldsymbol{X})=\boldsymbol{E}\Delta\boldsymbol{X}-\boldsymbol{F} \tag{8.45}$$

若 $\boldsymbol{U}(\Delta\boldsymbol{X})\geqslant 0$，则初始最优解为式（8.34）的解；若至少存在一个下标 $u_{\mathrm{s}}(\Delta\boldsymbol{X})<0$，出于计算效率的考虑，一般由：

$$u_{\mathrm{s}}(\Delta\boldsymbol{X})=\min\{\boldsymbol{U}(\Delta\boldsymbol{X})\}<0 \tag{8.46}$$

确定约束条件下标 s 对应的约束条件向量 $\boldsymbol{A}_{\mathrm{s}}$。

（4）计算搜索方向向量 $\boldsymbol{Z}$。

搜索方向为：

$$\boldsymbol{Z}=\boldsymbol{NM}\cdot D_v^{\mathrm{T}} \tag{8.47}$$

式中，$D_v=\boldsymbol{A}_{\mathrm{s}}^{\mathrm{T}}\cdot Nm$

（5）计算搜索步长 t：

计算 t_1：

$$t_1=\frac{v_{\mathrm{s}}}{R_v} \tag{8.48}$$

式中，$R_v=D_v[1]$。

计算 t_2：

搜索步长为 $t=\min[t_1,t_2]$。

更新拉格朗日乘子：$\nu_{\mathrm{s}}=\nu_{\mathrm{s}}+t$

$$t=-\frac{u_{\mathrm{s}}(\Delta\boldsymbol{X})}{\boldsymbol{Z}^{\mathrm{T}}\boldsymbol{A}_{\mathrm{s}}} \tag{8.49}$$

（6）根据下式求迭代 $\Delta\boldsymbol{X}$：

$$\Delta\boldsymbol{X}=\Delta\boldsymbol{X}+t\boldsymbol{Z} \tag{8.50}$$

（7）更新矩阵 $\boldsymbol{Q}$，返回到（3）：

$$\boldsymbol{NM}=(\boldsymbol{L}^{\mathrm{T}})^{-1}\boldsymbol{Q} \tag{8.51}$$

式中，矩阵 $\boldsymbol{Q}$ 是矩阵 $\boldsymbol{D}_v$ 的 $\boldsymbol{QR}$ 分解，$\boldsymbol{Q}$ 为正交矩阵，$\boldsymbol{R}$ 为上三角矩阵。

8.5 板形调控功效分析

板形控制的实质是通过控制板形机械执行机构对承载辊缝进行调整，改变工作辊与板带箔材间接触压力的分布，进而影响板带箔材宽度方向各条纤维的不均匀压缩和延伸。板形调控功效是指在机械执行机构发生单位调节量时，承载辊缝形状或工作辊与轧件接触压力（轧制压力）分布沿板带箔材宽度方向发生的变化量，可用式（8.52）表示：

$$E_{i,j}=\frac{\Delta gf_i}{\Delta a_j}\quad \text{或}\quad E_{i,j}=\frac{\Delta p_i}{\Delta a_j} \tag{8.52}$$

式中　$E_{i,j}$——第 j 种板形执行机构在宽度 x_i 处板形调控功效；

i——板形仪测量区编号；

j——板形调节机构编号；

Δgf_i——第 j 种板形执行机构发生单位调节量引起的在宽度 x_i 处承载辊缝的变化量；

Δp_i——第 j 种板形执行机构发生单位调节量引起的在宽度 x_i 处工作辊与轧件接触压力的变化量；

Δa_j——第 j 种板形执行机构的调节量。

用工作辊与轧件间的接触压力表示调控功效，并将式（8.52）板形调控功效用矩阵表示，则有：

$$\boldsymbol{Eff}=\begin{bmatrix}\dfrac{\Delta p_1}{\Delta a_1} & \dfrac{\Delta p_1}{\Delta a_2} & \cdots & \dfrac{\Delta p_1}{\Delta a_{n'}}\\ \dfrac{\Delta p_2}{\Delta a_1} & \dfrac{\Delta p_2}{\Delta a_2} & \cdots & \dfrac{\Delta p_2}{\Delta a_{n'}}\\ \vdots & \vdots & \ddots & \vdots\\ \dfrac{\Delta p_n}{\Delta a_1} & \dfrac{\Delta p_n}{\Delta a_2} & \cdots & \dfrac{\Delta p_n}{\Delta a_{n'}}\end{bmatrix}=\begin{bmatrix}eff_{11} & eff_{12} & \cdots & eff_{1n'}\\ eff_{21} & eff_{22} & \cdots & eff_{2n'}\\ \vdots & \vdots & \ddots & \vdots\\ eff_{n1} & eff_{n2} & \cdots & eff_{nn'}\end{bmatrix} \tag{8.53}$$

式中　$\boldsymbol{Eff}$——板形调控功效系数矩阵。

8.5.1　冷轧调控功效分析

某1250mm六辊不可逆冷轧机具有正负弯辊功能，弯辊力调节范围为 -180 ~ +360kN。在该轧机的板形控制系统中，使用了工作辊弯辊、中间辊弯辊、压下倾斜功能，用于控制所轧带材的板形。通过对典型工况下弯辊和压下倾斜板形调控功效的分析，得出相应调控功效系数的大小和特性。根据现场实际情况，带材轧机参数见表8.2。

表8.2　1250mm冷轧机的主要技术参数

轧辊	凸度/mm	直径/mm	辊面长度/mm	弯辊力/t
工作辊	0	420	1250	+36/-18
中间辊	0	470	1310	±50
支撑辊	0	1150	1250	—

在调控功效计算模型中，将轧制区域划分为20个特征点，通过这20个特征点的功效系数反映相应调节手段的调控功效。根据以上基本参数和假设，分别对工作辊弯辊和压下倾斜调控功效系数进行分析。

8.5.1.1 工作辊弯辊的调控功效分析

板形调控功效是根据一定的板宽、辊径、辊长和轧制力计算所得。为便于分析将能固定下来的因素固定下来。由于辊径和辊长对调控功效影响相对比较稳定，因此对板形调控功效有影响的就只有带宽和轧制力了。

A 带宽对工作辊弯辊功效影响分析

某1250mm轧机所轧带材的宽度范围为800～1200mm，因此将板宽划分为5个范围，分别为800mm、900mm、1000mm、1100mm、1200mm。为便于分析板宽对调控功效的影响，将轧制力固定为常值。

图8.10a和图8.10b所示为在轧制力为15MN情况下，不同板宽对调控功效系数的影响。在图8.10a和图8.10b中，对不同带宽的调控功效系数进行了对比。由图8.10可以看出，工作辊弯辊在上述板宽情况下，在边部的调控功效是带宽越宽调控功效系数越大；而在带材中部可以看到带宽越大相应的调控功效系数也是越来越大。这与弯辊调控效果相一致，带宽越大弯辊的调控效果越好。带宽对弯辊调控功效有重要的影响。随着带宽的加大，弯辊板形控制技术的调控能力呈增大的趋势，且调控特性也受带宽的影响。

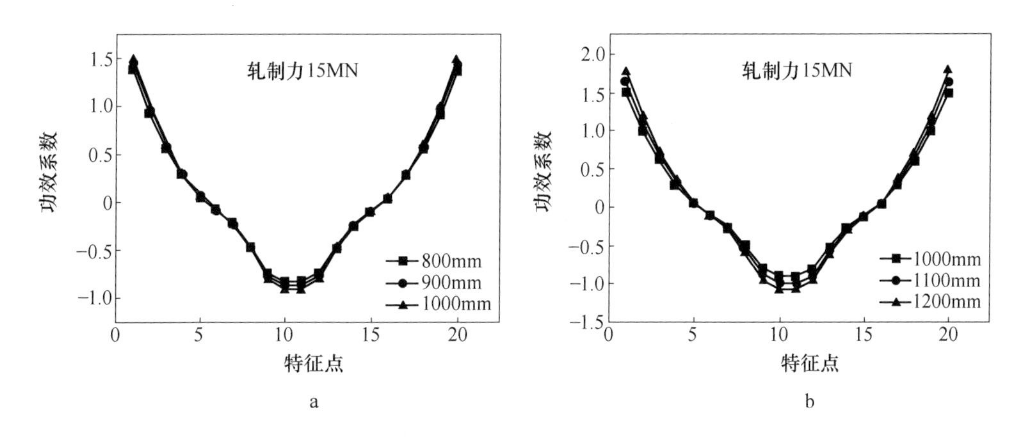

图8.10 不同带宽对弯辊功效系数的影响
a—带宽为800mm、900mm、1000mm时弯辊功效系数；
b—带宽为1000mm、1100mm、1200mm时弯辊功效系数

B 轧制力对工作辊弯辊功效分析

为对轧制力对工作辊弯辊调控功效进行比较，把1250mm轧机的轧制力划分

2MN、5MN、10MN、15MN、20MN 共 5 个范围。为便于比较，同样把带宽固定。这里以带宽 1100mm 为例，对在不同轧制力作用下工作辊弯辊功效系数进行比较，如图 8. 11 所示。

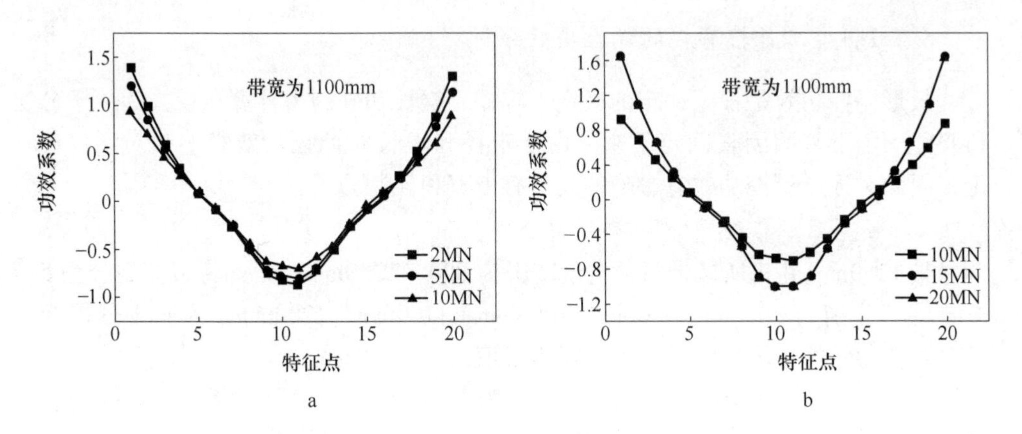

图 8. 11　不同轧制力对弯辊功效系数的影响
a—轧制力为 2MN、5MN、10MN 时弯辊功效系数；
b—轧制力为 10MN、15MN、20MN 时弯辊功效系数

通过图 8. 11a 可以看出，在轧制力小于 10MN 时，弯辊的调控功效系数随着轧制力的增加而减小；由图 8. 11b 中可以看出，当轧制力大于 10MN 时，弯辊的调控功效系数随着轧制力的增大而增加，并且非常明显。在轧制力达到 15MN 以上时，弯辊的功效系数基本无变化。以力为调节量的弯辊板形控制技术，其调控功效系数受轧制力的影响。对于 1250mm 轧机，轧制力 10MN 时为弯辊调控功效的分水岭。

通过以上分析，可以得到 1250mm 轧机工作辊弯辊调控系数与板宽有关且成正比例的关系；并且与轧制力有关。当轧制力低于 10MN 时，工作辊弯辊的功效系数与轧制力成反比关系；当轧制力高于 10MN 时，工作辊弯辊调控功效明显增加。

工作辊弯辊调控能力不仅与轧制工艺条件（轧制力、带宽）有关，而且还和轧辊尺寸及其他板形调控手段的配置与使用状态有关。究其原因，决定工作辊弯辊调控能力的是轧辊针对弯辊的弯曲刚度。此刚度不仅和轧制力、带宽、轧辊尺寸等确定因素有关，而且和辊间接触压力分布与接触线长度有关。

8. 5. 1. 2　倾斜的调控功效分析

对倾斜调控功效的分析与前面工作辊弯辊调控功效的分析类似。对于带宽对压下倾斜功效的分析，同样采用将带宽划分为 5 个类别进行分析，如图 8. 12 所

示；对于轧制力对压下倾斜的功效分析也采用将轧制力划分为5个档次来进行分析，如图8.13所示。

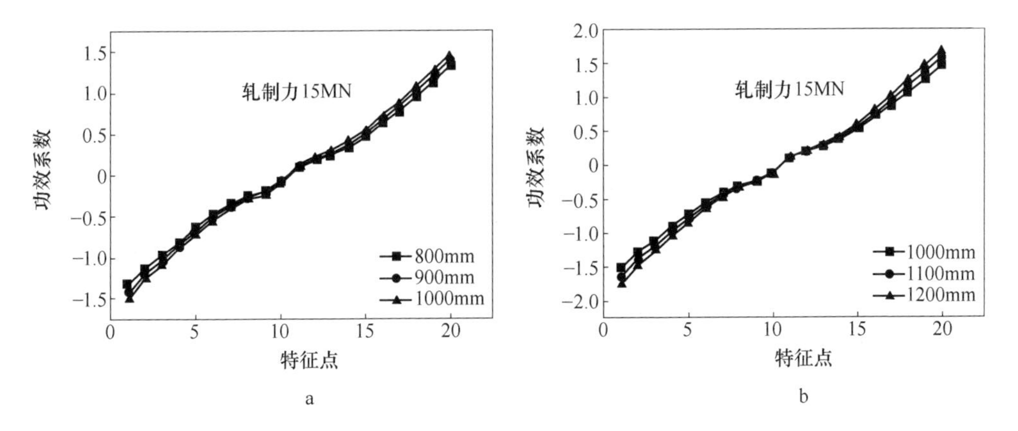

图8.12　不同带宽对压下倾斜功效系数的影响
a—带宽为800mm、900mm、1000mm时倾斜功效系数；
b—带宽为1000mm、1100mm、1200mm时倾斜功效系数

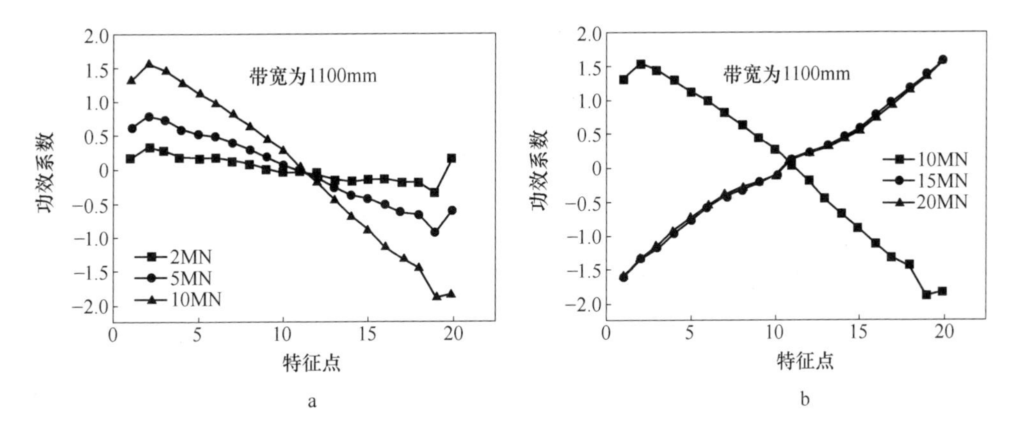

图8.13　不同轧制力对压下倾斜功效系数的影响
a—轧制力为2MN、5MN、10MN时倾斜功效系数；
b—轧制力为10MN、15MN、20MN时倾斜功效系数

由图8.12可以看出，带宽对倾斜调控功效产生影响，且压下倾斜调控功效与带宽成正比例关系。由图8.13可看出，在轧制力小于10MN情况下，倾斜调控功效与轧制力成正比例关系；当轧制力大于10MN时，压下倾斜调控功效与10MN情况下呈反对称状态，而且15MN和20MN两种情况下的压下倾斜调控功效基本相同。出现这种情况，主要是由于在上述接近于1250mm轧机轧制力极限的情况下，倾斜的调整处于饱和或无效状态，因此倾斜的调整要在一定的轧制力

范围内进行调整。

由以上分析可以看出工作辊弯辊调控功效和压下倾斜调控功效对轧制变形区的影响，轧制工艺的变化与调控功效系数的变化是相互联系的。因此，在研究工作辊弯辊和压下倾斜调控功效时，要综合考虑板形调节量施加到出口张应力变化这一工程中的各个相关因素。

8.5.1.3　执行器调控功效实际应用

图8.14所示为1250mm轧机在轧制条件为表8.3的情况下，板形偏差与板形调控功效对比。从图8.14中可以看出，在上述轧制条件下板形偏差主要呈现左高右低的非对称状态，带材覆盖板形测量辊上的3～22测量区域共20个测量段，并与图中各执行器功效系数的采样点完全对应。

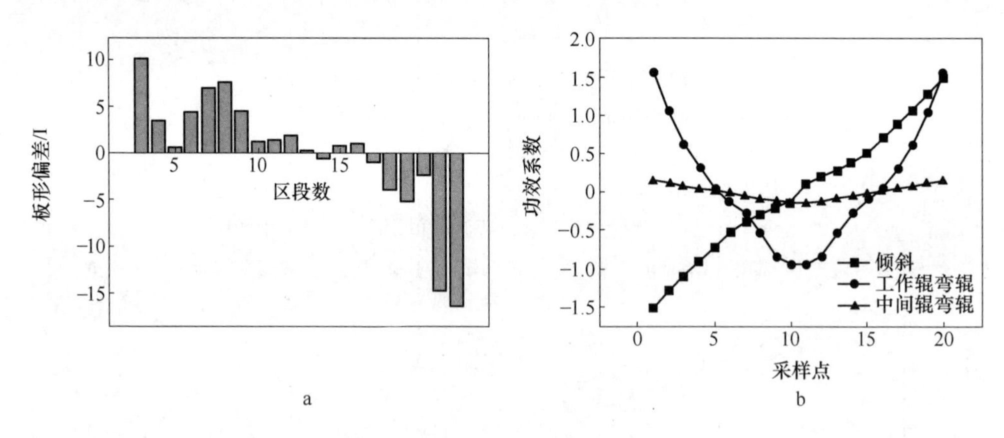

图8.14　板形偏差与调控功效对比图
a—板形偏差图；b—功效系数图

表8.3　轧制条件

张力/kN	速度/m · min^{-1}	轧制力/MN	厚度/mm	宽度/mm
114	253	7.272	1.310	1045

从图8.14可以看出，中间辊弯辊的调控功效系数比较小，而且变化比较平缓且呈现对称形式，因此中间辊弯辊只能作为辅助调节手段配合其他执行器进行调节。工作辊弯辊和倾斜控制，在边部区域的调控能力都比较强，在左侧边部1/4区域工作辊弯辊的调控斜率比倾斜的斜率大，调控效果明显；在中部区域，工作辊弯辊的调控系数明显大于倾斜的调控系数，因此在中部区域主要由工作辊弯辊来进行调控；在右侧边部1/4区域，倾斜的调控系数大于工作辊弯辊的调控系数。在图8.14中的板形偏差中，除了非对称板形偏差外在左侧边部1/4处还呈现二次浪的特征，因此在实际的板形控制中采用倾斜和工作辊弯辊两种调控手

段进行调节。

图 8.15 所示为在上述轧制条件时的倾斜调节量与弯辊调节量和中间辊窜辊调节量的对比。从图 8.15 可以看出对于单机架的轧机，倾斜调整量大于工作辊弯辊的调整量和中间辊窜辊调节量。这主要是由于单机架轧机不像连轧机，前几个机架能够起到平整的作用。单机架轧机正是由于缺少平整的功能，使轧制过程中需要大量调整倾斜来消除来料板形中的非对称浪。因而，对于单机架轧机而言，倾斜调整量相对于其他执行器而言，在板形控制中的作用最大。

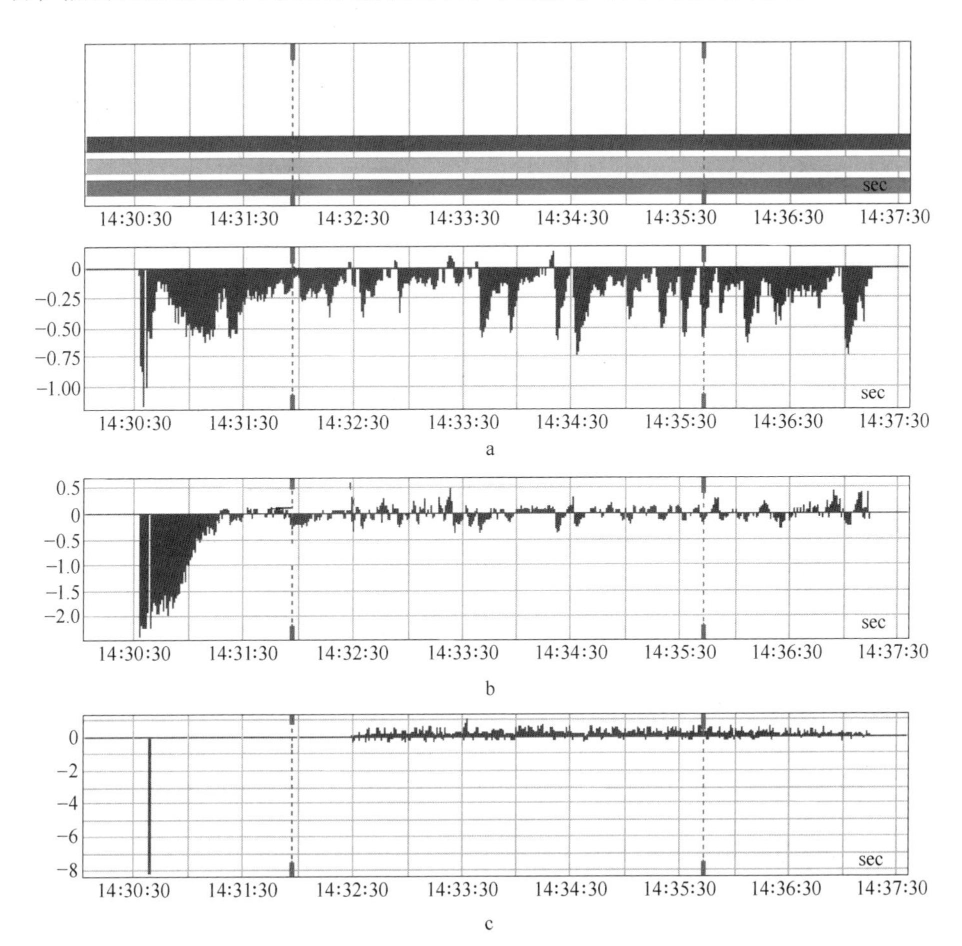

图 8.15 执行器调功效对比

a—倾斜调整量；b—工作辊弯辊调整量；c—中间辊窜辊调整量

8.5.2 箔轧调控功效分析

某 1550mm 单机架不可逆四辊箔材冷轧机的平直度控制执行机构为工作辊弯

辊、传动侧压下倾斜和操作侧压下倾斜。由现场实际情况，箔材轧机参数见表8.4。气动轴承板形仪每个测量区宽度为52mm，因此划分箔材与工作辊接触区域网格边长为52mm与板形仪测量区相对应。

表8.4　箔材轧机模型参数

轧辊	凸度/mm	直径/mm	辊面长度/mm	弯辊力/t
工作辊	0.035	250	1550	±25
支撑辊	0	640	1550	—

对于箔材板形调控功效，计算4种箔材宽度分别为988mm、1092mm、1196mm和1300mm，在轧制力100t、120t和140t，弯辊力分别为±25t条件下的弯辊力板形调控功效，轧辊传动侧倾斜和操作侧倾斜具有对称性，只对传动侧倾斜进行模拟，计算传动侧与操作侧压力差为30000N、90000N、150000N条件下的倾斜调控功效。

8.5.2.1　箔材宽度对板形调控功效的影响

通过计算在轧制力为100t，箔材宽度分别为988mm、1092mm、1196mm和1300mm时的板形调控功效，分析箔材宽度对板形调控功效的影响。

A　弯辊力板形调控功效

首先计算弯辊力为0时工作辊与箔材的接触力分布，再分别计算弯辊力为±25t时工作辊与箔材的接触力分布，由此计算到单位弯辊力对工作辊与箔材接触力分布的影响，如图8.16所示。

由图8.16可知，在轧制力为100t时，在不同的箔材宽度条件下，正负弯辊力板形调控功效并不完全相同。当箔材宽度为988mm时，正弯辊力板形调控功效和负弯辊力板形调控功效差异较大；当箔材宽度为1092mm时，正弯辊力板形调控功效和负弯辊力板形调控功效差异变小；当箔材宽度为1196mm和1300mm时，正弯辊力板形调控功效和负弯辊力板形调控功基本相同；实际生产过程中，为了控制方便，常常用正弯辊力板形调控功效表示弯辊力板形调控功效。由上述分析可知，当箔材宽度为988mm时，用正弯辊力板形调控功效表示弯辊力板形调控，进行负弯辊力控制时势必会产生较大误差。

B　倾斜力板形调控功效

首先计算传动侧和操作侧压力差为0时工作辊与箔材的接触力分布，再分别计算传动侧和操作侧压力差为30000N、90000N、150000N时工作辊与箔材的接触力分布，由此计算到单位倾斜力对工作辊与箔材接触力分布的影响，计算结果如图8.17所示。

由图8.17可知，在轧制力为100t时，在不同的箔材宽度条件下，倾斜力为

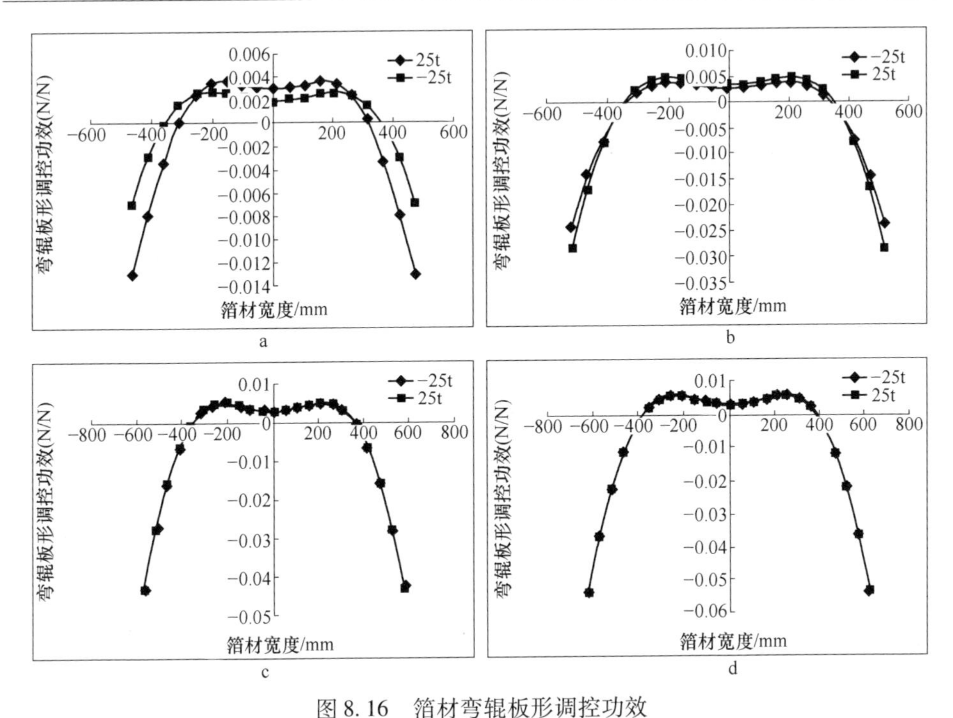

图 8.16 箔材弯辊板形调控功效

a—箔材宽度 988mm；b—箔材宽度 1092mm；c—箔材宽度 1196mm；d—箔材宽度 1300mm

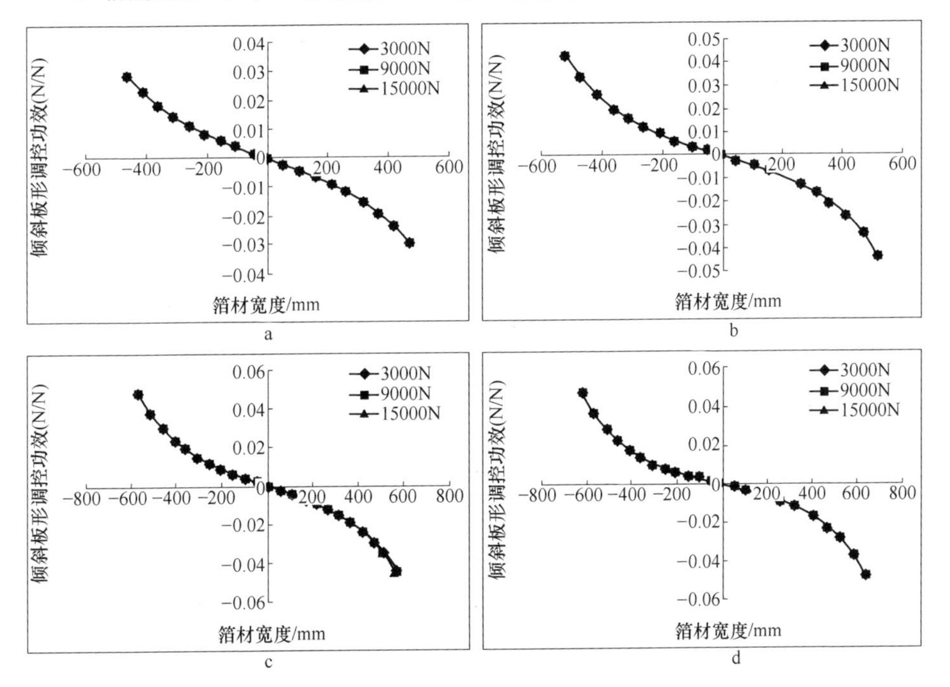

图 8.17 箔材倾斜板形调控功效

a—箔材宽度 988mm；b—箔材宽度 1092mm；c—箔材宽度 1196mm；d—箔材宽度 1300mm

3000N、9000N 和 15000N 条件下，倾斜板形调控功效受倾斜力的影响不大，倾斜力对轧辊与箔材接触力分布改变的影响与倾斜力大小呈线性关系。

8.5.2.2　轧制力对箔材板形调控功效影响

计算轧制力为 100t、120t、140t 和 160t，箔材宽度分别为 988mm、1092mm、1196mm 和 1300mm 条件下的板形调控功效，分析轧制力对不同箔材宽度的板形调控功效的影响。

A　对弯辊板形调控功效的影响

在 4 种不同箔材宽度条件下，轧制力变化对弯辊板形调控功效的影响如图 8.18 所示。由图 8.18a 可知，当箔材宽度为 988mm 时，轧制力变化对弯辊板形调控功效影响较大。轧制力为 160t 时的弯辊板形调控功效小于轧制力为 100t、120t 和 140t 时的板形调控功效。由图 8.18b 可知，当箔材宽度为 1092mm 时，轧制力变化对弯辊板形调控功效的影响减小，轧制力为 100t 和 120t 时的弯辊板形调控功效基本相同，轧制力的弯辊板形调控功效基本相同，在 140t 和 160t 条件下的弯辊板形调控功效略大于 100t 和 120t 时的弯辊板形调控功效。由图 8.18c

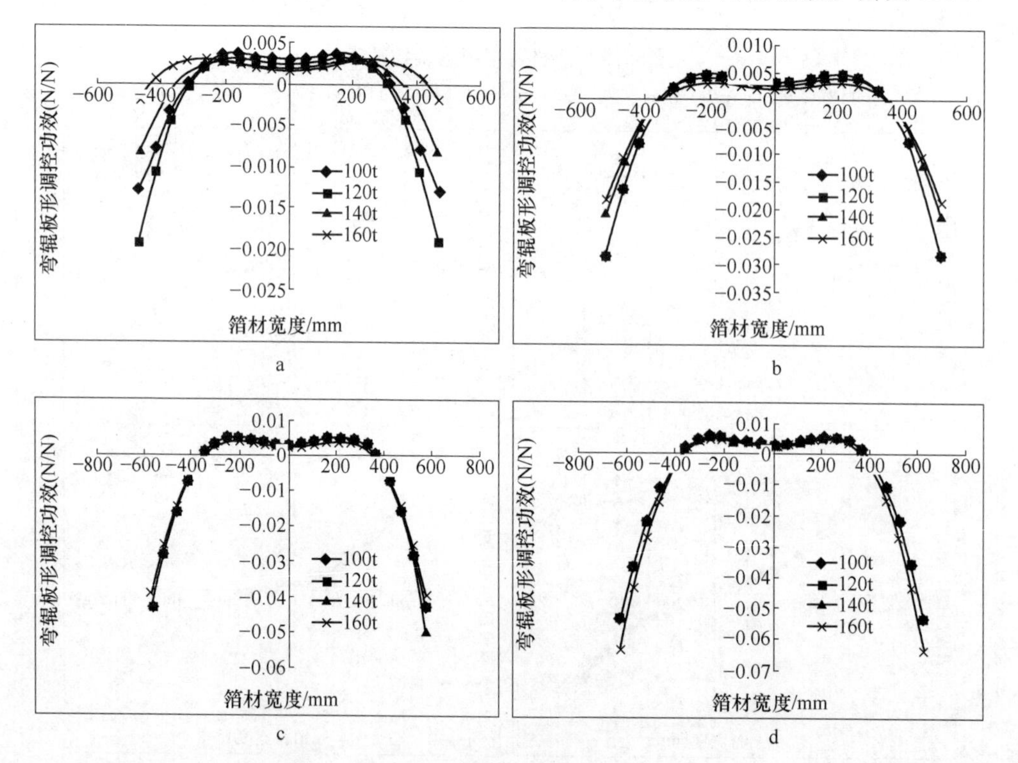

图 8.18　轧制力对箔材弯辊板形调控功效的影响

a—箔材宽度 988mm；b—箔材宽度 1092mm；c—箔材宽度 1196mm；d—箔材宽度 1300mm

可知，当箔材宽度为1196mm时，轧制力变化对弯辊板形调控功效不大，在4种轧制力条件下，弯辊板形调控功效基本重合。由图8.18d可知，当箔材宽度为1300mm时，轧制力为100t、120t和140t条件下的弯辊板形调控功效基本相同，却与160t条件下的弯辊板形调控功效略有不同。

B　对倾斜板形调控功效的影响

在4种不同箔材宽度条件下，轧制力变化对倾斜板形调控功效的影响如图8.19所示。由图8.19a、c和d可知，当箔材宽度为988mm、1196mm和1300mm时，轧制力变化对倾斜板形调控功效影响规律基本相同。轧制力为100t和120t时的倾斜板形调控功效基本相同，轧制力为140t和160t时的倾斜板形调控功效基本相同。轧制力对距离箔材中心约200mm范围内的倾斜板形调控功效影响不大，对距离箔材中心200mm以外的倾斜板形调控功效影响较大。由图8.19b可知，当箔材宽度为1092mm时，轧制力为140t和160t时的倾斜板形调控功效基本相同。轧制力对距离箔材中心约200mm范围内的倾斜板形调控功效影响不大，对距离箔材中心200mm以外的倾斜板形调控功效随着轧制力的增加，逐渐减小。

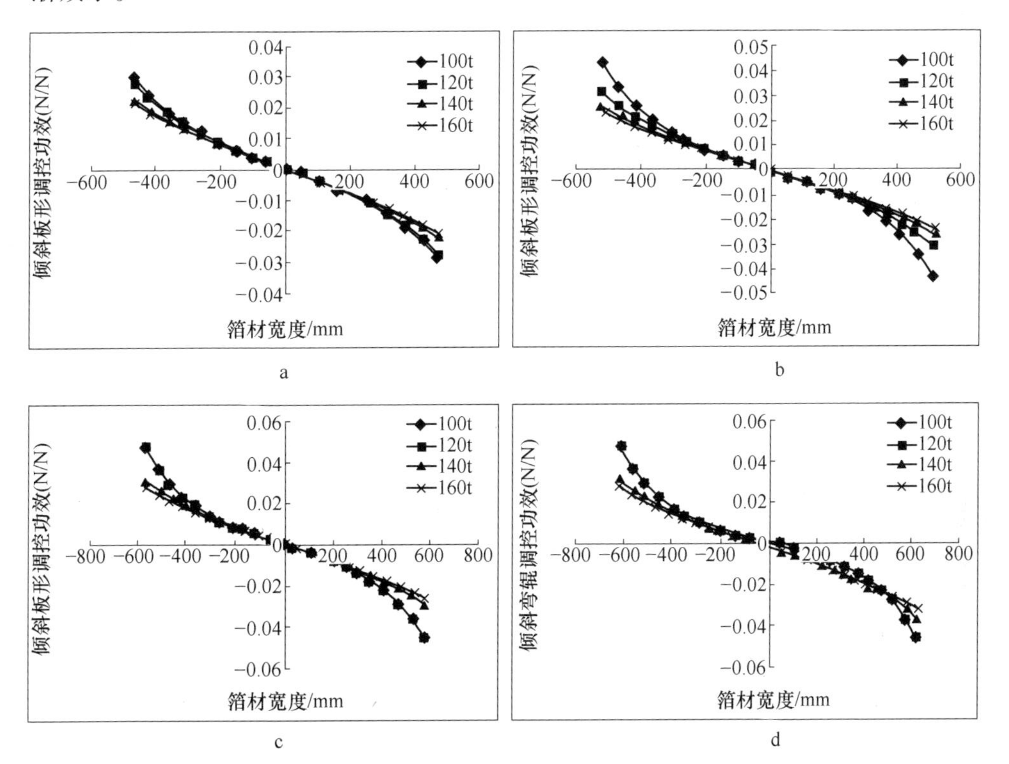

图8.19　轧制力对箔材倾斜板形调控功效的影响

a—箔材宽度988mm；b—箔材宽度1092mm；c—箔材宽度1196mm；d—箔材宽度1300mm

8.5.2.3　箔材厚度对板形调控功效的影响

当轧制力和箔材宽度一定时，箔材的厚度对板形调控功效也会产生影响。因此，计算箔材厚度为 0.02mm 时的板形调控功效与 0.2mm 时的板形调控功效，分析不同宽度条件下箔材厚度对板形调控功效的影响。

A　对弯辊力板形调控功效的影响

计算轧制力为 100t，箔材宽度分别为 988mm、1092mm、1196mm 和 1300mm 条件下，箔材厚度分别为 0.2mm 和 0.02mm 时的弯辊板形调控功效，如图 8.20 所示。由图 8.20 可知，箔材厚度对弯辊板形调控功效影响较大。在 4 种箔材宽度中，0.2mm 时的弯辊板形调控大于 0.02mm 时的弯辊板形调控功效。当箔材厚度为 0.02mm 时轧制过程中工作辊发生严重压靠，此时，工作辊弯辊对板形的调节作用减弱。随着箔材宽度的增加，箔材厚度为 0.2mm 时的弯辊板形调控与 0.02mm 时的弯辊板形调控功效差异减小。

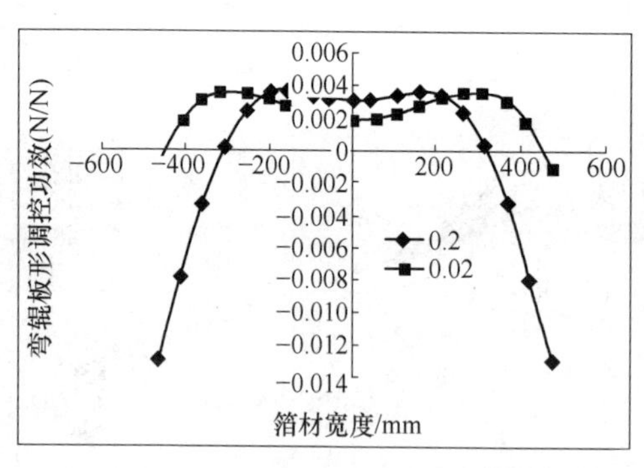

a

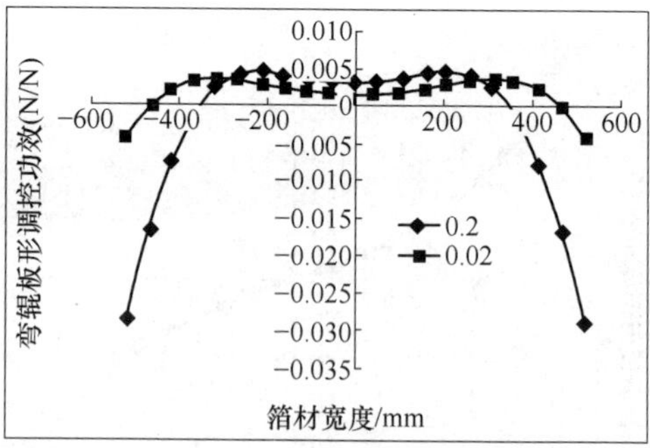

b

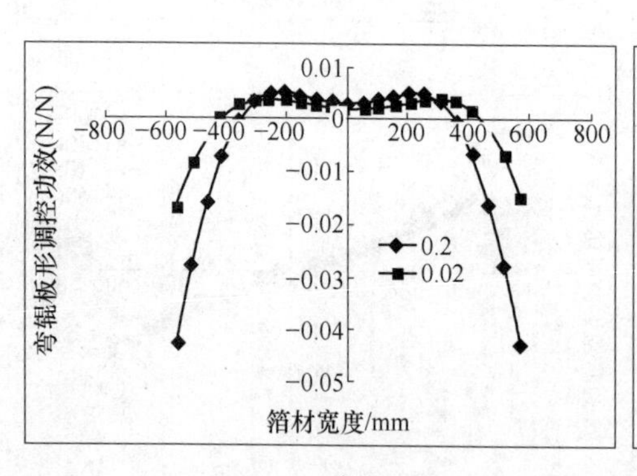

c

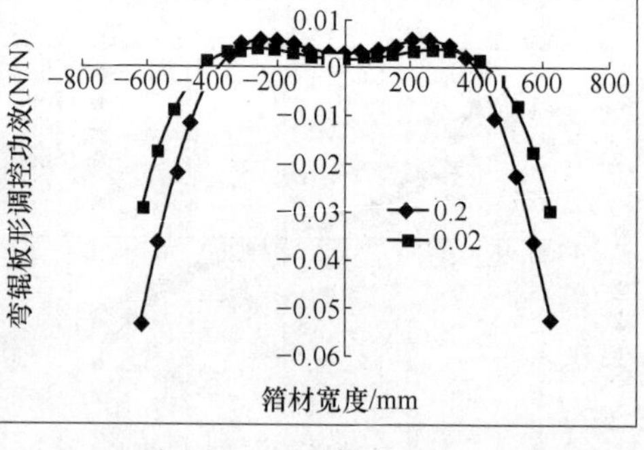

d

图 8.20　箔材厚度对弯辊板形调控功效的影响

a—箔材宽度 988mm；b—箔材宽度 1092mm；c—箔材宽度 1196mm；d—箔材宽度 1300mm

B 对倾斜力板形调控功效的影响

计算轧制力为100t，箔材宽度分别为988mm、1092mm、1196mm和1300mm条件下，箔材厚度分别为0.2mm和0.02mm时的倾斜板形调控功效，如图8.21所示。由图8.21可知，箔材厚度对倾斜板形调控功效影响较大。在4种箔材宽度中，0.2mm时的倾斜板形调控大于0.02mm时的倾斜板形调控功效。当箔材厚度为0.02mm时轧制过程中工作辊发生严重压靠，此时，轧辊倾斜对板形的调节作用减弱。

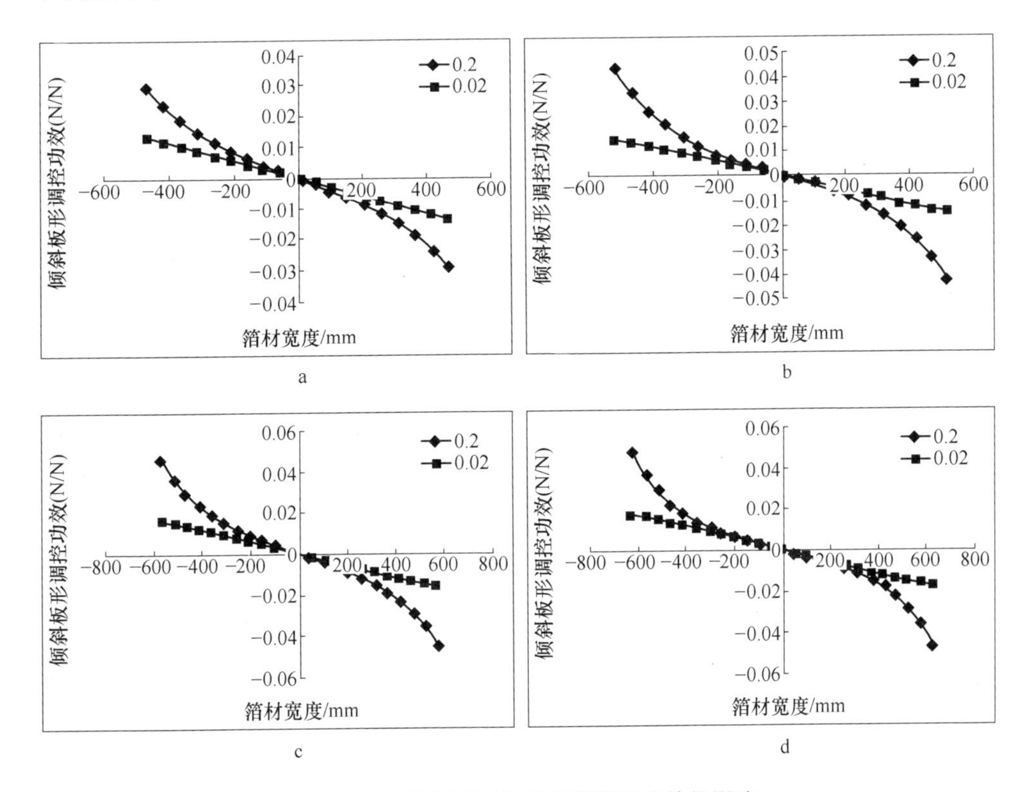

图8.21 箔材厚度对倾斜板形调控功效的影响

a—箔材宽度988mm；b—箔材宽度1092mm；c—箔材宽度1196mm；d—箔材宽度1300mm

8.5.2.4 板形闭环控制算法验证

对于1550mm四辊箔材冷轧机板形控制机构有三种：工作辊弯辊、轧辊倾斜和工作辊喷淋冷却，其中轧辊倾斜通过在传动侧和操作侧施加压力差实现。当箔材宽度为1071mm时板形调控功效如图8.22所示。

根据本节开发的闭环反馈控制最优化算法程序对轧制箔材宽度为1071mm，入口厚度和出口厚度分别为0.16mm和0.12mm时的板形控制机构调节量进行计算，计算结果与采用 MATLAB 工具箱提供的二次型规划目标函数 quadprog 计算的结果进行比较，结果如图 8.23 所示。

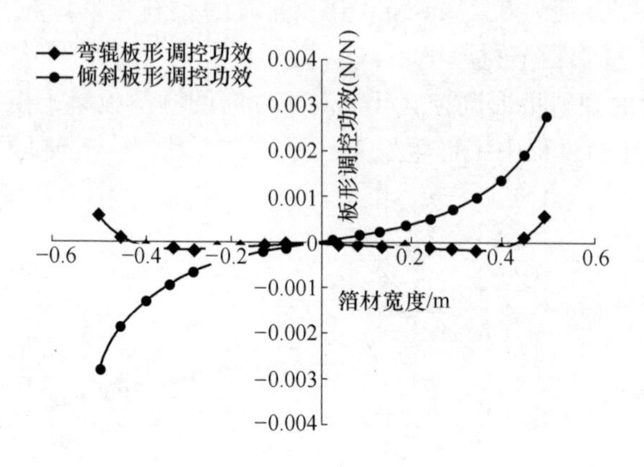

图 8.22　宽度为 1071mm 时箔材板形调控功效

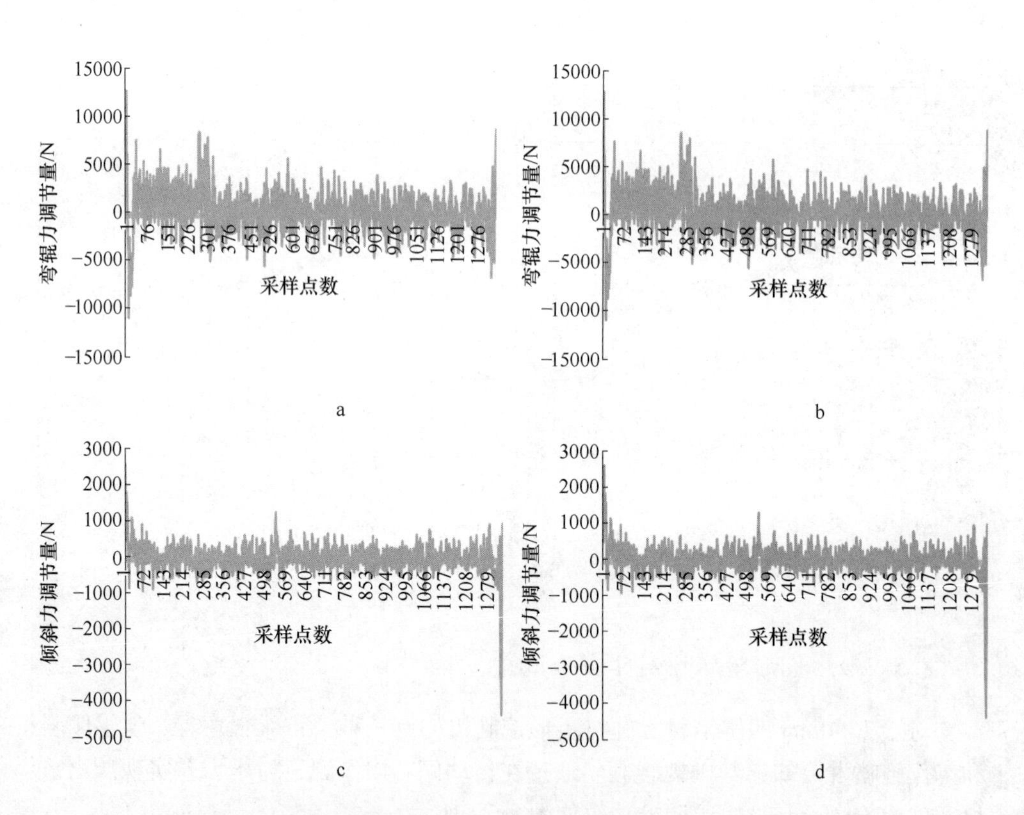

图 8.23　程序计算箔材板形执行机构调节量与 Matlab 计算结果对比
a—弯辊调节量程序计算值；b—弯辊力调节量 MATLAB 计算值；
c—轧辊倾斜调节量程序计算值；d—轧辊倾斜调节量 MATLAB 计算值

图 8.23a 和图 8.23b 分别为采用程序计算箔材弯辊力调节量值和采用 MATLB 计算弯辊力调节量值，图 8.23c 和图 8.23d 分别为采用程序计算箔材倾斜力调节量值和采用 MATLB 计算倾斜力调节量值，对比发现结果一致，最大偏差小于 0.3%。

9 铝加工智能制造发展趋势

智能制造是流程行业发展的重要战略方向，国家已出台《中国制造2025》《产业关键共性技术发展指南（2017）》等多项政策措施，加快推进制备全流程制造信息化、数字化与制造技术的深度融合发展，支持流程型智能制造、大规模个性化定制等有关的产业发展与技术研究，并要求“积极做好相关产业关键共性技术的研究开发引导工作”。

铝加工生产过程是涵盖多工序、多控制层级的复杂工业流程。智能化的发展思路集中在大数据平台、工艺质量管控以及过程状态诊断与维护等方面。

9.1 大数据平台

目前的铝合金生产线一般都配备三级（基础自动化系统、过程控制系统、MES系统）或者四级（基础自动化系统、过程控制系统、MES系统、ERP系统）自动化系统，实现设备控制、工艺控制、车间管理直至整个公司的信息化管理任务，同时较好地实现了数据信息的存储和交换。但大多铝加工生产线还存在如下问题：从横向生产工艺来说，从各个生产厂或车间依然为信息孤岛，未实现高实时性的互联互通并建立统一的数据环境；从纵向控制层级来说，信息系统的数据分析、管理和决策流程是按照设计好的过程和手段进行的，无法满足灵活应对外部环境和活动目标变化的要求。

目前，面对生产线普遍存在的信息孤岛、数据缺失等问题，以生产全流程工业大数据具有的多源异构、质量遗传、数据不精确、时空关系复杂、多变量和强耦合、实时性要求高等特点，铝加工过程的智能化需要以建设生产全流程工艺参数—产品综合性能—质量稳定性大数据平台为基础，为基于工业大数据实现生产过程智能化工艺控制提供大数据平台建设的理论、方法、架构体系及数据采集、传输、处理标准和规范。通过建立工业大数据平台，进行全流程工艺参数深度优化，建成适应大规模定制的智能化工艺模型库，形成基于工业大数据的智能化工艺控制成套技术并示范应用，全面提升我国铝加工制造水平，促进信息化与工业化的深度融合。

目前，在企业信息化系统中，工序产品的空间信息一般记录长度、规格，能够实现前后工序产品的批次映射，以及本工序产品与本工序传感器数据的时空匹配；但对于前后工序产品因切分、形变、开合卷等原因引起的空间映射关系变化缺少一种有效的记录方法，无法实现前后工序产品空间匹配，更无法实现后工序产品与前工序传感器数据的时空匹配，难以实现产品质量问题的准确定位和原因分析。因此，通过研究行业物质流信息流特点，建立物质流网络信息模型，是实现全流程质量信息多维度时空精准匹配的前提。应通过生产过程数据的时空匹配来记录从各工序物料之间空间对应关系，以及物料空间与传感器数据时间的匹配关系。数据平台架构如图 9.1 所示。

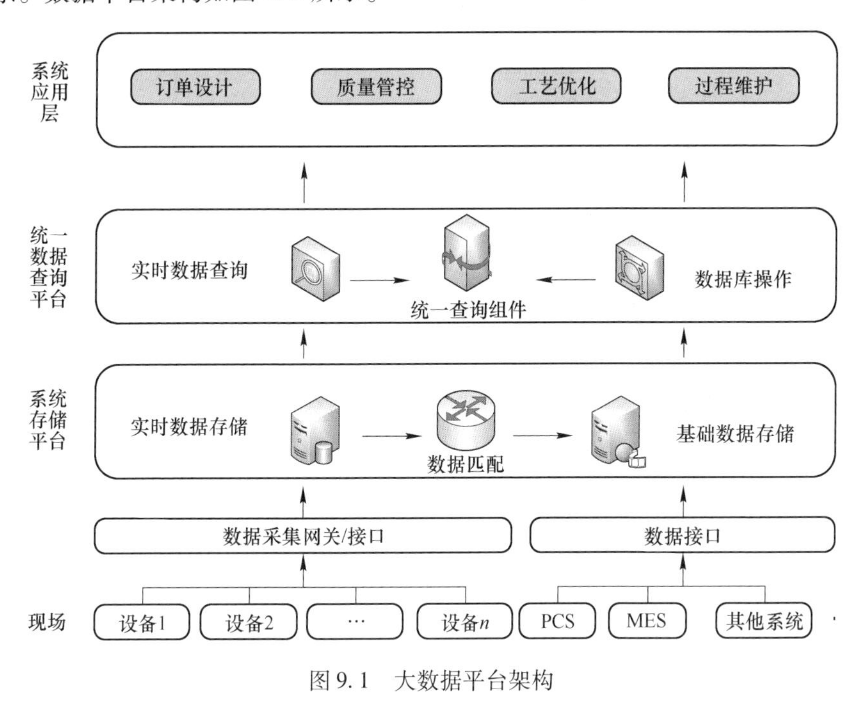

图 9.1 大数据平台架构

整个系统从逻辑上划分为三层，即系统存储平台层、统一数据查询平台层、系统应用层。系统存储平台层主要由实时数据库和关系数据库构成，用于整个系统的数据存储。其中实时数据库用于存储所有关键工艺参数及设备状态参数，是整个生产的基础平台，主要用于存储各工序关键工艺参数的实时、历史数据；关系数据库主要用于存储产品的对照关系信息和工序生产过程中的检化验信息，以及基本生产信息等。统一数据访问平台层为各应用系统提供统一数据访问的接口，所有查询有统一的权限认证，没有认证的应用系统不可使用外部接口方法。系统应用层为各个外部需要使用工厂数据库的信息系统。

该系统通过实施工厂数据平台系统，实现数据全局共享管理，对生产全过程的每一个环节的各种数据进行采集；对实时数据与关系型数据进行匹配，构建时间、空间、生产信息的三维关系，再通过接口传输至各个应用系统中，实现全局数据共享，为质量、产量、成本计算及分析提供更有价值的数据支撑平台。

9.2　工艺质量管控

过程变量具有多变量、非线性、多态性特点，生产过程中工艺参数间、质量指标间、工艺参数与过程指标间往往存在着多重非线性关系；生产流程和装备不同的特性导致工艺过程呈现不同的特征形态，产品质量监控需要适应产品、工艺、装备、工况的不同变化。工艺质量管控系统如图9.2所示。

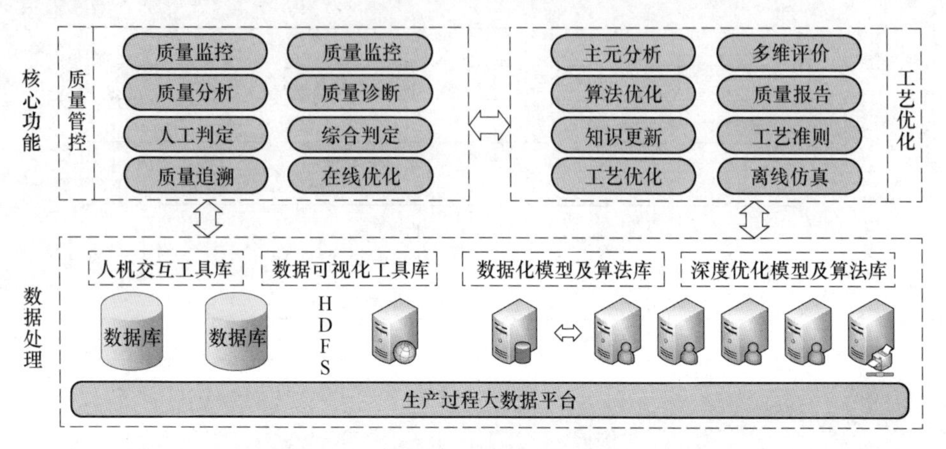

图9.2　工艺质量管控系统

工艺质量管控贯穿产品制造全周期，包括事前质量控制规则设计、事中动态质量干预与监控、事后质量分析与追溯优化生产工艺，应从离线与在线两方面入手，保障产品质量的稳定性。离线部分主要涉及历史过程质量实绩记录、产品质量评估和等级判定、质量追溯和质量趋势分析。对产品制造流程的关键作用在于实现了工艺过程异常对产品质量的影响规则分析，使工艺过程参数参与产品判定，提供产品的修补及改判充当管理，实现了产品质量缺陷分析、过程数据追溯等功能。承接质量设计信息，改变了过去只是关注局部或者分段工序的理念，建立起涵盖产品生产全部工序直至最终产品等各个环节的质量管控体系。通过质量管控系统与自动化系统无缝对接，实现在线质量跟踪与关键参数评估，对质量缺陷进行在线监控，及时判断问题根源，并提出修复措施。

工艺质量管控系统的核心建设内容主要包括：

(1) 基于多维统计过程控制和过程能力分析的质量在线监控。由于生产过程中工艺参数间、质量指标间、工艺参数与过程指标间往往存在着多重非线性关系。生产流程和装备不同的特性导致工艺过程呈现不同的特征形态；产品质量监控需要适应产品、工艺、装备、工况的不同变化。因此，综合考虑内外部因素对产品质量的影响，以多变量降维变换、非线性特征抽取技术开发不同工况场景下的在线质量监控技术，建立基于大数据和过程能力分析的多维自适应过程统计控制模型，识别质量波动影响的偶然因素和异常因素，设计移动平均控制图、指数加权滑动平均控制图、累积和控制图等单变量参数的趋势分析方法，将多变量 T^2 图、SPE 图、核主元分析等算法与各个加工环节的特点相结合，实时监控质量指标值的正常波动和异常波动，并针对异常工况，建立基于 T^2 正交分解、主成分贡献图、SPE 故障指数分析等技术的异常工艺参数排查定位方法，及时找出异常因素并消除它们对过程的影响，从而达到提高产品质量的目的。

（2）基于工艺规则和大数据的全流程产品质量综合评判与诊断技术。研究定性与定量相结合的全流程产品质量相关工艺等因素的解析方法，根据工程学和压力加工理论，结合产品质量规范和工艺规程，针对典型产品工艺路径，采用系统仿真、实验测试等方法定性分析影响产品质量指标的相关过程工艺参数、设备状态等因素；通过基于大数据的相关性分析和聚类分析，对上述因素进行定量筛选、排序，分析确定关键过程变量及关键产品质量变量。开发基于大数据的关键过程变量与关键产品质量变量关系模型。解析各工序产品质量指标相关关系，以及关键过程变量的受控范围和边界条件，建立典型产品质量指标评判标准和产品质量综合评判规则库。基于全流程各工序过程变量数据和质量数据，与上述评判标准和综合评判规则相匹配，实现产品质量在线精准综合评判。基于全流程产品质量相关工艺、设备状态等因素的解析，综合考虑各工序多变量间非线性耦合关系，将工艺机理规则和智能数据挖掘相结合，建立各工序从产品质量到工艺过程变量逆映射的质量诊断模型，分析确定引起产品质量缺陷的关键过程变量及异常原因，在线调整相应工艺参数设定和变化区间特征值，及时消除它们对产品质量的影响，提高产品质量稳定性。

（3）全流程产品质量的溯源分析和质量优化。综合考虑多工序间产品质量性能继承关系，基于全流程产品质量相关工艺、设备状态等因素的解析，利用产品质量评级及缺陷分析结果，建立基于产品质量至工艺变量逆映射的全流程质量追溯模型，确定引起产品质量缺陷的工序以及关键过程变量，分析对比相应工艺参数设定和实际控制区间，评判工艺参数设定的合理性和实际过程控制的偏离程度，确定产品质量缺陷的成因。综合各工序质量诊断分析和全流程质量追溯分析结果，汇集产品质量偏差或缺陷的成因，确定需要调整的工序以及关键过程变量范围，建立工艺参数设定与优化模型，研究基于规则和大数据分析的优化求解方法，通过定性规则确定优化方向，通过基于大数据的关键过程变量与关键产品质量变量关系模型确定优化定量区间，实现工艺参数设定与优化。建立关键工艺装备过程能力指数的动态监控制度，综合考虑性能特征、服役状况、操作水平等工艺装备要素信息，研发满足不同质量指标要求的工序过程能力匹配与优化方法。

9.3 过程状态诊断与维护

目前国内最新引进的生产线和国内自主集成建设的生产线，大都具有完备的多级控制系统，有完备的数据采集和存储系统。但这些系统的共同点是几乎没有设备故障或系统运行状态诊断的功能，即便有也是针对个别设备的超限报警等初级故障诊断功能。因此，这些数据并没有被很好地加以分析利用，还只是潜力，没有成为真正的竞争力。在很多轧制生产线上，故障处理和维护成为专业工程师依靠自身经验的一门“艺术”。如果通过对制备过程产生大数据的分析利用，实现整个加工系统的故障诊断及协调优化，在原有的自动化系统基础上实现系统的“自省”功能，实现生产过程的故障“预诊断”，并实现自愈控制，将生产线的维护和优化由依靠经验的“艺术”转变为一门精密的“科学”，使生产过程实现零故障、零隐患和零意外，将极大地推动行业的技术进步。

生产过程具有非线性、快响应以及时变、不确定性，工艺控制模型复杂，过程变量维数高、规模大，这就决定了故障诊断的建模过程比一般的工业过程复杂得多。大型设备状态监控缺失，就无法进行有效点检和趋势管理。现有的故障诊断方法严重依赖经验模型，在数据利用和准确性方面存在缺陷。为实时掌握大型设备运行状况，杜绝偶发恶性状况发生，有必要引入新的方法开展研究，帮助技术人员有效掌控大型设备健康状态，提高设备的利用效率。

（1）建立基于相似性的多元统计故障诊断方法库。生产线故障涉及各个工序控制系统，故障具有多样性和复杂性，故障原因具有隐蔽性，引起同一故障的原因具有多样性，故障具有不易察觉性，因此，故障的定位和早期故障诊断尤为重要。基于多元统计的故障诊断方法是基于数据且被广泛研究的故障诊断方法，对早期故障具有灵敏性。另外，从生产设备工作原理来说，由于不同厂家和型号设备数据内在相关性具有极大相似性，因此在已有工作基础上，着重建立基于相似性的多元统计故障诊断方法库。

（2）建立基于多源知识推理的智能故障诊断方法库。生产过程具有大量异构异源数据，包括过程变量数据、操作数据、化验数据、声音数据、图像数据、震动数据，等等。这些数据都含有过程状态的信息。对于复杂数据如过程数据既可以进行特征提取，也可以采用小波变换等方法提取；声音数据、图像数据可采用神经网络或统计直方图等方法进行特征提取；震动数据可采用谱分析方法处理。进一步将上述特征数据和部分简单原始数据形成知识的前件，故障构成知识的后件，从而形成知识规则，进行故障的多源知识推理。这里重点关注生产设备多源故障数据特征的获取和知识权重的学习以及推理机制，形成故障诊断的知识库。

（3）开发远程故障诊断软件系统。针对生产过程，以作业区数据综合分析作为主要故障诊断方法，以 ASP、Java 为开发工具，以 SQL Server 为资源管理与设备管理的数据库平台，提供协作诊断服务平台的 Web 服务器，通过基于各种通信协议的数据采集程序，实现设备信息、厂家信息、厂内外专家信息、设备运行过程状态信息、故障知识库信息的数据库设计，智能诊断程序库开发，页面应用程序开发。

针对生产设备故障多发，故障即时维护能力弱问题，开发出生产全流程过程状态诊断与维护系统。将分散的复杂设备部门信息通过网络进行远程管理和故障诊断，具有灵活性、高效性等优点；通过多源数据采集整合、数据信息的深度挖掘、信息网络共享、专家维护人员的远程在线服务，可以极大地提高生产水平，降低故障停产率，减少经济损失，降低维护成本，减少维护人员劳动强度，实现连续稳定生产，显著提高经济效益。

参 考 文 献

[1] 潘复生，张静. 铝箔材料 [M]. 北京：化学工业出版社，2005.
[2] 陈彦博，赵红亮，翁康荣. 有色金属轧制技术 [M]. 北京：化学工业出版社，2007.
[3] 尹晓辉，李响，刘静安，等. 铝合金冷轧及薄板生产技术 [M]. 北京：冶金工业出版社，2010.
[4] 段瑞芬，赵刚，李建荣. 铝箔生产技术 [M]. 北京：冶金工业出版社，2010.
[5] 程仁策，董云云，赵金杰，等. 现代铝箔轧制与生产 [M]. 北京：电子工业出版社，2019.
[6] 肖亚庆. 铝加工技术实用手册 [M]. 北京：冶金工业出版社，2005.
[7] 杨钢，陈亮维，岳有成. 铝箔生产技术 [M]. 北京：冶金工业出版社，2017.
[8] 王祝堂. 世界铝板带箔轧制工业 [M]. 长沙：中南大学出版社，2010.
[9] 范培卿. 宽幅超薄铝箔轧制设备及工艺分析 [J]. 轻合金加工技术，2016，44 (1)：29 ~ 32.
[10] 路丽英，王祝堂. 中国铝加工业概况 [J]. 轻合金加工技术，2019，47 (1)：1 ~ 7.
[11] 王祝堂. 世界高纯铝的生产、市场与应用 [J]. 有色金属加工，2004，33 (6)：1 ~ 7.
[12] 董则防，潘秋红，张安乐，等. PTP 药箔基材生产工艺研究 [J]. 铝加工，2010 (1)：27 ~ 30.
[13] 李金刚，雷正平，李越，等. 高质量空调箔的生产工艺研究 [J]. 轻合金加工技术，2006，34 (7)：34 ~ 36.
[14] 谭吉纯，张深阳，王祝堂. 改革开放 30 年：包装铝箔产业从弱小到强大 [J]. 轻合金加工技术，2009，37 (8)：1 ~ 5.
[15] 雷正平，麻惠丽，王祝堂，等. 中国铝箔工业强盛之路 [J]. 轻合金加工技术，2006，34 (9)：11 ~ 17.
[16] 刘静安，罗昭敏. 现代铝及铝加工业的发展特点及国内外发展水平对比 [J]. 铝加工，2009 (3)：38 ~ 45.
[17] 武子原，王祝堂. 中国铝合金带坯双辊式连续铸轧进展 [J]. 轻合金加工技术，2019，47 (4)：1 ~ 5.
[18] 王雷，黄汝刚，袁文生. 铝合金轧制成形的研究与现状 [J]. 锻压装备与制造技术，2012，47 (5)：17 ~ 20.
[19] 周军强. 铝及铝合金轧制设备分析与研究 [J]. 世界有色金属，2018 (12)：62 ~ 63.
[20] 刘静安，盛春磊，朱英. 铝合金轧制设备国产化现状及发展趋势 [J]. 轻合金加工技术，2015，43 (1)：8 ~ 14.
[21] 陈良. 国内铝板带箔加工行业的现状分析 [J]. 有色金属加工，2014，43 (3)：1 ~ 4.
[22] 王祝堂. 中国薄铝板带轧制工业现状与展望 [C] //中国有色金属加工工业协会. 2016 中国铝加工产业技术创新交流大会论文集. 中国有色金属加工工业协会：中国有色金属加工工业协会，2016：186 ~ 209.
[23] 王国栋. 板形控制和板形理论 [M]. 北京：冶金工业出版社，1986.
[24] 乔俊飞，柴天佑. 板形控制技术现状及未来发展 [J]. 冶金自动化，1997 (1)：11 ~

14, 41.

[25] 王文明，钟掘，谭建平. 板形控制理论与技术进展 [J]. 矿冶工程，2001，21 (4)：70～72.

[26] 梁勋国，矫志杰，王国栋，等. 冷轧板形测量技术概论 [J]. 冶金设备，2006 (6)：36～39.

[27] 金兹伯格 V B. 高精度板带材轧制理论与实践 [M]. 姜明东，王国栋，等译. 北京：冶金工业出版社，1998.

[28] 孔祥鹏. 中国铝板带箔加工企业现状及未来 [J]. 轻合金加工技术，2014，42 (2)：1～8.

[29] 丁修堃. 轧制过程自动化 [M]. 北京：冶金工业出版社，2005.

[30] 王祝堂. 铝合金及其加工手册 [M]. 长沙：中南工业大学出版社，1989.

[31] 张宏昌，郗安民，刘鸿飞，等. 铝箔轧制中张力的厚度调节功效 [J]. 中国机械工程，2008，19 (14)：1748～1750.

[32] 刘华，杨荃，何安瑞. 速度对极薄铝箔轧制的影响 [J]. 塑性工程学报，2007，14 (1)：76～79.

[33] Borghesi M, Chiozzi G. Shape Control through Tension Distribution Control in Cold Strip Rolling [C] //Proceeding of International Conference on Steel Rolling, Tokyo, 1980：760～763.

[34] 刘立文，张树堂，武志平. 张力对冷轧板带变形的影响 [J]. 钢铁，2000，35 (4)：37～39.

[35] 刘华，杨荃，何安瑞. 张力对大宽厚比铝箔板形的影响 [J]. 塑性工程学报，2005，12 (4)：62～65.

[36] 张小平，张少琴，何宗霖，等. 张力对板形影响的实验研究 [J]. 太原科技大学学报，2009，30 (4)：312～315.

[37] 张殿华，彭文，孙杰，等. 板带轧制过程中的智能化关键技术 [J]. 钢铁研究学报，2019，31 (2)：174～179.

[38] 袁小锋，桂卫华，陈晓方，等. 人工智能助力有色金属工业转型升级 [J]. 中国工程科学，2018，20 (4)：59～65.

[39] 刘士新. 铝/铜板带材智能化工艺控制技术 [N]. 世界金属导报，2018－02－20 (B04).

[40] 廖德华，曾维平，陈向. 基于工业大数据的有色金属产业数字化转型 [J]. 世界有色金属，2017 (9)：54～56.

[41] Sun J, Peng W, Ding J, et al. Key Intelligent technology of steel strip production through process [J]. Metals, 2018, 8 (8)：597～606.

[42] 王国栋. 钢铁全流程和一体化工艺技术创新方向的探讨 [J]. 钢铁研究学报，2018，30 (1)：1～7.